互联网+珠宝系列教材
高等教育珠宝专业规划教材
教育部职业教育宝玉石鉴定与加工专业教学资源库系列教材

# 宝石矿物肉眼与偏光显微镜鉴定（下）

Naked eye and Polarizing Microscope Identification of Gemstone Minerals (Volume 2)

主　编　李继红
副主编　林劲畅　刘德利　蒋　琪　陈雨帆　李季芸

中国地质大学出版社
CHINA UNIVERSITY OF GEOSCIENCES PRESS

# 前　言

我国珠宝市场日臻成熟,职业教育也初具规模,各类高等职业院校先后开设了珠宝教育的学历班、培训班,越来越需要适合高职高专院校珠宝专业学生使用的专业课教材。"1+X"证书制度试点是职业院校面临的重要发展机遇,将"1+X"证书制度融入高职宝石类专业课程体系,有利于探索优化课程设置和教学内容,实现专业人才培养与企业需求深度融合,加快培养复合型、技术技能型人才的步伐。在"1+X"证书制度背景下,在宝玉石鉴定与加工教学资源库课程"宝石矿物肉眼与偏光显微镜鉴定"建设成果的基础上,我们组织一线优秀教师联合编写了宝石类专业课程教材《宝石矿物肉眼与偏光显微镜鉴定(下)》。本书既涵盖了高等教育的知识体系,又符合职业教育的能力素养要求。本书分为三个部分,共八个模块:第一部分为晶体光学,包括显微镜下宝石矿物鉴定背景知识、宝石矿物单偏光镜下晶体光学性质观察与测试、宝石矿物正交偏光显微镜下晶体光学性质测试、宝石矿物锥光镜下晶体光学性质的系统鉴定、宝石矿物偏光显微镜下晶体光学性质的系统测试五个模块内容;第二部分为光性矿物学,包括均质体矿物的光性矿物学特征、一轴晶矿物的光性矿物学特征、二轴晶矿物的光性矿物学特征三个模块内容;第三部分为实习指导,较为详尽地阐述了宝石矿物偏光显微镜鉴定的步骤及要点。

## 一、《宝石矿物肉眼与偏光显微镜鉴定(下)》的特点与亮点

《宝石矿物肉眼与偏光显微镜鉴定(下)》的特点、亮点突出,与其他教材相比,具有不可替代性。

(1)注重理论与实践的统一,内容循序渐进,重点对专业技能进行强化训练,从而提高从业人员的职业素质,规范从业人员的操作要求。

(2)充分利用数字化建设成果与"互联网+"的优势,通过在智慧职教网(www.icve.com.cn/zgzbys)建设标准化课程,实现本书资源的数字化、网络化,并择取课程重点资源和优势资源,以在书中插入二维码的形式分享给学习者。学习者可利用智能移动终端扫描二维码即时观看和学习视频内容,从而实现互动式教学,突破课堂界限,推进全时空学习的实践与探索。

(3)将行业岗位涉及的新技术、新方法和"1+X"证书的部分考试内容及时纳入教材,贴近行业发展实际,充分体现职业教育的职业性、实践性和开放性。

(4)不再停留在对内容的直接描述上,而是注重对教学过程的设计,注重学生对教学过程的参与。融入了"学习目标""知识链接""知识总结""练一练"等内容学习单元,旨在提升珠宝专业学习者的职业素质和技能。

(5)突破传统宝石类专业教材编写思路与形式,结合宝石鉴定实际,以项目为导向、任务为驱动,将实践与理论一体化,实用性与知识体系有机组合,使教学任务明确,实施环节有序衔接,信息量大,突出对宝石矿物鉴定能力的培养,提高实用性,对学习者和实际珠宝鉴定检测工作者有一定的借鉴和参考价值。

## 二、《宝石矿物肉眼与偏光显微镜鉴定(下)》的内容

(1)第一部分对偏光显微镜的使用方法进行了详细的讲解,不仅有图片,还有学习视频。然后按宝石偏光显微镜鉴定实际工作过程和要求,分别介绍了宝石矿物在单偏光、正交偏光、锥光镜下的鉴定过程及现象,最后归纳总结其鉴定程序、方法、要点。本部分语言文字表述通俗易懂,便于学习和掌握。

(2)第二部分分别阐述了均质体、一轴晶、二轴晶中常见宝石矿物的偏光显微镜鉴定操作过程、方法及鉴定参数。本书增加了近年来较受消费者欢迎的宝石品种鉴定实例,并配以大量精美的图片,增强了教材的可视性和直观性,提高了学习者的学习兴趣,便于学习。

(3)第三部分为实训指导,较为详尽地阐述了宝石矿物偏光显微镜鉴定的操作过程及要点,指导学习者进行实训内容的学习。

本书编写团队强大,不仅有一线的优秀教师,还有常年从事宝石鉴定检测工作的企业专家。本书的内容分工如下:前言,第一部分晶体光学的模块一显微镜下宝石矿物鉴定背景知识、模块二宝石矿物单偏光镜下晶体光学性质观察与测试、模块三宝石矿物正交偏光显微镜下晶体光学性质测试、模块四宝石矿物锥光镜下晶体光学性质的系统鉴定、模块五宝石矿物偏光显微镜下晶体光学性质的系统测试等内容由李继红(副教授,云南国土资源职业学院)编写;第二部分光性矿物学的模块六均质体矿物的光性矿物学特征、模块七一轴晶矿物的光性矿物学特征、模块八二轴晶矿物的光性矿物学特征等内容由林劲畅(CGC,昆明理工大学分析测试研究中心)编写;第三部分实习指导的内容由刘德利(教授,云南国土资源职业学院)编写;书中插入的大量视频资源由李继红、蒋琪(高级工程师,云南国土资源职业学院云南地矿珠宝检测中心)、陈雨帆(CGC,云南国土资源职业学院)、李季芸(GIC,云南国土资源职业学院)等录制,书中部分图片资源由张辉老师(CGC,云南国土资源职业学院)提供。全书最后由李继红统编定稿,并将重点和难点以二维码形式在书中标注。

教材编写过程中,参考和引用了其他教材和书籍的内容,对此编者深表谢意。此外,编者所在学校的领导和同事对本书的编写给予了极大的关心和支持,中国地质大学出版社领导及彭琳老师给予了最大的支持和帮助。在此,编者向各位领导、专家、同事致以诚挚的谢意!

由于编者水平有限,经验不足,加之时间仓促,教材难免存在错漏之处,敬请批评与指正,感激不尽!

编者<br>
2020年10月于昆明

# 目　录

## 第一部分　晶体光学

**模块一　显微镜下宝石矿物鉴定背景知识** ……………………………………………… (3)
 项目一　光学基础 ……………………………………………………………………… (3)
  任务一　认识电磁波、可见光 ……………………………………………………… (3)
  任务二　认识自然光及偏振光 ……………………………………………………… (5)
  任务三　认识光的折射与全反射 …………………………………………………… (6)
  任务四　认识均质体和非均质体 …………………………………………………… (8)
 项目二　认识光率体 …………………………………………………………………… (13)
  任务一　光率体 ……………………………………………………………………… (13)
  任务二　认识光性方位 ……………………………………………………………… (27)
 项目三　偏光显微镜的调节与校正 …………………………………………………… (31)
  任务一　偏光显微镜的构造 ………………………………………………………… (31)
  任务二　偏光显微镜的调节与校正 ………………………………………………… (35)
  任务三　偏光显微镜的保养与使用守则 …………………………………………… (40)
  任务四　岩石矿物薄片磨制方法简介 ……………………………………………… (40)

**模块二　宝石矿物单偏光镜下晶体光学性质观察与测试** ……………………………… (42)
 项目一　光学基础 ……………………………………………………………………… (42)
  任务一　认识单偏光镜的装置 ……………………………………………………… (42)
  任务二　认识单偏光镜下的光学特点 ……………………………………………… (42)
  任务三　单偏光镜下的观察内容 …………………………………………………… (43)
 项目二　单偏光镜下矿物形态的观察与描述 ………………………………………… (44)
  任务一　矿物单体形态的观察与描述 ……………………………………………… (45)
  任务二　矿物集合体形态的观察与描述 …………………………………………… (46)
 项目三　单偏光镜下矿物解理的观察及解理夹角的测定 …………………………… (47)
  任务一　单偏光镜下矿物解理的观察 ……………………………………………… (47)
  任务二　单偏光镜下解理夹角的测定 ……………………………………………… (49)
 项目四　单偏光镜下矿物颜色、多色性、吸收性的观察与测试 …………………… (51)
  任务一　单偏光镜下矿物颜色的观察与测试 ……………………………………… (51)
  任务二　单偏光镜下矿物多色性和吸收性的观察与测试 ………………………… (53)

项目五　单偏光镜下矿物的边缘、贝克线、糙面及突起的观察与测试 …………… (57)
　　任务一　单偏光镜下矿物边缘和贝克线的观察与测试 ………………………… (57)
　　任务二　单偏光镜下矿物糙面的观察与测试 …………………………………… (59)
　　任务三　单偏光镜下矿物突起的观察与测试 …………………………………… (60)
　　任务四　单偏光镜下矿物闪突起的观察与测试 ………………………………… (61)

## 模块三　宝石矿物正交偏光显微镜下晶体光学性质测试 …………………………… (64)

项目一　认识正交偏光镜的操作 …………………………………………………… (64)
　　任务一　认识正交偏光镜的装置 ………………………………………………… (64)
　　任务二　认识正交偏光镜下的光学特点 ………………………………………… (65)
项目二　正交偏光镜间矿物薄片的消光现象观察及消光位的测试 ……………… (65)
　　任务一　正交偏光镜间矿物薄片的消光现象观察 ……………………………… (65)
　　任务二　认识光的干涉现象和光程差 …………………………………………… (68)
项目三　正交偏光镜间矿物薄片的干涉现象观察及测试 ………………………… (71)
　　任务一　认识干涉色和光程差 …………………………………………………… (71)
　　任务二　认识干涉色、干涉色级序及干涉色色谱表 …………………………… (73)
　　任务三　认识补色法则及常用的补色器 ………………………………………… (75)
项目四　正交偏光镜间主要光学性质的观察与测定方法 ………………………… (78)
　　任务一　非均质体矿物薄片上光率体椭圆半径方向及名称的测定 ………… (78)
　　任务二　正交偏光镜间干涉色级序的观察与测定 ……………………………… (80)
　　任务三　正交偏光镜间双折射率的测定 ………………………………………… (81)
　　任务四　正交偏光镜间消光类型及消光角的测定 ……………………………… (82)
　　任务五　正交偏光镜间晶体延性符号的测定 …………………………………… (87)
　　任务六　正交偏光镜间双晶的观察 ……………………………………………… (89)

## 模块四　宝石矿物锥光镜下晶体光学性质的系统鉴定 ……………………………… (92)

项目一　调试锥光镜装置 …………………………………………………………… (92)
　　任务一　认识锥光镜的装置 ……………………………………………………… (92)
　　任务二　认识锥光镜下的光学特点 ……………………………………………… (92)
项目二　一轴晶干涉图特点及应用 ………………………………………………… (95)
　　任务一　垂直光轴切面的干涉图的特点及应用 ………………………………… (95)
　　任务二　斜交光轴切面的干涉图的特点及应用 ……………………………… (101)
　　任务三　平行光轴切面的干涉图的特点及应用 ……………………………… (103)
项目三　二轴晶干涉图特点及应用 ………………………………………………… (106)
　　任务一　垂直锐角等分线切面的干涉图的特点及应用 ……………………… (106)
　　任务二　垂直一个光轴切面的干涉图的特点及应用 ………………………… (112)
　　任务三　斜交光轴切面的干涉图的特点及应用 ……………………………… (115)
　　任务四　平行光轴面(AP)切面干涉图的特点及应用 ………………………… (117)

**模块五 宝石矿物偏光显微镜下晶体光学性质的系统测试** ……………………… (119)
  项目一 透明矿物系统鉴定的内容 …………………………………………………… (119)
  项目二 常用的定向切面及其特征 …………………………………………………… (120)
  项目三 透明矿物的系统鉴定程序 …………………………………………………… (121)
  项目四 透明矿物在偏光显微镜下的描述范例 ……………………………………… (122)

# 第二部分 光性矿物学

**模块六 均质体矿物的光性矿物学特征** ……………………………………………… (127)
  蛋白石(欧泊,Opal) …………………………………………………………………… (127)
  火山玻璃(黑曜石,Volcanic glass) …………………………………………………… (128)
  萤石(Fluorite) ………………………………………………………………………… (129)
  金刚石(钻石,Diamond) ……………………………………………………………… (130)
  尖晶石(Spinel) ………………………………………………………………………… (131)
  石榴石族(Garnet group) ……………………………………………………………… (133)
  镁铝榴石(Pyrope) …………………………………………………………………… (136)
  铁铝榴石(贵榴石,Almandine) ……………………………………………………… (137)
  锰铝榴石(Spessartine) ……………………………………………………………… (138)
  钙铝榴石(Grossular) ………………………………………………………………… (139)
  钙铁榴石(Andradite) ………………………………………………………………… (140)
  钙铬榴石(Uvarovite) ………………………………………………………………… (142)
  闪锌矿(Sphalerite) …………………………………………………………………… (142)
  方钠石族(Sodalite group) …………………………………………………………… (143)
  方钠石(Sodalite) ……………………………………………………………………… (143)
  蓝方石(Haüyne) ……………………………………………………………………… (145)
  青金石(Lazurite) ……………………………………………………………………… (145)
  褐铁矿(Limonite) ……………………………………………………………………… (146)
  铬铁矿(Chromite) …………………………………………………………………… (147)
  磁铁矿(Magnetite) …………………………………………………………………… (149)
  黄铁矿(Pyrite) ………………………………………………………………………… (150)
  方铅矿(Galena) ……………………………………………………………………… (152)
  琥珀(Amber) ………………………………………………………………………… (153)

**模块七 一轴晶矿物的光性矿物学特征** ……………………………………………… (155)
  霞石族(Nepheline group) …………………………………………………………… (155)
  霞石(Nepheline) ……………………………………………………………………… (155)
  石英族(Quartz group) ………………………………………………………………… (157)
  石英(水晶,Quartz) …………………………………………………………………… (157)

玉髓(玛瑙,Chalcedony) …………………………………………………………… (161)
磷灰石(Apatite) ………………………………………………………………… (162)
电气石族(碧玺,Tourmaline group) …………………………………………… (164)
黑电气石(Schorl) ………………………………………………………………… (165)
镁电气石(Dravite) ……………………………………………………………… (166)
锂电气石(Elbaite) ……………………………………………………………… (167)
刚玉(Corundum) ………………………………………………………………… (167)
锆石(Zircon) ……………………………………………………………………… (168)
锡石(Cassiterite) ………………………………………………………………… (170)
碳酸盐类矿物(Carbonate group mineral) …………………………………… (170)
方解石(Calcite) ………………………………………………………………… (171)
菱镁矿(Magnesite) ……………………………………………………………… (174)
白云石(Dolomite) ……………………………………………………………… (175)
菱锰矿(Rhodochrosite) ………………………………………………………… (176)
菱铁矿(Siderite) ………………………………………………………………… (177)
菱锌矿(Smithsonite) …………………………………………………………… (179)
绿柱石(Beryl) …………………………………………………………………… (179)
方柱石(Scapolite) ……………………………………………………………… (181)
符山石(Idocrase,Vesuvianite) ………………………………………………… (183)
白钨矿(Scheelite) ……………………………………………………………… (184)
金红石(Rutile) …………………………………………………………………… (184)

## 模块八 二轴晶矿物的光性矿物学特征 …………………………………… (186)

橄榄石族(Olivine group) ……………………………………………………… (186)
镁橄榄石(Forsterite) …………………………………………………………… (190)
贵橄榄石(Chrysolite) …………………………………………………………… (191)
铁橄榄石(Fayalite) ……………………………………………………………… (193)
锰橄榄石(Tephroite) …………………………………………………………… (194)
钙镁橄榄石(Monticellite) ……………………………………………………… (195)
绿帘石族(Epidote group) ……………………………………………………… (196)
绿帘石(Epidote) ………………………………………………………………… (196)
褐帘石(Allanite) ………………………………………………………………… (198)
红帘石(Piedmontite) …………………………………………………………… (199)
黝帘石(Zoisite) ………………………………………………………………… (200)
斜黝帘石(Clinozoisite) ………………………………………………………… (202)
蓝晶石(Kyanite,Cyanite) ……………………………………………………… (203)
红柱石(Andalusite) ……………………………………………………………… (205)

矽线石（硅线石，Sillimanite） …………………………………………… (206)

硅灰石（Wollastonite） ……………………………………………………… (208)

十字石（Staurolite） ………………………………………………………… (209)

榍石（Sphene，Titanite） …………………………………………………… (211)

堇青石（Cordierite） ………………………………………………………… (213)

伊丁石（Iddingsite） ………………………………………………………… (214)

蔷薇辉石（Rhodonite） ……………………………………………………… (216)

辉石族（Pyroxene group） …………………………………………………… (217)

顽火辉石（顽辉石，Enstatite） ……………………………………………… (220)

古铜辉石（Bronzite） ………………………………………………………… (221)

紫苏辉石（Hypersthene） …………………………………………………… (222)

透辉石（Diopside） …………………………………………………………… (224)

钙铁辉石（Hedenbergite） …………………………………………………… (225)

绿辉石（Omphacite） ………………………………………………………… (226)

普通辉石（Augite） …………………………………………………………… (227)

硬玉（Jadeite） ………………………………………………………………… (229)

锂辉石（Spodumene） ………………………………………………………… (230)

角闪石族（Amphibole group） ……………………………………………… (231)

透闪石（Tremolite） ………………………………………………………… (235)

阳起石（Actinolite） ………………………………………………………… (236)

普通角闪石（Hornblende） …………………………………………………… (238)

蓝闪石（Glaucophane） ……………………………………………………… (240)

云母族（Mica group） ………………………………………………………… (242)

白云母（Muscovite） ………………………………………………………… (243)

黑云母（Biotite） ……………………………………………………………… (246)

金云母（Phlogopite） ………………………………………………………… (249)

锂云母（鳞云母，Lepidolite） ……………………………………………… (250)

蛇纹石族（Serpentine group） ……………………………………………… (250)

纤蛇纹石（温石棉，Chrysotile） …………………………………………… (251)

利蛇纹石（鳞蛇纹石，Lizardite） …………………………………………… (252)

叶蛇纹石（片蛇纹石，Antigorite） ………………………………………… (253)

绿泥石族（Chlorite group） ………………………………………………… (254)

叶绿泥石（Pennine） ………………………………………………………… (255)

斜绿泥石（Clinochlore） ……………………………………………………… (256)

鲕绿泥石（Chamosite） ……………………………………………………… (257)

长石族（Feldspar group） …………………………………………………… (258)

碱性长石亚族(Alkali feldspar subgroup) ……………………………………… (259)
透长石(Sanidine) ……………………………………………………………… (260)
正长石(Orthoclase) …………………………………………………………… (261)
微斜长石(Microcline) ………………………………………………………… (264)
歪长石(Anorthoclase) ………………………………………………………… (265)
条纹长石(Perthite) …………………………………………………………… (266)
斜长石亚族(Plagioclase subgroup) ………………………………………… (269)
钠长石(Albite) ………………………………………………………………… (272)
更长石(奥长石,Oligoclase) ………………………………………………… (273)
中长石(Andesine) ……………………………………………………………… (274)
拉长石(Labradorite) …………………………………………………………… (275)
倍长石(培长石,Bytownite) …………………………………………………… (276)
钙长石(Anorthite) ……………………………………………………………… (277)
滑石(Talc) ……………………………………………………………………… (277)
叶蜡石(Pyrophyllite) …………………………………………………………… (278)
高岭石(Kaolinite) ……………………………………………………………… (279)
石膏(Gypsum) ………………………………………………………………… (280)
硬石膏(Anhydrite) ……………………………………………………………… (281)
黄玉(托帕石,Topaz) ………………………………………………………… (282)
海绿石(Glauconite) …………………………………………………………… (283)
葡萄石(Prehnite) ……………………………………………………………… (284)
重晶石(Barite) ………………………………………………………………… (285)
文石(霞石,Aragonite) ………………………………………………………… (286)
金绿宝石(Chrysoberyl) ……………………………………………………… (287)
孔雀石(Malachite) …………………………………………………………… (288)

# 附件　实习指导

实训一　偏光显微镜的构造及调节 ……………………………………………… (291)
实训二　解理、多色性、吸收性的测定 …………………………………………… (297)
实训三　突起及闪突起的观察 …………………………………………………… (300)
实训四　光率体椭圆半径名称及干涉色级序的测定 …………………………… (303)
实训五　消光类型、消光角及延性符号的测定 ………………………………… (308)
实训六　锥光镜下干涉图的观察与测定 ………………………………………… (312)
实训七　透明矿物(普通角闪石)的系统鉴定 …………………………………… (316)
实训八　未知矿物系统鉴定 ……………………………………………………… (320)

参考文献 …………………………………………………………………………… (323)

# 第一部分

# 晶体光学

# 模块一　显微镜下宝石矿物鉴定背景知识

## 项目一　光学基础

### 学习目标

知识目标：了解可见光中七色光的种类及其波长范围，理解和掌握自然光与偏振光、单折射与双折射，以及光在均质体与非均质体中的传播特点。

能力目标：能够根据可见光的基础知识解释偏光如何产生；能解释全反射在宝石中的应用；能举例说明哪些宝石矿物属于均质体、一轴晶和二轴晶。

### 任务一　认识电磁波、可见光

#### 一、电磁波

人们在长期的生产和科学实验活动中，逐步认识到光的本质。光与无线电波、X 射线一样，是一种电磁波。电磁波是以波动的形式传播的电磁场。电磁波是一种横波，由于振动方向垂直其传播方向，所以光波也属于横波。光波应具有波动性，能解释反射、折射、干涉、偏振、色散、衍射等光学现象。

整个电磁波是一个广阔的区域。它既包括波长较长的无线电波，也包括波长最短的 γ 射线。将各种电磁波按波长顺序排列可以构成电磁波谱（图 1-1）。

晶体光学鉴定中使用的主要仪器是偏光显微镜，偏光显微镜中见到的光是平行镜筒中轴方向传播或垂直载物台平面入射的，其振动方向平行载物台平面。显微镜下观察到的光学性质，是振动方向平行载物台平面的光波通过矿物时所显示的性质，即看到的是平行载物台平面的矿物切面的光学性质。

#### 二、可见光

可见光即通常所说的光或光波，是电磁波谱中的一个成员，是正常肉眼能见到（感觉到）的一段电磁波，频率为 $3.9 \times 10^{14} \sim 7.7 \times 10^{14}$ Hz，真空或空气中的波长为 770～390 nm

（图1-1）。可见光可以是单色光，也可以是白光；可以是自然光，也可以是偏振光。

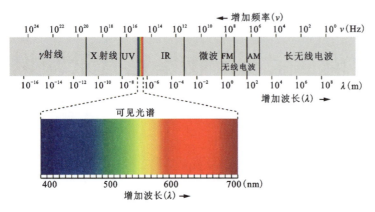

图1-1 可见光在电磁波谱中的位置　　　　　　　　认识可见光和电磁波

### 知识链接

X射线是由于原子中的电子在能量相差悬殊的两个能级之间的跃迁而产生的粒子流，是波长介于紫外线和γ射线之间的电磁辐射。其波长很短，介于0.01~100Å之间。由德国物理学家伦琴于1895年发现，故又称伦琴射线。伦琴射线具有很强的穿透性，能透过许多对可见光不透明的物质，如墨纸、木料等。这种肉眼看不见的射线可以使很多固体材料产生可见的荧光，使照相底片感光以及产生空气电离等效应。波长小于0.1Å的X射线称超硬X射线，在0.1~1Å范围内的称硬X射线，1~100Å范围内的称软X射线。X射线最初用于医学成像诊断和X射线结晶学。

### 练一练

什么是电磁波？

### 想一想

什么是光？光对矿物及宝玉石鉴定有什么作用或影响？

# 任务二　认识自然光及偏振光

根据光波振动特点的不同,可将光分为自然光和偏振光。

## 一、自然光

自然光是从一切普通光源发出的光波,如太阳光、灯光、烛光等都是自然光[图1-2(a)]。由于自然光的光波在垂直传播方向的平面内做任意方向振动,其各个方向上的振幅相等,因此,各振幅的端点可以连成一圈。

## 二、偏振光

自然光经过反射、折射、双折射、选择吸收等作用后,可以改变其振动状态,变成在垂直光波传播方向的某一个固定方向上振动的光波,这种振动特征的光波称为平面偏振光(plane polarized light),简称偏振光或偏光。偏振光的振动方向与传播方向所构成的平面称为振动面[图1-2(b)]。

晶体光学研究中,应用偏光的主要工具是偏光显微镜,这是一种装有特制偏光镜的专用显微镜。自然光通过偏光镜(或称起偏器)后,即成为振动方向固定的偏光。

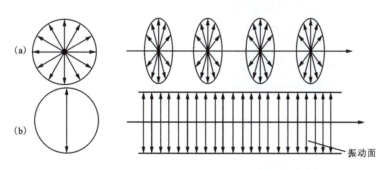

图1-2　自然光(a)和偏振光(b)振动特点示意图

注:据李德惠,2002。

## 练一练

### 一、填空题

1. 根据光波振动特点的不同,可将光分为_____和_____。

2. 自然光经过_____、_____、_____和_____等作用后,可以转变为只在一个固定方向上振动的光波,称为偏振光。

3. 光波入射非均质体矿物薄片分解形成两种偏光,其振动方向是_____。

### 二、问答题

自然光、偏振光在均质体和非均质体中传播各有何特点?

## 任务三　认识光的折射与全反射

### 一、光的折射及全反射

光在同一种均匀介质中一般沿直线方向传播。当光从一种介质传播到另一种介质时，在两种介质的分界面上会发生程度不同的反射和折射现象(图1-3)，改变了光的传播方向。反射光波按反射定律反射回原介质，折射光波进入另一种介质并遵循折射定律。对透明矿物光学性质的研究，主要涉及折射光波。下面，我们介绍折射光波所遵循的规律。

在物理学中，两种介质的分界面垂线称为法线。入射光与法线的夹角称为入射角，以 $i$ 表示。折射光与法线的夹角称为折射角，以 $r$ 表示。发生折射时，入射角 $i$ 与折射角 $r$ 不相等(图1-4)。

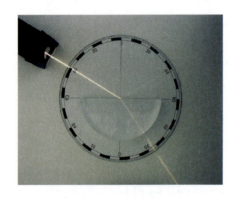

图1-3　光的折射

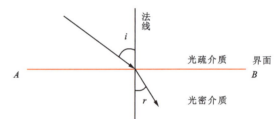

图1-4　光的折射原理图

光的折射定律：
(1)折射光线位于入射光线和界面法线所决定的平面内；
(2)折射光线和入射光线分居在法线的两侧；
(3)当两种介质不变时，改变入射角，折射角随之改变，且入射角 $i$ 的正弦和折射角 $r$ 的正弦的比值是一个常数。

根据折射定律，光密介质的折射率总是大于光疏介质的折射率。当光由光疏介质进入光密介质时，折射角总是小于入射角，折射线向靠近界面法线方向偏折，无论入射角多大，总是可以进入光密介质的。相反，当光由光密介质进入光疏介质时，折射角总是大于入射角，折射线向远离界面法线的方向偏折；随着入射角逐渐增大，折射角也以更大的幅度逐渐增大，当折射角增至90°时，折射光波不再射入光疏介质，而是沿界面方向传播；再稍微增大入射角，入射光波将全部按反射定律反射回光密介质中，这种现象称为全反射。使折射角 $r=90°$ 的入射角称为全反射临界角(图1-5、图1-6)。

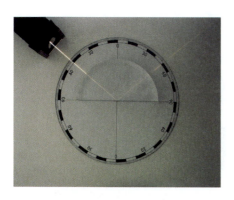 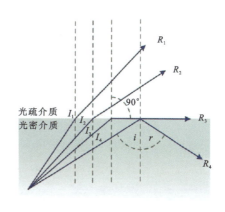

图 1-5 光的全反射　　　　图 1-6 光的全反射原理图

## 二、折射率

根据折射定律,对确定的两种介质来说,光线入射角($i$)的正弦同折射角($r$)的正弦之比是一个常数,即 $sini/sinr=N$,$N$ 为折射介质对入射介质的相对折射率。假如入射介质为空气(或真空),折射介质为矿物,那么光从空气射入矿物晶体时,发生折射的折射率称为绝对折射率。

我们通常所说的折射率就是指某种物质的绝对折射率。由于各种矿物的化学组成和内部结构不相同,它们的折射率值各不相同,所以矿物折射率是区别各种矿物的主要常数。

同时,折射率反映了光在物质中的传播速度和物质的光密度。传播速度越快,折射率越小;反之,传播速度越慢,折射率越大。即介质的折射率和光在介质中的传播速度成反比,同时,介质的折射率与介质的光密度成正比。

### 知识链接

在平静无风的海面、江面、湖面、雪原、沙漠或戈壁等处偶尔会在空中或"地下"出现高大楼台、城廓、树木等幻景,我们称这种现象为海市蜃楼,简称蜃景(图 1-7)。我国山东蓬莱海面上常出现这种幻景。在我国古代传说中,认为蜃乃蛟龙之属,能吐气而成楼台城廓,又认为海市是海上神仙的住所,位于"虚无飘渺间",因而得此名。宋朝沈括在《梦溪笔谈》中这样写道:"登州海中,时有云气,如宫室、台观、城堞、人物、车马、冠盖,历历可见,谓之'海市'。"海市蜃楼是一种光学幻景,是地球上物体反射的光经大气折射而形成的虚像。根据物理学原理,不同的空气层有不同的密度,而光在不同密度的空气中又有着不同的折射率。海市蜃楼就是因光线在垂直方向不同密度的海面上冷空气与高空中暖空气之间传播,经过折射而产生的。

图1-7 海市蜃楼

认识自然光及偏振光
认识光的折射和全反射

## 练一练

**一、名词解释**

1. 全反射
2. 全反射临界角
3. 折射率

**二、判断题**

1. 光由光疏介质射入光密介质时,永远不会发生全反射。（　）
2. 根据折射定律可知,折射率为入射角与折射角的正弦之比,所以入射角越大,折射率越大;入射角越小,折射率越小。（　）
3. 矿物折射率与光波传播的速度紧密相关,因此光波在矿物中传播速度愈快,矿物折射率就愈大。（　）
4. 除真空外的任何介质的折射率总是大于1。（　）
5. 光由光密介质射入光疏介质,一定发生全反射。（　）

**三、问答题**

何为矿物的折射率？它与矿物的化学组成、内部结构、光密度等有何关系？

# 任务四　认识均质体和非均质体

自然界中的物质根据其光学性质特征,可划分为均质体和非均质体两大类,光波在这两类物质中的传播特征各不相同。

## 一、均质体

光性均质体,简称均质体,包括一切非晶质的物质(如火山玻璃、塑料、琥珀等)和等轴晶系的矿物(如萤石、石榴石、金刚石、尖晶石等)。均质体都是各向同性的介质,其光学性质在各个方向上是相同的。光波在均质体中无论沿什么方向传播,其传播速度和相应的折射率都是固定不变的,因而在三维空间任何方向的折射率都相同,例如尖晶石只有一个固定的折射率1.718,金刚石也只有一个固定的折射率2.417。光波进入均质体中,不发生双折射,也不改变入射光的振动特点和振动方向。入射光若为各方向振动的自然光,折射后仍为自然光;入射光若为固定方向振动的偏光,折射后仍为偏光,而且其振动方向也不改变。

## 二、非均质体

光性非均质体,简称非均质体,包括除等轴晶系以外的其余六个晶系的所有矿物,如石英、方解石、锆石、刚玉、绿柱石、橄榄石、角闪石、云母、长石等。绝大多数透明造岩矿物和宝玉石矿物都是非均质体,因此非均质体是晶体光学研究的重点。

非均质体都是各向异性的介质,其光学性质随方向不同而异,光波在非均质体中传播具有以下几个特征。

(1)光波在非均质体中传播,其传播速度一般都随光波振动方向不同而发生变化,因而其相应的折射率也随振动方向不同而改变,即非均质体具有许多个折射率。每一种具体的介质,其各个方向的折射率有一个固定的变化范围,例如石英的折射率是1.544~1.553,方解石的折射率是1.486~1.658。

(2)光波进入非均质体时,除特殊方向以外,都要发生双折射和偏光化,分解为两种偏光。这两种偏光的振动方向互相垂直,传播速度各不相同,相应的折射率也不相等,传播速度较快的偏光其折射率较小,传播速度较慢的偏光其折射率较大。这两种偏光的折射率的差值称为双折射率,简称双折率。

(3)非均质体中都有一个或两个特殊方向,当光波沿这种特殊方向传播时不发生双折射,也不改变入射光波的振动特点和振动方向,这种特殊方向称为光轴,以符号"OA"表示。中级晶族(六方晶系、四方晶系、三方晶系)的晶体中只有一个这种特殊方向,且与结晶轴$c$轴方向一致,故称为一轴晶(图1-8);低级晶族(斜方晶系、单斜晶系、三斜晶系)的晶体中有两个这种特殊方向,故称为二轴晶(图1-9)。通常所说的矿物的轴性,就是指该矿物属于一轴晶或是二轴晶。

自然界中的一切物质,其光学性质与非晶质、结晶物质晶系的关系如表1-1所示。

大多数宝玉石都是非均质体,双折射是所有非均质体具有的共同特征,而非均质体的许多光学性质都与双折射有关。这里以方解石(图1-10)为例说明双折射现象。

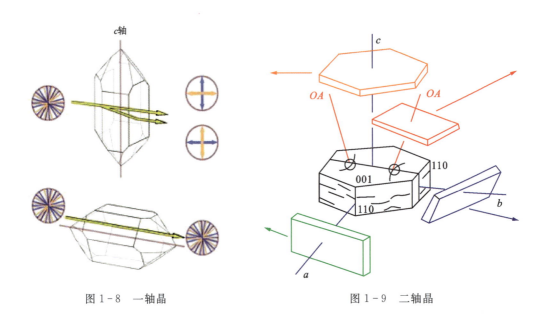

图 1-8 一轴晶 　　　　　　图 1-9 二轴晶

表 1-1 均质体与非均质体

| | 介质类型 | 晶系 | 实例 |
|---|---|---|---|
| 均质体 | 非晶质物质 | | 火山玻璃、琥珀、塑料 |
| | 高级晶族矿物 | 等轴晶系 | 萤石、石榴石、金刚石 |
| 非均质体 | 中级晶族矿物（一轴晶） | 六方晶系 | 磷灰石、绿柱石、蓝锥矿 |
| | | 四方晶系 | 锆石、金红石、符山石 |
| | | 三方晶系 | 水晶、方解石、刚玉 |
| | 低级晶族矿物（二轴晶） | 斜方晶系 | 橄榄石、黄玉、金绿宝石 |
| | | 单斜晶系 | 绿帘石、锂辉石、榍石 |
| | | 三斜晶系 | 斜长石、蓝晶石、拉长石 |

当光波入射方解石时，发生双折射和偏光化，分解形成两种振动方向互相垂直且传播速度不等的偏光（图 1-11）。其中一种偏光无论入射光方向如何改变，其振动方向总是垂直方解石的 $c$ 轴，相应的折射率也始终保持不变，这种偏光称为常光，以符号"$o$"表示，与常光相应的折射率以符号"$N_o$"表示。另一种偏光的振动方向平行于方解石 $c$ 轴与光波传播方向所构成的平面（这一平面称为主截面），且同时与光波传播方向和 $o$ 光振动方向垂直，其传播速度和相应的折射率随着入射光波方向的改变亦即随着振动方向的改变而变化，这种偏光称为非常光，以符号"$e$"表示。每种晶体常光的折射率 $N_o$ 是固定不变的，方解石的 $N_o=1.658$；非常光的折射率则随着光波的振动方向改变而变化，其变化范围由 $N_o$ 至另一个极端值之间，非常光波沿 $c$ 轴方向振动时的折射率就是这一极端值（矿物折射率的最大值或最小值），以符号"$N_e$"表示。方解石的 $N_e=1.486$，是该矿物折射率的最小值。$N_o$ 和 $N_e$ 为一轴

晶的主折射率。非常光波在主截面内其他方向振动,其相应的折射率介于 $N_o$ 和 $N_e$ 之间,并随光波振动方向的改变而变化,以符号 "$N_e'$" 表示。对于方解石而言,$N_o > N_e' > N_e$。

双折射和偏光化后分解形成的这两种振动方向互相垂直且传播速度不等因而折射率也不同的偏光的折射率的差值,称为双折射率。当光波垂直方解石的 $c$ 轴传播时,双折射和偏光化分解形成的常光振动方向垂直 $c$ 轴,相应的折射率为 $N_o$;非常光振动方向平行 $c$ 轴,相应的折射率为 $N_e$,此时的双折射率为最大值 $N_o - N_e$,称为最大双折射率。一轴晶的最大双折射率就是两个主折射率之差。最大双折射率是矿物的鉴定常数。方解石的最大双折射率为 $N_o - N_e = 1.658 - 1.486 = 0.172$。

方解石是一轴晶矿物。所有一轴晶矿物,光波入射其中发生双折射的情况与方解石类似,不同点仅在于 $N_o$ 和 $N_e$ 的具体数值因矿物而异,例如石英(水晶)的 $N_e = 1.553$,$N_o = 1.544$,$N_e$ 是石英折射率的最大值,最大双折射率为 $N_e - N_o = 1.553 - 1.544 = 0.009$。

二轴晶矿物双折射的情况比一轴晶矿物更为复杂,每一束入射光双折射和偏光化后分解形成的两种振动方向互相垂直且传播速度不同的偏光都是非常光,其传播速度和相应的折射率都随入射光方向的变化(亦即随光波振动方向的变化)而改变。每种二轴晶矿物也都有一个最大双折射率,当光波垂直于两个光轴所构成的平面传播时,双折射和偏光化形成的两种偏光相应的折射率一个最大,另一个最小,两者的差值就是最大双折射率。这种最大双折射率也是二轴晶矿物的鉴定常数,例如透辉石的最大双折射率为 0.029~0.031。

图 1-10 方解石的重影

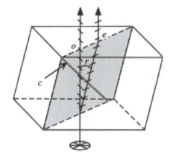
图 1-11 光的双折射

认识双折射

 知识链接

宝石的均质性或非均质性可用宝石折射仪和偏光镜检测。用折射仪还可检测非均质体宝石是一轴晶还是二轴晶。

想一想

1. 哪些非均质体宝石的双折射高(双折射率大于 0.030)?放大观察双折射率高的宝石可见什么现象?对于双折射率高的宝石,切磨时一般怎样定向?为什么?

2. 存不存在折射率小于 1 的物质?为什么?如果存在折射率小于 1 的物质,能产生哪些现象?

## 知识小结

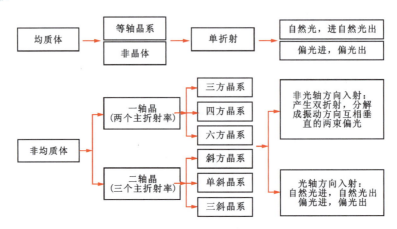

图1-12 均质体、非均质体与晶系的关系及光在均质体和非均质体中的传播特点

## 练一练

### 一、填空题

1. 根据光学性质的不同,可以把晶体划分为_____和_____两大类。

2. _____矿物和_____矿物的光学性质在各个方向上相同,称为均质体。

3. 光波射入均质体中,发生_____现象,基本不改变入射光波的振动特点和振动方向。

4. 光波在均质体中传播时,其_____和_____不因光波在晶体中的振动方向不同而发生改变。

5. 光波射入非均质体中,除特殊方向外,均要发生_____现象,分解成振动方向_____、传播速度_____、相应折射率_____的两种偏光。

### 二、单项选择题

1. 下列不属于均质体的是( )。
   A. 钻石　　　　　B. 石榴石　　　　C. 锆石　　　　　D. 萤石

2. 在一个双折射的矿物晶体中,沿光轴方向传播的光是( )。
   A. 双折射的　　　B. 最大光密度方向　C. 偏光振动的方向　D. 单折射的

3. 非均质体不包括( )。
   A. 尖晶石　　　　B. 橄榄石　　　　C. 石英　　　　　D. 电气石

4. 对双折射产生的两束偏光描述不正确的是( )。
   A. 振动方向垂直　　　　　　　　　B. 振动方向平行
   C. 传播速度不同　　　　　　　　　D. 相应折射率不等

5. 晶体中不发生双折射的特殊方向称为( )。
   A. 光学主轴　　　B. 光率体主轴　　C. 法线　　　　　D. 光轴

# 项目二  认识光率体

## 学习目标

**知识目标**：深刻理解光率体、光性方位的概念，掌握矿物晶体光率体及各个方向切面的形状与半径名称、折射率和双折射率、光率体主轴在晶体中的位置等内容。

**能力目标**：能够结合光率体的知识分析宝石矿物折射率、多色性等宝石学性质；能说明不同切面的宝石的折射率、多色性等的不同，将光性方位的知识应用到宝石矿物鉴定中。

## 任务一  光率体

### 一、光率体的概念

透明造岩矿物和宝玉石矿物在偏光显微镜下所显示的许多光学性质，都与光波在晶体中的振动方向和相应的折射率有密切关系。为了反映在晶体中传播的光波振动方向与相应的折射率之间的关系，需要建立一个立体模型，这种模型就是光率体。

光率体是表示光波在晶体中传播时，折射率值随光波振动方向变化的一种光学立体几何图形，也可以说是反映光波振动方向与相应折射率值之间关系的一种光性指示体。光率体能够反映晶体最本质的光学性质。

光率体的构成方法：设想自晶体中心起，沿光波在晶体中传播的各个振动方向，按一定比例截取线段代表相应的折射率，再把各线段的端点连续地连接起来，就构成了光率体。各种晶体及非晶体由于其光学性质不同，构成的光率体形状也不相同。

光率体理论是晶体光学原理和方法的重要理论基础之一。本书后面几个模块中介绍的透明造岩矿物和宝石矿物在单偏光镜、正交偏光镜和锥光镜下的许多重要光学性质，都要用光率体理论加以说明。因此，我们应透彻理解并熟练地应用光率体理论。

### 二、均质体的光率体

高级晶族矿物和一切非晶质体都是各向同性的均质体。光波在均质体中传播时，沿任意方向振动，其传播速度不变，因而折射率也固定不变。这样，在光波各个振动方向上按一定比例截取的代表折射率的线段也都是等长的，把这些等长的线段的端点连续地连接起来后所形成的立体空间图形必为一圆球体（图1-13）。通过圆球体中心的任意方向的切面都是大小相等的圆切面，圆切面的半径也就是圆球体的半径，其长度代表均质体的折射率。所有的高级晶族及非晶质（均质体）矿物的光率体都是圆球体，不同种属的均质体矿物彼此的光率体差异只是表现为圆球体的大小不同而已，即圆球体半径所代表的折射率大小不同。例

如萤石 $N=1.434$,其光率体是以 1.434 为半径的圆球体;镁铝榴石 $N=1.739$,其光率体是以 1.739 为半径的圆球体。

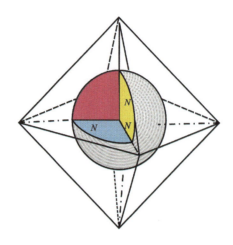

图 1-13 均质体的光率体

## 三、非均质体的光率体

非均质体指光波入射后,除特殊方向外都要发生双折射,分解形成振动方向互相垂直、传播速度不等、折射率值不等的两束偏光的晶体。非均质体包括中级晶族和低级晶族中所有晶系的晶体。

### (一)中级晶族(一轴晶)矿物的光率体

**1. 一轴晶光率体形态**

一轴晶光率体形态是旋转椭球体。一轴晶水平结晶轴的轴单位相等,这种晶体结构特点决定了在垂直 $c$ 轴的水平方向上光学性质是均一的。实验证明:中级晶族矿物中,光波振动方向与 $c$ 轴垂直即在水平方向振动,无论其振动方向如何改变,其折射率都是一个固定不变的常数,这就是常光的折射率 $N_o$;光波振动方向与 $c$ 轴平行,其相应的折射率与 $N_o$ 相差最大,这就是非常光折射率的极端值 $N_e$;光波的振动方向与 $c$ 轴斜交,其相应的折射率介于 $N_o$ 与 $N_e$ 之间,以 $N'_e$ 表示。$N'_e$ 随光波振动方向与 $c$ 轴的夹角大小而变化,光波振动方向与 $c$ 轴夹角较大,则 $N'_e$ 比较接近 $N_o$;相反,光波振动方向与 $c$ 轴夹角较小,则 $N'_e$ 比较接近 $N_e$。由此不难看出,一轴晶的光率体是一个以 $c$ 轴为旋转轴的旋转椭球体。下面以石英为例,具体说明这种旋转椭球体的构成。

石英属三方晶系。假设光波沿平行 $c$ 轴(光轴)方向进入晶体[图 1-14(a)],不发生双折射。光波在垂直 $c$ 轴的平面内振动,无论振动方向如何改变,测得的折射率都恒等于 1.544,此即常光的折射率,即 $N_o=1.544$。因此在石英垂直 $c$ 轴的切面上自中心起取一定的线段长度代表 $N_o=1.544$,各方向的线段长度一定相同,把这些线段的端点连接起来,就得到一个圆[图 1-14(a)],圆的半径标为 $N_o$,意思是半径的方向代表 $o$ 光的振动方向,半径

的长度代表折射率 $N_o$ 的大小。

假设光波垂直 $c$ 轴(光轴)方向进入晶体,会发生双折射,分解形成两种偏光。一种偏光振动方向垂直 $c$ 轴,测得其折射率仍为 1.544;另一种偏光振动方向平行 $c$ 轴,测得其折射率为 1.553,此即非常光折射率的极端值(对于石英为最大值),即 $N_e=1.553$。因此在与光波垂直的平面上,即在平行 $c$ 轴的切面上,自中心起在垂直 $c$ 轴方向截取代表 $N_o=1.544$ 长度的线段,沿 $c$ 轴方向以相同比例截取代表 $N_e=1.553$ 的线段,以两线段为半径可以作一个椭圆。椭圆的长半径标为 $N_e$,意思是其方向代表 $e$ 光振动方向,其长度代表折射率 $N_e$ 的大小;短半径标为 $N_o$,意思是其方向代表 $o$ 光振动方向,其长度代表折射率 $N_o$ 的大小[图 1-14(b)]。随着光波入射方向不同(但始终垂直 $c$ 轴),可得到无数个这种椭圆,这些椭圆的形态、大小相同。

假设光波斜交石英 $c$ 轴进入晶体,也发生双折射和偏光化,分解形成两种偏光,即 $o$ 光和 $e$ 光。$o$ 光的振动方向仍与 $c$ 轴垂直(垂直图面),折射率仍为 1.544;$e$ 光的振动方向位于光波传播方向与 $c$ 轴构成的平面内,且与传播方向和 $o$ 光振动方向垂直,但与 $c$ 轴斜交,测得 $e$ 光折射率小于 1.553 而大于 1.544,以符号 $N_e'$ 表示。分别沿 $e$ 光和 $o$ 光振动方向按比例截取代表 $N_e'$、$N_o$ 的不同长度线段,以两条线段为半径也可作一个椭圆。按上述原则,椭圆的长半径标为 $N_e'$,短半径标为 $N_o$。随着光波入射方向不同,可以得到无数个椭圆,椭圆的形态、大小各不相同。$N_o$ 半径的方向虽然改变,但始终位于垂直 $c$ 轴的平面内,其长度始终保持不变,$N_e'$ 半径的方向随光波入射方向而改变,其长短随入射线与 $c$ 轴的交角不同而在 $N_o$ 与 $N_e$ 两个半径长度之间变化。

将上述不同方向的椭圆和圆在空间上组合起来,就构成了一个椭球体,即石英的光率体,该光率体是一个以 $N_e$ 轴(平行 $c$ 轴)为旋转轴的旋转椭球体[图 1-14(c)]。石英的 $N_e$ 为最大折射率,即旋转轴为长轴,光率体为长形旋转椭球体。这是一轴晶光率体的两种形状之一。

仿照石英光率体的构成方法,也可构成方解石的光率体,它同样是以 $N_e$ 轴为旋转轴的旋转椭球体。方解石的 $N_e=1.486$,$N_o=1.658$,方解石光率体的旋转轴 $N_e$ 较短,是一个扁形旋转椭球体(图 1-15)。这就是一轴晶光率体的另一种形状。

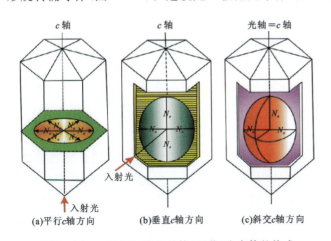

图 1-14 一轴晶正光性晶体(石英)光率体的构成

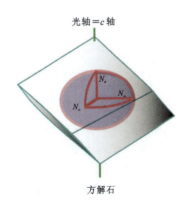

图 1-15 一轴晶负光性晶体
(方解石)光率体的构成

**2. 一轴晶光率体的要素**

一轴晶光率体为旋转椭球体,有长短不等的两个半径,也称两个主轴。光率体主轴——$N_e$ 轴,既是旋转椭球体的旋转轴,又是晶体的光轴和高次对称轴。光率体主轴——$N_o$ 轴,其方向与 $N_e$ 轴方向垂直。$N_e$、$N_o$ 轴的长度代表一轴晶的两个主折射率。平行 $N_e$ 轴的切面既包括 $N_e$ 轴,也包括 $N_o$ 轴,称为光率体的主轴面或平行光轴切面,一轴晶光率体有无数个主轴面或平行光轴切面。垂直 $N_e$ 轴的切面为圆切面,一轴晶光率体只有一个圆切面。

**3. 一轴晶光率体光性符号的划分和判别**

如前所述,一轴晶光率体有两种类型,一类是旋转轴为长轴的长形旋转椭球体,即 $N_e > N_o$;另一类是旋转轴为短轴的扁形旋转椭球体,即 $N_e < N_o$。前一类称为正光性光率体[图 1-16(a)],后一类称为负光性光率体[图 1-16(b)]。具有正光性光率体的晶体(或矿物)称为一轴正光性晶体(或矿物),简称一轴正晶,记作"一轴(+)";具有负光性光率体的晶体(或矿物)称为一轴负光性晶体(或矿物),简称一轴负晶,记作"一轴(-)"。此处的"正""负"或"(+)""(-)"为光率体的光性符号,也称矿物的光性符号。一轴正晶有石英、锆石、锡石等,一轴负晶有方解石、刚玉(红、蓝宝石)、电气石(碧玺)等。

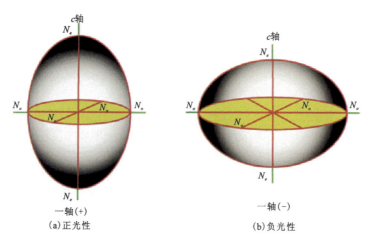

图 1-16 一轴晶光率体

光性符号是鉴别矿物的重要依据之一。判别光性符号的基本原则:$N_e > N_o$,光性符号为正;$N_e < N_o$,光性符号为负。

**4. 一轴晶光率体的切面类型**

在偏光显微镜下鉴定和研究透明造岩矿物、玉石和宝石,通常观察的都是矿物晶体的切面。矿物每个切面上表现的光学性质实际上相当于光率体不同方向切面具有的性质,因此应该掌握一轴晶光率体具代表性的切面类型。这里所说的切面,是通过光率体中心(即晶体中心)的切面,因为晶体具有均一性,晶体任意部分的相同方向的性质都是相同的,晶体的任意切面都与通过晶体中心且方向与该切面平行的切面等同。

### 1) 垂直光轴切面

垂直光轴切面形态为圆,圆的半径为 $N_o$。光波垂直该切面(即平行光轴)方向入射,不发生双折射,故圆切面的双折射率为零,基本不改变入射光波的振动特点和振动方向,无论光波在圆切面内沿何方向振动,其折射率恒等于 $N_o$。一轴晶光率体只有一个圆切面(图 1-17)。

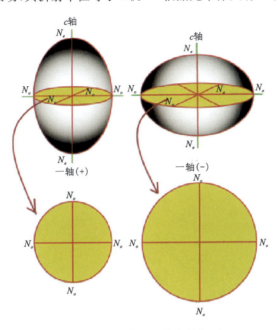

图 1-17 一轴晶垂直光轴切面

### 2) 平行光轴切面

平行光轴切面形态为椭圆,椭圆的半径分别是 $N_o$ 和 $N_e$,一轴正晶 $N_e > N_o$,一轴负晶 $N_e < N_o$。平行光轴切面是一轴晶光率体的主轴面。光波垂直这种切面(即垂直光轴)入射,发生双折射和偏光化分解形成两种偏光——$e$ 光和 $o$ 光,其振动方向分别平行椭圆的两个半径方向,其相应的折射率用两个半径的长度表示。该切面的双折射率是一轴晶矿物的最大双折射率。最大双折射率是每种矿物的鉴定常数。一轴正晶矿物最大双折射率为 $N_e - N_o$,例如石英的最大双折射率为 $N_e - N_o = 1.553 - 1.544 = 0.009$;一轴负晶的最大双折射率为 $N_o - N_e$,例如方解石的最大双折射率为 $N_o - N_e = 1.658 - 1.486 = 0.172$。

一轴晶光率体平行光轴的切面有无数个,它们的形态、大小以及光学性质都相同(图 1-18)。

### 3) 斜交光轴切面

斜交光轴切面也称任意切面,其形态也是椭圆,椭圆的半径为 $N_o$ 和 $N_e'$,$N_e'$ 介于 $N_o$ 和 $N_e$ 之间。$N_e'$ 与 $N_o$ 的相对大小为一轴正晶 $N_e > N_e' > N_o$,一轴负晶 $N_e < N_e' < N_o$。光波垂直这种切面(即斜交光轴)入射,发生双折射和偏光化分解形成两种偏光,一种偏光的振动方向仍平行椭圆半径 $N_o$ 方向,另一种偏光的振动方向则平行椭圆的另一个半径 $N_e'$ 方向,两者的折射率分别为 $N_o$ 和 $N_e'$。该切面的双折射率为 $N_e'$ 与 $N_o$ 差值的绝对值 $|N_e' - N_o|$,随着斜

交光轴切面方向的改变,其双折射率$|N'_e - N_o|$在零和最大双折射率之间变化。

要特别注意,一轴晶光率体是以$N_e$轴为旋转轴的旋转椭球体,所有斜交光轴的切面与圆切面相交。因此,所有斜交光轴的椭圆切面的长、短半径中必有一个是主轴$N_o$,一轴正晶短半径是$N_o$,一轴负晶长半径是$N_o$(图1-19)。

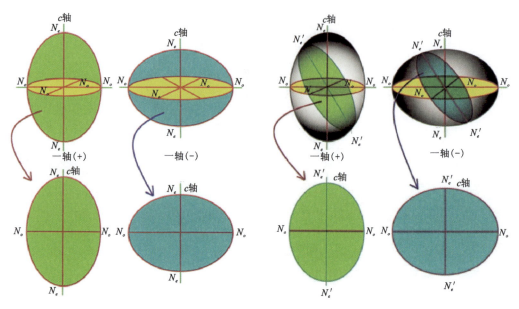

图1-18　一轴晶光率体平行光轴切面　　　图1-19　一轴晶光率体斜交光轴切面

综合上述一轴晶光率体的特征不难看出,应用光率体可以确定光波在晶体中的传播方向、振动方向与相应的折射率之间的关系。光波沿光轴方向入射,不发生双折射,垂直光波入射方向的光率体切面是以$N_o$为半径的圆切面,该圆切面的双折射率为零。光波沿其他任意方向入射,都要发生双折射和偏光化,垂直光波入射方向的光率体切面为椭圆切面,椭圆的长、短半径的方向分别代表双折射和偏光化分解形成的两种偏光的振动方向,半径的长度分别代表两种偏光的折射率值,长、短半径的长度差代表切面的双折射率值。在一轴晶晶体中,垂直光轴切面的双折射率为零,平行光轴切面的双折射率最大,其他斜交光轴方向所有切面的双折射率在零与最大双折射率之间变化。

## 知识链接

**1. 为什么要研究光率体?**

光率体反映了晶体光学性质中最本质的特点。研究光率体的意义在于光率体在每一种透明矿物中的位置(即光性方位)是鉴定透明矿物的主要依据之一,对于由光率体导出的一系列光学常数和一些光学现象(如折射率、双折射率、多色性、吸收性、干涉色级序、光性符号、光轴角、光性方位等),不同矿物有不同的光学性质和光学常数。在利用偏光显微镜观察造岩矿物时,是以光率体在每种矿物中的方位为依据来鉴定造岩矿物的。

2. 晶体内部有多少个光率体？

处处存在——晶体是晶胞的重复。

3. 光率体的切面为什么要通过光率体中心？

晶体是均一的，光率体表示的是一个方向，所有相互平行的切面都具有相同的光学性质，可以用通过中心的切面表示。

### 想一想

能否将二轴晶几种主要切面的双折率大小进行排序？

### 知识小结

光率体定义：是表示光波在晶体中传播时，光的振动方向与相应折射率值之间关系的光性指示体。均质体为圆球体，一轴晶为以直立轴为旋转轴的旋转椭球体，二轴晶为三轴椭球体。一轴晶和二轴晶的形状变化是从简单到复杂，并具有相同的切面、光率体要素。

一轴晶光率体主要切面，如图 1-20 所示。

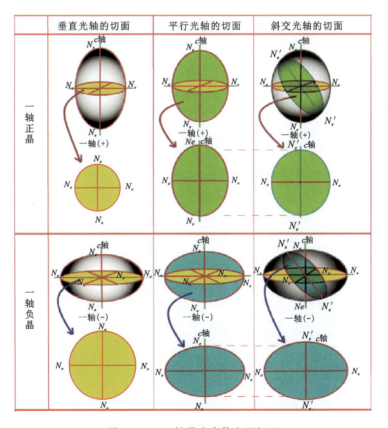

图 1-20　一轴晶光率体主要切面

## (二) 低级晶族矿物晶体(二轴晶)光率体

### 1. 二轴晶光率体形态及构成

二轴晶光率体的形态是三轴椭球体。二轴晶包括低级晶族的斜方晶系、单斜晶系和三斜晶系的矿物晶体。这三个晶系的晶体对称程度较低,三个结晶轴 $a$、$b$、$c$(简称 $a$ 轴、$b$ 轴、$c$ 轴)方向的轴单位都不相等,表明晶体在三维空间不同方向的内部结构和光学性质是不均一的。由实验测定可知这类矿物具有大、中、小三个主折射率值,它们分别与相互垂直的三个振动方向相当,符号 $N_g$、$N_m$、$N_p$ 分别代表矿物的最大、中等、最小折射率,即 $N_g > N_m > N_p$。二轴晶光率体就是以 $N_g$、$N_m$、$N_p$ 为半径的三轴不等的椭球体。下面以黄玉(托帕石)为例说明二轴晶光率体的构成。

托帕石属斜方晶系,三个结晶轴互相垂直,即 $a \perp b \perp c$,$a$、$b$、$c$ 三个方向的轴单位不相等。

取托帕石垂直 $b$ 轴切面(即平行 $a$ 轴、$c$ 轴的切面),使光波垂直该切面(即沿 $b$ 轴方向)入射,发生双折射而分解形成两种偏光。一种偏光的振动方向平行 $a$ 轴,相应的折射率最小,即 $N_p=1.619$;另一种偏光的振动方向平行 $c$ 轴,相应的折射率最大,即 $N_g=1.628$。分别以 $a$ 轴、$c$ 轴为半径方向,以 $N_p$、$N_g$ 为半径长度,可作出一个垂直光波入射方向的椭圆切面[图 1-21(a)]。

取托帕石垂直 $c$ 轴的切面(即平行 $a$ 轴、$b$ 轴的切面),使光波垂直该切面(即沿 $c$ 轴方向)入射,发生双折射而分解形成两种偏光。一种偏光的振动方向平行 $a$ 轴,相应的折射率仍为 $N_p=1.619$;另一种偏光的振动方向平行 $b$ 轴,相应的折射率为一中间值,即 $N_m=1.622$。同样可作出一个垂直光波入射方向的椭圆切面,其长、短半径分别为 $N_m$、$N_p$[图 1-21(b)]。

取托帕石垂直 $a$ 轴的切面(即平行 $b$ 轴、$c$ 轴的切面),使光波垂直该切面(即沿 $a$ 轴方向)入射,发生双折射而分解形成两种偏光。一种偏光的振动方向平行 $c$ 轴,相应的折射率仍为 $N_g=1.628$;另一种偏光的振动方向平行 $b$ 轴,相应的折射率仍为 $N_m=1.622$。同样以 $N_g$ 和 $N_m$ 为长、短半径,可作出一个垂直光波入射方向的椭圆切面[图 1-21(c)]。

将这三个互相垂直的椭圆按照它们彼此的空间关系组合起来,即得到托帕石的光率体[图 1-21(d)]。

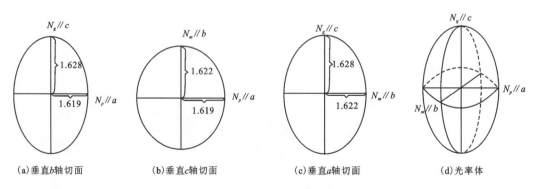

图 1-21 二轴晶(托帕石)光率体的构成

显然，这是一个以 $N_g$、$N_m$、$N_p$ 为主轴的三轴不等的椭球体，即三轴椭球体。所有二轴晶矿物的光率体，都像托帕石的光率体一样，为三轴椭球体，光率体的三个半径（主轴）的长度分别代表矿物的三个主折射率 $N_g$、$N_m$、$N_p$ 的大小，这是普遍特征。不同种属矿物的光率体的差异在于：①三个半径的长短不同；②三个半径的方向在晶体中的方位（即光性方位，后述）不同。例如橄榄石属斜方晶系，其光率体的三个半径分别是 $N_g=1.715$，$N_m=1.680$，$N_p=1.651$；三个半径在晶体中相应的方位是 $N_g/\!/a$，$N_m/\!/c$、$N_p/\!/b$（也可以写作 $N_g=a$，$N_m=c$，$N_p=b$）。

**2. 二轴晶光率体的要素**

三轴椭球体的对称程度比旋转椭球体低，因此二轴晶光率体的要素比一轴晶光率体更为复杂多样。

1）三个主轴

二轴晶光率体中三个互相垂直的轴称为光率体主轴，代表三个主要光学方向。三个主轴分别以 $N_g$、$N_m$、$N_p$ 命名，其长度分别代表三个主折射率，其相对大小为 $N_g>N_m>N_p$，其空间方位关系为 $N_g\perp N_m\perp N_p$（图 1-22）。

2）三个主轴面

二轴晶光率体中包含两个主轴的面称为主轴面或主截面。显然，二轴晶光率体共有三个主轴面，即 $N_gN_p$ 面、$N_gN_m$ 面、$N_mN_p$ 面。这三个主轴面彼此互相垂直，每一个主轴面都垂直于不包含在该主轴面内的另一个主轴（图 1-22）。不难看出，三个主轴是光率体的二次对称轴，三个主轴面是光率体的对称面，加上一个对称中心，二轴晶光率体的对称型可写作 $3L^2 3PC$。

3）两个圆切面

二轴晶光率体是三轴不等的椭球体，包含中间主轴 $N_m$ 可以切出一系列与主轴面垂直的椭圆切面；在 $N_gN_p$ 主轴面上，沿椭圆弧从 $N_g$ 向 $N_p$ 移动，其间必可找到一点，此点至中心的长度恰好等于 $N_m$，过此点垂直于 $N_gN_p$ 主轴面的切面必为圆切面（图 1-23）。由于三轴椭球体左右对称，$N_gN_m$ 主轴面是对称面，因此这样的圆切面必有两个，对称地分布于 $N_gN_m$ 主轴面的左、右两侧，并相交于主轴 $N_m$ 上（图 1-23）。

4）两个光轴

光波沿着垂直于上述两个圆切面的方向入射不发生双折射，也不改变入射光波的振动特点和振动方向，所以这两个圆切面的法线方向就是二轴晶光率体的两个光轴，以符号"OA"表示（图 1-23），二轴晶即由此得名。

5）一个光轴面

包含两个光轴的平面称为光轴面，以符号"AP"表示（有的文献中以 OAP 表示）。因为圆切面垂直于 $N_gN_p$ 主轴面，所以两光轴必位于 $N_gN_p$ 主轴面内，即光轴面与 $N_gN_p$ 主轴面一致（图 1-23）。垂直光轴面的方向就是主轴 $N_m$，故称 $N_m$ 为光轴面法线或光学法线。

6）光轴角

绝大多数二轴晶两个光轴相交成一个锐角和一个钝角。两个光轴相交的锐角称为光轴角，以符号"2V"表示（图 1-24）。

7)锐角等分线

两个光轴所夹锐角的平分线称为锐角等分线,以符号"$Bxa$"表示。显然,锐角等分线必与主轴 $N_g$(图 1-24)或 $N_p$ 一致。

8)钝角等分线

两个光轴所夹钝角的平分线称为钝角等分线,以符号"$Bxo$"表示。钝角等分线必与主轴 $N_p$(图 1-24)或 $N_g$ 一致。

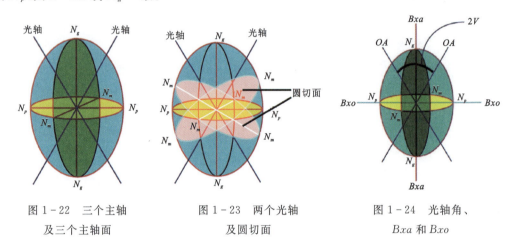

图 1-22 三个主轴及三个主轴面　　图 1-23 两个光轴及圆切面　　图 1-24 光轴角、$Bxa$ 和 $Bxo$

根据 $N_g$、$N_m$、$N_p$ 值的相对大小,确定二轴晶矿物的光性符号(图 1-25)。当 $N_g - N_m > N_m - N_p$ 时,为正光性。在这种情况下,$N_m$ 值比较接近 $N_p$ 值,以 $N_m$ 为半径,在 $N_g$ 轴与 $N_p$ 轴之间所作的两个圆切面,必然比较靠近 $N_p$ 轴,而垂直两个圆切面的两个光轴必更靠近 $N_g$ 轴。因此,两个光轴之间的锐角等分线($Bxa$)必为 $N_g$ 轴。

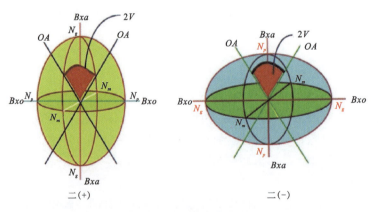

二(+)　　二(-)

图 1-25 二轴晶的光性符号

当 $N_g - N_m < N_m - N_p$ 时,为负光性。在这种情况下,$N_m$ 值比较接近 $N_g$ 值,以 $N_m$ 为半径,在 $N_g$ 轴与 $N_p$ 轴之间所作的两个圆切面,必然比较靠近 $N_g$ 轴,而垂直两个圆切面的两个光轴必更靠近 $N_p$ 轴。因此,两个光轴之间的锐角等分线($Bxa$)必为 $N_p$ 轴。

由上述情况可知,二轴晶矿物的光性符号也可根据 $Bxa$ 是 $N_g$ 轴还是 $N_p$ 轴确定。当 $Bxa=N_g$ 时,为正光性;当 $Bxa=N_p$ 时,为负光性。

### 3. 二轴晶光率体的切面类型

**1) 垂直光轴(OA)的切面**

垂直光轴($OA$)的切面形态为圆形,其半径是 $N_m$。光波垂直圆切面(即沿光轴)方向入射不发生双折射,也不改变入射光波的振动特点和振动方向。光波在圆切面内任何方向振动,其折射率都是 $N_m$,故圆切面的双折射率为零。二轴晶有两个光轴,所以有两个圆切面(图 1-26)。

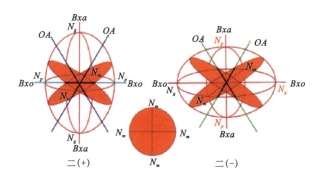

图 1-26 二轴晶垂直光轴的切面

**2) 平行光轴面(AP)的切面**

平行光轴面($AP$)的切面形态为椭圆,即 $N_gN_p$ 主轴面,其长半径为 $N_g$,短半径为 $N_p$。光波垂直光轴面(即沿主轴 $N_m$)方向入射,发生双折射而分解形成两种偏光:一种偏光的振动方向平行长半径 $N_g$,其折射率即 $N_g$;另一种偏光的振动方向平行短半径 $N_p$,其折射率即 $N_p$。该切面双折射率为 $N_g-N_p$,是二轴晶矿物的最大双折射率(图 1-27、图 1-28)。

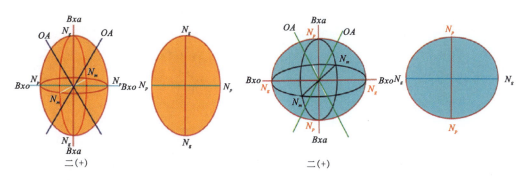

图 1-27 二轴晶(+)平行 $AP$ 的切面    图 1-28 二轴晶(-)平行 $AP$ 的切面

**3) 垂直锐角等分线(Bxa)的切面**

垂直锐角等分线($Bxa$)的切面形态为椭圆,按照光性符号不同,可分为两种情况。二轴正晶,$N_g=Bxa$,垂直 $Bxa$ 的切面就是主轴面 $N_mN_p$,切面的光率体椭圆半径分别是 $N_m$ 和

$N_p$。光波垂直该切面,即沿主轴 $N_g$ 方向入射,发生双折射而分解形成两种偏光,其振动方向分别平行椭圆的长半径(主轴 $N_m$)和短半径(主轴 $N_p$),相应的折射率为 $N_m$ 和 $N_p$ 值,该切面的双折射率为 $N_m - N_p$(图 1-29)。二轴负晶,$N_p = Bxa$,垂直 $Bxa$ 的切面就是主轴面 $N_g N_m$,切面的光率体椭圆半径分别是 $N_g$ 和 $N_m$。光波垂直该切面(即沿 $N_p$ 方向入射,发生双折射而分解形成两种偏光,其振动方向分别平行椭圆的长半径(主轴 $N_g$)和短半径(主轴 $N_m$),相应的折射率为 $N_g$ 和 $N_m$ 值,该切面的双折射率为 $N_g - N_m$(图 1-30)。

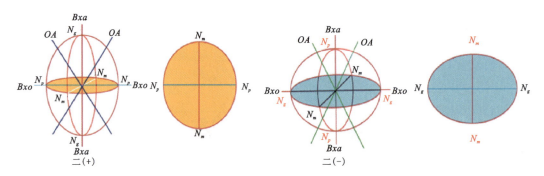

图 1-29 二轴晶(＋)垂直 $Bxa$ 的切面　　　　图 1-30 二轴晶(－)垂直 $Bxa$ 的切面

4)垂直钝角等分线($Bxo$)

垂直钝角等分线($Bxo$)的切面形态为椭圆,按照光性符号不同也分为两种情况。二轴正晶,$N_p = Bxo$,垂直 $Bxo$ 切面的光率体椭圆长、短半径分别是 $N_g$ 和 $N_m$(图 1-31);二轴负晶,$N_g = Bxo$,垂直 $Bxo$ 切面的光率体椭圆长、短半径分别是 $N_m$ 和 $N_p$(图 1-32)。光波沿垂直这种切面(即沿 $Bxo$)方向传播,发生双折射而分解形成两种偏光,其振动方向分别平行椭圆的长、短半径,即主轴 $N_g$ 和 $N_m$(二轴正晶)或主轴 $N_m$ 和 $N_p$(二轴负晶),它们的双折射率分别是 $N_g - N_m$(二轴正晶)、$N_m - N_p$(二轴负晶)。

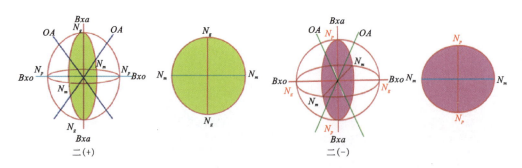

图 1-31 二轴晶(＋)垂直 $Bxo$ 的切面　　　　图 1-32 二轴晶(－)垂直 $Bxo$ 的切面

上述四种类型的切面,都是二轴晶光率体中特殊方向的切面,其中平行 $AP$、垂直 $Bxa$、垂直 $Bxo$ 三种类型的切面既是主轴面,同时又是垂直光率体另一个主轴的切面。在实际观察矿物晶体薄片时,这些特殊方向的定向切面出现的概率是很小的,更为常见的是除这些特殊方向切面以外的一般斜交切面。

5) 斜交切面

既不垂直光轴也不垂直光率体主轴的切面都是斜交切面，又称任意切面。这种切面形态都是椭圆，椭圆的长、短半径分别以 $N'_g$、$N'_p$ 表示，$N'_g$ 变化于 $N_g$ 和 $N_m$ 之间，$N'_p$ 变化于 $N_m$ 和 $N_p$ 之间，即 $N_g > N'_g > N_m > N'_p > N_p$。光波垂直这种斜交切面（即沿光轴和主轴之外的任意方向）入射，发生双折射而分解形成两种偏光，其振动方向分别平行椭圆的长、短半径方向，相应的折射率为 $N'_g$ 和 $N'_p$ 值。该种切面的双折射率为 $N'_g - N'_p$，其数值大小随切面方向不同而在零与最大双折射率之间变化（图 1-33）。

在斜交切面中有一种垂直主轴面（或说平行一个主轴）的斜交切面，称半任意切面，包括垂直 $N_gN_p$ 主轴面（平行 $N_m$）的斜交切面、垂直 $N_gN_m$ 主轴面（平行 $N_p$）的斜交切面、垂直 $N_mN_p$ 主轴面（平行 $N_g$）的斜交切面三种类型（图 1-34）。这类半任意切面形态为椭圆，椭圆的长、短半径中总有一个半径是主轴（$N_g$ 或 $N_m$ 或 $N_p$），另一个半径是 $N'_g$ 或 $N'_p$。在这三类任意切面中，比较重要的是垂直光轴面 $N_gN_p$（即平行 $N_m$）的斜交切面。因为这种斜交切面的椭圆半径中必有一个是主轴 $N_m$，另一个是 $N'_g$ 或 $N'_p$。由于这种切面是包含 $N_m$ 主轴的切面，理论上讲可以有无数个，因此这种切面出现的概率比垂直光轴的圆切面大得多，所以在实际应用中这种切面可以代替垂直光轴的切面，垂直光轴的圆切面实际上就是这种切面之一。

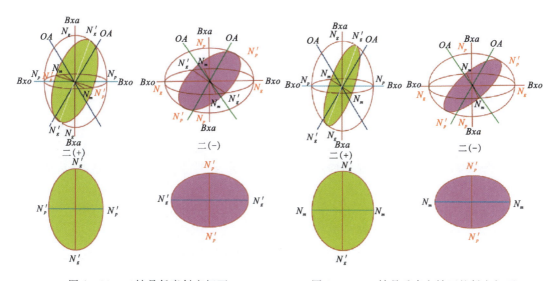

图 1-33　二轴晶任意斜交切面　　　　图 1-34　二轴晶垂直主轴面的斜交切面

认识光率体

## 思 考

能否将二轴晶几种主要切面的双折射率大小进行排序?

表 1-2  二轴晶光率体五种类型切面

| 光率体类型 | 光性(符号) | 光率体形态 | ⊥OA 切面 | //AP 切面 | ⊥Bxa 切面 | ⊥Bxo 切面 | 斜交切面 | 最大双折射率 |
|---|---|---|---|---|---|---|---|---|
| 二轴晶 | (+) | 三轴不等椭球体 | $N_m$ | $N_g$, $N_p$ | $N_m$, $N_p$ | $N_g$, $N_m$ | $N'_g$, $N'_p$ | $N_g - N_p$ |
| 二轴晶 | (-) | 三轴不等椭球体 | $N_m$ | $N_g$, $N_p$ | $N_g$, $N_m$ | $N_m$, $N_p$ | $N'_g$, $N'_p$ | $N_g - N_p$ |

## 课后作业

制作二轴晶光率体模型。正光性及负光性各一个。

## 练一练

**一、名词解释**

1.光轴  2.一轴晶  3.二轴晶  4.光率体  5.光学主轴  6.主轴面  7.光轴面  8.光轴角  9.锐角等分线

**二、填空题**

1.二轴晶光率体有_____、_____、_____、_____和_____等主要切面。

2.二轴晶光率体的光轴面与三个主轴面之一的_____面对应。

3.一轴晶光率体有三种主要切面,分别为_____、_____和_____,其切面半径分别为_____、_____和_____。

4.一轴晶双折射率最大的切面是由_____和_____组成。

5.一轴晶光率体的旋转轴永远是_____轴。

6.一轴晶有_____和_____两个主折射率,二轴晶有_____、_____和_____三个主折射率。

7.二轴晶垂直光轴面的任意切面总有一个半径是_____。

8.二轴晶中 $Bxa$ 和 $Bxo$ 的关系是_____。

9.在一轴晶矿物中,垂直光轴切面的双折射率为_____,平行光轴切面的双折射率为_____,斜交光轴切面的双折射率为_____。

10.两个光轴之间锐角的平分线称为_____,以符号_____表示。两个光轴之间钝角的平分线称为_____,以符号_____表示。

### 三、问答题

1. 绘出一轴晶负光性光率体的主要切面,并说明每一个切面的半径名称。
2. 绘出二轴晶正光性∥$AP$ 切面,负光性⊥$Bxa$ 切面、⊥$Bxo$ 切面,并注明切面半径名称。
3. 根据下表所列内容对比均质体光率体、一轴晶光率体和二轴晶光率体的特征。

| 类别<br>特征 | 均质体光率体 | 一轴晶光率体 | 二轴晶光率体 |
| --- | --- | --- | --- |
| 形态特征 | | | |
| 主要切面类型 | | | |
| 最大双折射率 | | | |
| 主折射率 | | | |
| 光性判别 | | | |
| 光轴数目 | | | |
| 与晶系关系 | | | |

4. 简述二轴晶光率体的结构要素和特点。

# 任务二 认识光性方位

光性方位指的是光率体在晶体中的定向,以光率体主轴与晶体结晶轴之间的相互关系表示。光率体在矿物晶体中的方位常称为矿物的光性方位,是偏光显微镜下研究矿物晶体光学性质的重要依据。矿物的光性方位因晶系不同而异。

## 一、均质体光率体的光性方位

均质体矿物是均质体,其光率体形态是圆球体(图 1-35),通过圆球体中心的任意三个互相垂直的半径都可以与等轴晶系的三个结晶轴一致。

## 二、中级晶族矿物的光性方位

中级晶族(一轴晶)矿物的光率体形态是旋转椭球体,其旋转轴(光轴)与晶体 $c$ 轴一致;在三方晶系、四方晶系、六方晶系中,无论光性符号是正或负,$N_e$ 轴总是与晶体的高次对称轴 $L^3$、$L^4$、$L^6$ 一致(或说平行)。即 $c$ 轴相当于 $N_e$ 的方向,$N_o$ 与水平轴一致。无论 $N_e > N_o$,还是 $N_e < N_o$,与 $c$ 轴重合的位置都不变。图 1-36 分别为石英(正光性)和方解石(负光性)的光性方位图。其他中级晶族矿物的光性方位图见图 1-37。

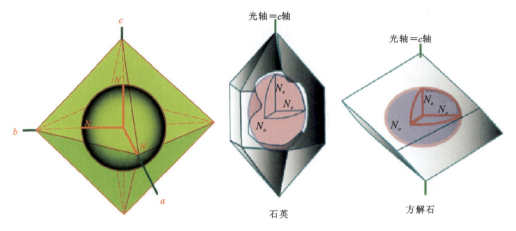

图 1-35　均质体的光性方位　　　　图 1-36　石英和方解石的光性方位

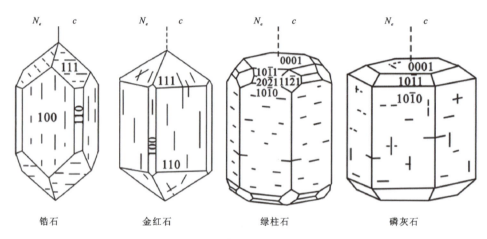

图 1-37　一轴晶矿物的光性方位

## 三、低级晶族矿物的光性方位

低级晶族(二轴晶)矿物的光率体是三轴椭球体,有三个光学主轴,即 $N_g$、$N_m$、$N_p$。在各晶系中,三个光学主轴与结晶轴的关系是不一样的。

### (一)斜方晶系矿物的光性方位

斜方晶系矿物有三个互相垂直的结晶轴 $a$、$b$、$c$。光性方位:光率体的三个主轴($N_g$、$N_m$、$N_p$)与三个结晶轴($a$、$b$、$c$)分别一致(或说平行)。不同矿物的光性方位差异仅在于光率体哪个主轴与哪个晶轴一致的不同组合,这种不同的组合是矿物种属的重要鉴定特征,例如黄玉是 $N_p=a$,$N_m=b$,$N_g=c$。显然,可能的组合共有六种(图 1-38)。

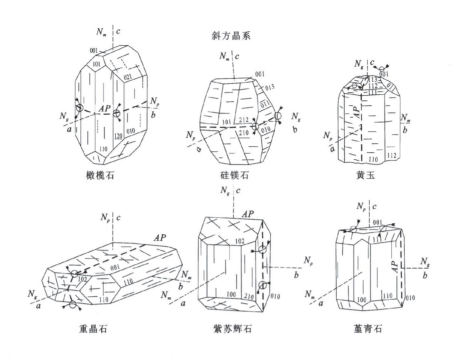

图 1-38 斜方晶系矿物的光性方位

## (二)单斜晶系矿物的光性方位

单斜晶系矿物的光性方位是指光率体三个主轴中有一个主轴与 $b$ 轴一致(或平行),其余两个主轴在 $ac$ 平面内分别与 $a$ 轴、$c$ 轴斜交。至于光率体哪个主轴与 $b$ 轴一致,其余两个主轴与 $a$ 轴、$c$ 轴的交角大小,则因矿物种属不同而异。大多数单斜晶系矿物是 $N_m // b$,光轴面方向平行 (010)。例如透闪石的光性方位是:$N_m // b$,$N_g \wedge c = 15°$,$N_p \wedge a = 1°$(图 1-39);透辉石的光性方位:$N_m // b$,$N_p \wedge a = 22°\sim 32°$,$N_g \wedge c = 38°\sim 48°$;正长石的光性方位:$N_g // b$,$N_p \wedge a = 5°$,$N_m \wedge c = 20°$;独居石的光性方位:$N_p // b$,$N_m \wedge a = 8°\sim 11°$,$N_g \wedge c = 3°\sim 6°$(图 1-40)。

## (三)三斜晶系矿物的光性方位

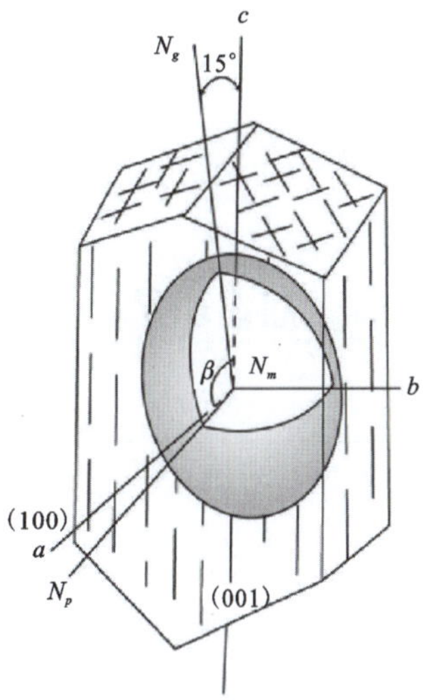

图 1-39 透闪石的光性方位

三斜晶系矿物晶体的对称程度最低,只有一个对称中心与光率体的对称中心相当。三个结晶轴 $a$、$b$、$c$ 互不垂直。三斜晶系矿物的光性方位是光率体的三个主轴与三个结晶轴均斜交,斜交的方向和角度则因矿物种属不同而异。例如图 1-41 所示的硅灰石的光性方位:$N_p \wedge c = 28°\sim 34°$,$N_g \wedge a = 30°\sim 39°$,$N_m \wedge b = 3°\sim 5°$;微斜长石的光性方位:$N_g \wedge a = 18°$,$N_g \wedge b = 18°$,$N_m \wedge c = 28°$。

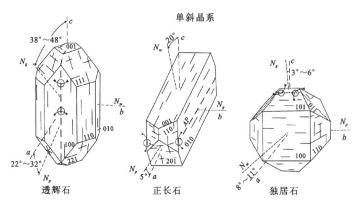

图 1-40 单斜晶系矿物的光性方位

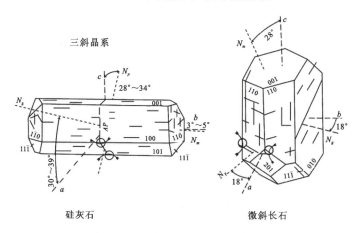

图 1-41 三斜晶系矿物的光性方位

## 知识小结

表 1-3 光性方位特征

| 晶族 | 晶系 | 光性方位特征 |
|---|---|---|
| | | 光率体主轴与晶体结晶轴关系 |
| 高级 | 等轴 | 光率体任意三个垂直直径与结晶轴相当 |
| 中级 | 三方 | 旋转轴 $N_e$ = 高次对称轴 $c$ |
| | 四方 | 正光性短轴 $N_o = a = b$ |
| | 六方 | 负光性长轴 $N_o = a = b$ |
| 低级 | 斜方 | 三个主轴互相⊥＝三个结晶轴 |
| | 单斜 | 三个主轴之一＝$b$ 轴 |
| | | 其余两个主轴与 $a$、$c$ 斜交 |
| | 三斜 | 三个主轴与三个结晶轴均斜交 |

## 练一练

**一、名词解释**

光性方位

**二、单项选择题**

一轴晶的光轴往往与其（　　）方向是一致的。

A. $a$ 轴　　　　　B. $b$ 轴　　　　　C. $c$ 轴　　　　　D. $u$ 轴

**三、判断题**

1. 一轴晶光率体的光轴始终是竖直的。（　　）
2. 二轴晶光率体的 $N_g$ 轴始终是竖直的。（　　）
3. 一轴晶 $N_e$ 与 $c$ 轴始终一致，二轴晶 $N_g$ 与 $c$ 轴始终一致。（　　）
4. 二轴晶三个光率体主轴一定与三个结晶轴一致。（　　）
5. 二轴晶斜方晶系 $N_g$、$N_m$、$N_p$ 与 $a$、$b$、$c$ 轴一致。（　　）
6. 二轴晶单斜晶系一定是 $N_m = b$。（　　）

# 项目三　偏光显微镜的调节与校正

## 学习目标

**知识目标：** 要求熟悉偏光显微镜各个部件的名称和功能，掌握偏光显微镜的使用方法，并了解偏光显微镜的保养及使用守则。

**能力目标：** 能熟练操作偏光显微镜，熟练操作装卸镜头、调节照明和聚焦、校正中心等调节和校正偏光显微镜的方法。

## 任务一　偏光显微镜的构造

偏光显微镜是利用偏光的特性，对透明造岩矿物和宝石进行显微观察、分析鉴定及研究的基本工具。透明矿物鉴定用的偏光显微镜与普通生物显微镜不同，它与普通生物显微镜的基本区别在于它有两个偏光镜，一个位于载物台的下面，称下偏光镜；另一个位于物镜上方，称上偏光镜。与反射偏光显微镜的不同在于它是在透射光下观察，而反射偏光显微镜是在反射光下观察。因此，透明矿物鉴定用的偏光显微镜实际上为透射偏光显微镜。

所有偏光显微镜都有镜座、镜臂、镜筒、聚光镜、下偏光镜、上偏光镜、目镜、物镜、勃氏镜、载物台等基本部件，其差别仅在光源装置、目镜装置、物镜转换装置、镜筒形状以及光学透镜的质量和各部件组合的精密程度上有所体现。

SMART15020246型号的偏光显微镜属高精度教学及科研用偏光显微镜,其构造图如图1-42所示,其具体部件细节及名称如图1-43所示。

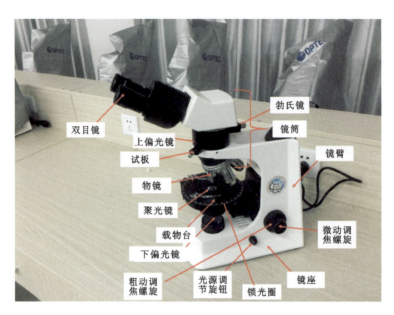

图1-42　偏光显微镜的构造图

镜座为一矩形底座,支撑整个显微镜的全部质量。镜座底部后面有电源开关,镜座右侧装有电源亮度调节钮。打开电源开关后应将亮度调节钮慢慢扭动到合适的亮度再进行镜下观察。

镜臂的下部与镜座垂直相连,上端与物镜及上部组件相连。中部装有载物台及下偏光镜和下部组件,镜臂上装有粗动调焦螺旋和微动调焦螺旋。通过它可以使物台及下部组件上升和下降。

下偏光镜又称起偏镜,由偏光片或尼科尔棱镜制成,位于载物台下方并和物台相连,与聚光镜、锁光圈等共同组成下部组件。由卤素光源灯反射出的自然光,经过下偏光镜后即成为振动方向(以下称下偏光振动方向)固定的偏振光。

锁光圈位于下偏光镜之上,轻轻拨动锁光圈并转动手柄,可以使锁光圈自由开合,控制进入视域的光线总量。缩小光圈有两个作用:①减少光线入射量,使视域变暗;②挡去倾斜入射的光,只让垂直矿物薄片入射的光通过。

聚光镜位于锁光圈与物台之间,由一组透镜组成。它可以把下偏光镜透出的平行偏光束聚敛成锥形偏光束。

物台又称载物台,是一个可以水平转动的圆形平台。圆周边缘有360°的刻度,与游标尺配合,可以读出转角(精确到0.1°)。物台中央有一圆孔,为光的通道;台上有一对弹簧夹,用于夹持矿物薄片。物台边缘有固定螺丝,用于固定物台。由于镜臂和镜筒系统是固定不动的,因而物台的水平状态保持不变,但可通过安装在镜臂上的粗动、微动调焦螺旋进行升降,以调节焦距。

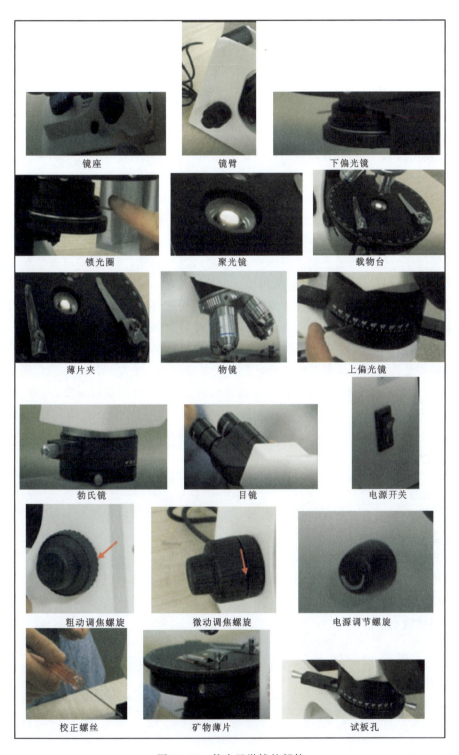

图 1-43 偏光显微镜的部件

镜筒为双管镜筒,镜筒上端接目镜,下端装物镜。镜筒中间装有勃氏镜、上偏光镜,并设有试板孔。试板孔一般在45°方向。试板孔中有一长条形的试板,可以前后移动,上面有三个圆形孔,其中中间孔中未装试板,为一个空的孔洞,两侧的孔中一个装有云母试板,另一个装有石膏试板,使用时把需用的试板推入到光学系统中,不用时使试板处于中间的位置。试板一般固定在试板孔中,两端分别有一个螺丝,旋松后可以将试板从试板孔中退出。

物镜旋转盘位于镜筒的下端,为一可旋转的圆盘,可以同时安装四个不同放大倍率的物镜,即4×、10×、20×、40×,每个物镜上标注有放大倍率及数值孔径。在显微镜上配备了四个物镜,更换物镜非常便利,只需转动旋转盘将选用的物镜转到光学系统中即可。

上偏光镜又称分析镜或检偏镜,制造材料与下偏光镜的制造材料相同。光波通过上偏光镜后,也变成偏光,其振动方向(以下称上偏光振动方向)与下偏光振动方向垂直,即上偏光振动方向常固定在南北方向上,以符号"AA"表示。上偏光镜有一个转动盘,旋转可以使上偏光的振动方向改变,上偏光镜装于物镜与勃氏镜之间,可以推入或拉出光学系统。

勃氏镜位于目镜与上偏光镜之间,是一个小的凸透镜,可以加入和退出光学系统。

目镜为倾斜的双目镜,位于镜筒的顶端。两个目镜间的距离可以调节。观察时观察者可按自己的双目距离调节两个目镜之间的距离。其中一个目镜中有十字丝。两个目镜顶端都有调节螺旋,可调节目镜的焦距。当观察者两只眼睛的焦距有差异时,先用左(或右)眼从左(或右)目镜(最好是带十字丝的目镜)中观察,用挡板挡住或闭上右(或左)眼,调节镜筒或载物台并微调螺旋使矿物像最清晰;然后用右(或左)眼从右(或左)目镜中观察,闭上或挡住左(或右)眼,调节目镜并调节螺旋,直到物像最清晰为止;最后用双目观察,此时,物像最为清晰。

# 练一练

## 一、填空题

1.聚光镜位于锁光圈和载物台之间,由一组透镜组成,它可以把下偏光镜透出的平行偏光束高度会聚成_____。

2.偏光显微镜常用的物镜倍数有_____、_____、_____、_____和_____。

3.偏光显微镜的放大倍率等于目镜放大倍率和物镜放大倍率的_____。

## 二、单项选择题

1.常用物镜不包括(　　)。

A.4×　　　　B.8×　　　　C.10×　　　　D.40×

2.偏光显微镜载物台圆周边缘有360°刻度,并附有游标尺,可以直接读出载物台旋转角度,最小到(　　)

A.度　　　　B.分　　　　C.秒　　　　D.无法判断

# 任务二　偏光显微镜的调节与校正

在使用偏光显微镜之前,首先应将显微镜各系统调节至标准状态,否则将达不到观察目的,而且浪费时间,影响学习和工作的效率。

## 一、装卸镜头

装卸目镜:将选用的目镜插入镜筒上端,使十字丝处于东西、南北方向上。

装卸物镜:将选用的镜头拧紧在镜筒下边的镜头丝扣上即可。

## 二、调节照明

调节照明的步骤:装好物镜及目镜,推出上偏光镜与勃氏镜,打开锁光圈,接通光源照明线路(图1-44)。接通光源后,视域最亮(图1-45)。

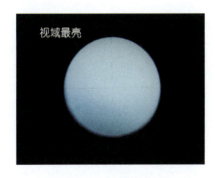

图1-44　电源打开的　　　图1-45　电源打开后　　　　偏光显微镜的
　　偏光显微镜　　　　　　　视域最亮　　　　　　　　调节与校正

## 三、调节焦距

调节焦距是为了使矿物薄片中的物像清晰可见,其调节步骤如下:

(1)将需要观察的矿物薄片置于载物台中心,用矿物薄片夹夹紧。必须使矿物薄片的盖玻片朝上,否则不能准焦。

(2)从侧面看镜头,转动粗动调焦螺旋,将镜头下降到最低位置,若用高倍物镜则需下降到几乎与矿物薄片接触为止。

(3)从目镜中观察,同时转动粗动调焦螺旋,使镜筒缓缓上升,直至视域内物像较清晰后,再转动微动调焦螺旋,直至物像完全清晰为止。

(4)中倍物镜的准焦。旋转物镜旋转盘,将中倍物镜推入光路中;调节载物台或镜筒升降螺旋(一般只要调节微动螺旋),直至物像完全清晰为止(图1-46)。

(5)高倍物镜的准焦。旋转物镜旋转盘,将高倍物镜推入光路中(推入前检查盖玻片是否朝上）；调节微动调焦螺旋（一般只能调节微动调焦螺旋），直至物像完全清晰为止（图1-47）。

图1-46 焦距调节好的清晰图像

图1-47 放大倍数越大物镜越靠近矿物薄片

## 四、校正中心

显微镜的镜筒中轴、物镜中轴与载物台旋转轴应严格地重合于一条直线上，这条直线可称为偏光显微镜的光学中心线。此时旋转载物台，视域中心（即目镜十字丝交点）的物像不动，其余物像绕视域中心做圆周运动。如果不重合，则转动载物台时，视域中心的物像将离开原来的位置，连同其他部分的物像绕另一中心旋转。在实际工作时，物镜中轴与载物台旋转轴有时不在一条直线上（叫作"偏心"，或中心不正），当旋转载物台时，一个本来在十字丝交点的物像会离开视域中心，甚至跑到视域之外，妨碍进一步的观察。因此，必须校正中心，使载物台旋转轴与物镜中轴吻合。

显微镜的镜筒中轴是固定的，大多数载物台旋转轴也是固定的，在实际工作中，只能校正物镜中轴，也有少数显微镜的载物台旋转轴可以校正。

在校正中心之前，首先应检查物镜是否安装正确，若不正确，则不仅不能校正好中心，而且容易损坏中心校正螺丝。

校正中心的具体步骤：

（1）准焦后，在矿物薄片中选一质点$a$，移动矿物薄片，使质点$a$位于视域中心（即目镜十字丝交点处）（图1-48）。

（2）固定矿物薄片，旋转载物台，若物镜中轴与镜筒中轴、载物台旋转轴不重合，旋转载物台180°，使质点$a$由十字丝交点移至$a'$处（图1-50、1-51）。

（3）同时调整载物台上的两个中心校正螺丝，使质点由$a'$处移至$o$处（即$aa'$中点$o$点）（图1-51）。

（4）移动矿物薄片，使质点$a$移至十字丝交点。旋转载物台检查，如果质点$a$不动，则中心已校好；若仍有偏心，则重复上述步骤，直至完全校正好为止。

整个校正中心过程的示意图见图1-52。

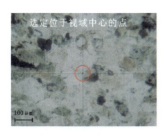 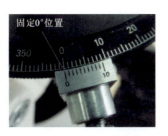 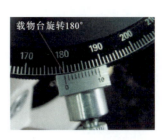

图 1-48　选定位于视域中心的点　　　图 1-49　固定 0°位置　　　图 1-50　载物台旋转 180°

 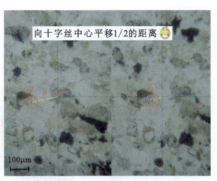

(a) 观察选定点的位置　　　　　　　　(b) 向十字丝中心平移 1/2 的距离

图 1-51　质点的移动

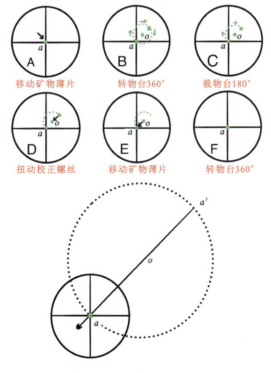

图 1-52　校正中心示意图

如果中心偏差很大,转动载物台,质点 a 由十字丝交点转出视域之外,此时来回转动载物台,根据质点 a 运动的圆弧轨迹判断偏心圆圆心 o 点所在方向。同时调整载物台的两个中心校正螺丝,使视域内所有质点(或某一质点)向偏心圆圆心相反方向移动。同时旋转载物台,判断偏心圆圆心是否进入视域(圆心处质点在旋转载物台时位置不发生变化)。若偏心圆圆心已在视域内,再按前述步骤校正。

## 五、目镜十字丝的正交检验

(1)先将具有直边的矿物移入视域中心,并使矿物的直边与十字丝之一平行,记下载物台读数(图 1-53)。

(2)转动载物台 90°,观察另一十字丝是否与矿物直边平行。若平行,则说明目镜十字丝已校正好(图 1-54、图 1-55)。

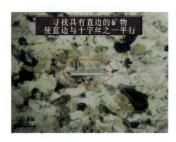
图 1-53 云母解理缝平行 PP 方向

图 1-54 旋转载物台 90°

图 1-55 云母解理缝平行 AA 方向

## 六、偏光镜的校正

在偏光显微镜光学系统中,上、下偏光振动方向应互相垂直,并分别平行南北、东西方向且与目镜十字丝平行。其校正方法如下:

(1)确定及校正下偏光振动方向。我们可使用中倍物镜准焦后,在矿物薄片中找一个长条形、具有互相平行的解理纹的黑云母切面置于视域中心(图 1-56),转动载物台,使黑云母的颜色变得最深(图 1-57)。此时,黑云母解理纹方向代表下偏光振动方向(当光波沿黑云母解理纹方向振动时,吸收最强,颜色最深)。如果黑云母解理纹方向与十字丝横丝方向(东西方向)平行,则下偏光振动方向正确,不需校正。如果不平行,则旋转载物台,使黑云母解理纹方向与目镜十字丝的横丝方向平行,再旋转下偏光镜,至黑云母的颜色变得最深为止,此时下偏光振动方向位于东西方向。

(2)检查上、下偏光振动方向是否垂直。我们可使用中倍物镜,去掉矿物薄片,调节照明使视域最亮。当推入上偏光镜(图 1-58)时,如果视域完全变暗,证明上、下偏光振动方向垂直;如果视域不完全变暗,说明上、下偏光振动方向不正交。如果已经校正下偏光振动方向,则需要校正上偏光振动方向,转动上偏光镜至视域完全变暗为止。如果无法转动显微镜上的偏光镜,则需作专门修理。

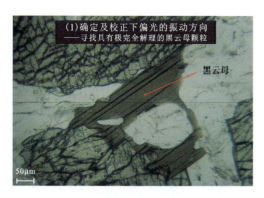

图 1-56 寻找黑云母

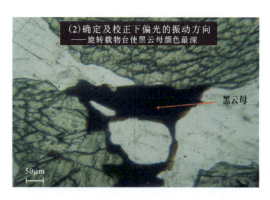

图 1-57 旋转载物台使黑云母颜色最深

图 1-58 推入上偏光镜

图 1-59 检查

经过上述校正之后,目镜十字丝应当严格地与上、下偏光镜振动方向一致(图 1-59)。但有些显微镜的目镜没有定位螺丝,使用过程中或更换目镜时,可能会改变目镜十字丝位置,因此,需要校正目镜十字丝的位置。

(3)检查目镜十字丝是否严格地与上、下偏光镜振动方向一致。

A. 在矿物薄片中选一个具有极完全解理缝的黑云母,置于视域中心,转动载物台,使黑云母解理缝与目镜十字丝之一平行。

B. 推入上偏光镜,如果黑云母完全变暗(消光),证明目镜十字丝分别与上、下偏光镜振动方向一致。如果黑云母不完全黑暗,转动载物台,使黑云母变暗。推出上偏光镜,旋转目镜,使十字丝之一与黑云母解理缝平行,此时目镜十字丝与上、下偏光镜振动方向一致。

## 七、视域直径的测定

(1)可以用带有刻度的透明尺直接测量中倍或低倍物镜的视域直径。测量时,将透明尺置于载物台中部,与十字丝纵丝或横丝平行。准焦后,观察视域直径的长度,记录该值以备后查。

(2)可以使用载物台微尺测量高倍物镜的视域直径。载物台微尺通常嵌在一个玻璃片中心,总长度为 1～2mm,刻有 100～200 个小格,每小格等于 0.01mm。测量时将载物台微尺置于载物台中央，准焦后观察视域直径相当于载物台微尺的多少个小格。若为20格，则视域直径为 $20\times0.01=0.2$mm。

### 练一练

1. 试述偏光显微镜校正中心的步骤。
2. 简述偏光显微镜物镜中心校正的两种方法。
3. 简述偏光显微镜调节和校正的主要步骤。
4. 在校正物镜中心时，扭动校正螺丝，为什么只能使点 $a$ 移动至偏心中心 $o$，而不移至十字丝中心 $O$？

## 任务三　偏光显微镜的保养与使用守则

偏光显微镜是镜下鉴定宝石矿物不可少的常用工具，也是精密而贵重的光学仪器，如有损坏，将直接影响教学和科研工作。因此，我们应注意保养、爱护偏光显微镜，使用时应自觉遵守以下使用守则：

(1) 使用前应进行严格检查，发现问题及时报告。

(2) 搬动和放置显微镜时，必须轻拿轻放，严防震动，以免损坏光学系统。搬动显微镜时，必须一手持镜臂，一手托镜座，切勿提住微动螺旋以上的部分。

(3) 使用前应注意检查、校正。

(4) 必须保持镜头清洁，如有灰尘，需先用橡皮球把灰尘吹去，再用专用的镜头纸擦拭，不能用手或其他物品擦拭，以防损坏镜头。

(5) 不得自行拆卸显微镜，或将附件与其他显微镜调换使用。对尚未学习操作方法的部件，不能擅自乱动。

(6) 安放矿物薄片时，盖玻片必须向上，并用矿物薄片夹夹紧。下降镜头（或上升载物台）时，勿使镜头与矿物薄片接触，以免损伤镜头和矿物薄片。

(7) 勿使显微镜在阳光下暴晒，以免偏光镜及试板等光学部件脱胶。

(8) 离开座位时间较长或使用完毕后，应及时关闭电源。

(9) 使用上偏光镜及勃氏镜时，应轻拉轻送，切勿猛力推送，以免损坏。

(10) 仪器调节失灵时，应报告管理人员，切勿强行扭动或擅自做其他处理。

(11) 显微镜用毕，用防尘罩把显微镜罩好。

(12) 仪器用毕，应进行登记。

## 任务四　岩石矿物薄片磨制方法简介

在偏光显微镜下研究岩石和矿物时，需要将它们磨制成矿物薄片进行观察。

岩石矿物薄片磨制步骤：用切片机从岩石手标本上切下一小岩块（定向或不定向）；在磨

片机上把该岩块的一面进行研磨抛光处理;用加拿大树胶把这一平面粘在载玻片(其大小为25mm×50mm,厚约1mm)中部;将固定好的载玻片切割至0.5mm,然后减薄并抛光(厚0.03mm);用加拿大树胶把盖玻片粘在岩石矿物薄片上(盖玻片大小为15mm×15mm至20mm×20mm,厚度为0.1～0.2mm)。因此,岩石矿物薄片由薄的矿物薄片、载玻片与盖玻片组成。矿物薄片的上、下部都有一层薄的加拿大树胶。

我们一般使用金刚砂磨制岩石矿物薄片。无论抛光粉有多细,矿物薄片表面总会磨划出显微沟痕。因此,矿物薄片表面并非绝对平滑。

为了某些鉴定需要,如观察长石的解理缝、矿物薄片染色或做电子探针分析等,对某些矿物薄片不加盖玻片或部分不加盖玻片。在磨制疏松岩石矿物薄片时,需先浸在加拿大树胶中煮过以后再磨制。

### 练一练

岩石矿物薄片由_____、_____和_____组成,连接它们的是_____,矿物薄片的标准厚度为_____。

# 模块二 宝石矿物单偏光镜下晶体光学性质观察与测试

## 学习目标

**知识目标**：主要学习单偏光镜的装置及特点，矿物的形态、解理及解理夹角的测定，矿物的颜色、多色性和吸收性，矿物的边缘、贝克线、糙面及突起等光学性质。

**能力目标**：了解单偏光镜的装置、特点和单偏光镜下的观察内容。认识岩石矿物薄片中矿物不同切面的形态和解理的表现特征以及颜色、突起和糙面等特征。学会利用贝克线移动规律判断矿物的正、负突起。

## 项目一 光学基础

### 任务一 认识单偏光镜的装置

单偏光镜的装置就是由光源系统、下偏光镜、物镜、目镜组成的光路系统。单偏光镜是单偏光显微镜的简称，是只使用一个偏光镜（下偏光镜）的显微镜。下偏光镜振动方向 $PP$ 平行目镜十字丝横丝。在单偏光镜中通常不加上偏光镜和勃氏镜，一般情况下也不旋上高倍聚光镜。我们通常在单偏光镜的透射光下观察、测定矿物的光学性质。

### 任务二 认识单偏光镜下的光学特点

自然光通过下偏光镜后，只剩下振动方向平行 $PP$ 的偏光［图 2-1(a)］，当载物台上无矿物薄片时，该偏光直接透出目镜，视域明亮。

当载物台上放置均质体矿物薄片或非均质体垂直光轴的矿物薄片时，其光率体切面为圆切面，透出矿物薄片的偏光振动方向仍然平行 $PP$，进入矿物薄片后，沿任一圆半径方向振动通过矿物薄片，基本不改变原来的振动方向，此时矿物薄片的折射率值等于圆切面半径［图 2-1(b)］。由于均质体光性各向同性，因此，旋转载物台时均质体的光学性质不变。

当矿物薄片上的光率体椭圆切面长、短半径与 $PP$ 方向平行时，由下偏光镜透出的振动方向平行 PP 的偏光进入矿物薄片后,沿该半径方向振动通过矿物薄片,不改变原来的振动方向,此时矿物薄片的折射率值等于该椭圆长、短半径[图 2-1(c)]。

当载物台上放置非均质体斜交 OA 的矿物薄片且光率体椭圆半径与十字丝(或 PP)斜交时,来自下偏光镜的偏光入射矿物薄片后会发生双折射,分解成振动方向分别平行矿物薄片光率体椭圆两个半径方向的两束偏光,两束偏光的振幅随光率体椭圆半径与 PP 的交角不同而不同。如图 2-1(d)所示,当入射矿物薄片的偏光分解成两束偏光时,其振动方向分别平行矿物薄片上光率体椭圆切面长、短半径的方向,折射率值分别等于椭圆长、短半径。

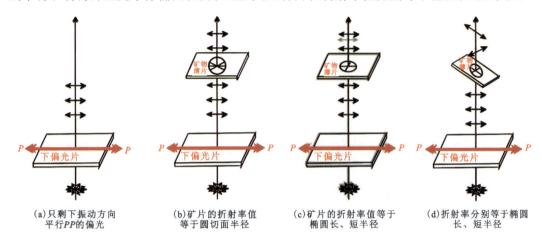

(a)只剩下振动方向　　(b)矿片的折射率值　　(c)矿片的折射率值等于　　(d)折射率分别等于椭圆
　平行PP的偏光　　　等于圆切面半径　　　　椭圆长、短半径　　　　　长、短半径

图 2-1　单偏光镜下光波通过下偏光镜和矿物薄片的情况

此时,显微镜下观察到的矿物光学性质是这两种偏光同时通过矿物薄片时所表现出的光学性质的综合。由于两种偏光的振幅随光率体半径与 PP 的交角不同而异,所观察到的矿物光学性质也随之而异,即旋转载物台,矿物的光学性质是变化的。

如果光率体椭圆切面是特殊的切面,其半径为光率体的主轴,则此时观察到的光学性质具有鉴定意义,晶体光学鉴定的目的就是要测定这种光学性质。

单偏光镜使用
准备及调试

## 任务三　单偏光镜下的观察内容

单偏光镜下观察、测定矿物的主要特征有:①矿物的外表特征,如矿物的形态及解理等;②与矿物对光波的选择性吸收有关的光学性质,如矿物的颜色、多色性及吸收性;③与矿物折射率值大小有关的光学性质,如突起、糙面、边缘、贝克线等。

### 一、填空题

1.单偏光镜下晶体光学性质观察、测定的主要特征有_____、_____、_____

三大类。

2. 单偏光下晶体光学性质的研究内容有_____、_____、_____和_____。

3. 单偏光下观察与矿物外表特征有关的内容包括:矿物的_____及_____等;观察与矿物对光波的选择性吸收有关的光学性质,如矿物的_____、_____及_____;观察与矿物折射率值大小有关的光学性质,如_____、_____、_____、_____等。

4. 偏光镜的装置就是利用_____、_____、_____和_____组成的光路系统。

二、单项选择题

1. 单偏光镜下晶体光学性质观察、测定的主要特征不包括( )。

A. 颜色　　　　　B. 多色性　　　　　C. 突起　　　　　D. 消光角

2. 单偏光镜的装置不包括( )。

A. 反光镜　　　　B. 下偏光镜　　　　C. 物镜　　　　　D. 聚光镜

# 项目二　单偏光镜下矿物形态的观察与描述

每一种矿物都具有一定的结晶习性,构成一定的外表形态,如石榴石常呈菱形十二面体,角闪石常呈单斜柱状。此外,矿物的形态、粒度大小及晶体的完整程度等,常与矿物的形成条件、结晶顺序有密切联系。在岩石矿物薄片中之所以能研究矿物的形态,是因为在单偏光显微镜下,矿物颗粒一般有一圈黑色的边缘把其轮廓显示出来。矿物的形态应呈现几何特征,并不属于光学性质,但显微镜下矿物形态的显示与其光学性质(折射率、双折射率)有关,而且矿物形态是鉴定矿物的重要依据之一,因此把矿物形态也列入光性矿物学的研究、描述内容之一。矿物的形态可以从切面形态、单体形态和集合体形态三个方面来研究。

研究矿物的切面形态,可以帮助我们解决如下问题:

(1)查明矿物的单体形态。把同种矿物不同方向的切面形态在空间上组合起来,就成为矿物的单体形态。

(2)判断切面方位。对单体形态已知的矿物,其不同方向的切面形态自然可知。如果矿物薄片中切面形态与某已知方向的切面形态相同,其光性也与该切面的光性相符,则可知矿物薄片方向与某已知方向平行。如黑云母晶体的平行(001)切面为假六边形,若矿物薄片中见到黑云母假六边形切面(无解理纹,无多色性),则该切面方向为平行(001)面。切面形态是寻找定向切面的依据之一,在描述切面形态时,也要指出切面的方向。如普通角闪石垂直 $c$ 轴的切面形态为近菱形的长六边形,平行 $c$ 轴的切面为长方形等。

(3)确定矿物的自形程度。矿物的自形程度简称为自形度。由于矿物颗粒细小,矿物的自形度在手标本上一般难以查明,而在矿物薄片中通过对切面形态的观察,则较容易查明。矿物的自形度分为三级,即自形、半自形、他形。

自形矿物的边界全为晶面,表现为切面边界平直,所有的切面形态均为多边形。大多数宝石矿物都是较好的自形晶,如电气石(图 2-2)。

半自形矿物部分界面为晶面,其余为非晶面,表现为切面部分边界平直,部分边界不规则或有的切面为全部由平直边界组成的多边形,有些切面只有部分边界平直。如普通角闪石常为半自形晶,柱面发育良好,垂直 $c$ 轴的切面为自形切面,平行 $c$ 轴的切面为半自形切面(图 2-3)。

他形矿物无完整晶面,所有切面形态均为不规则的曲线多边形,如侵入岩中晚期结晶的石英(图 2-4)。

图 2-2 电气石自形晶

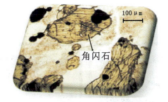
图 2-3 角闪石半自形晶

图 2-4 石英他形晶

切面形态的能见度主要取决于边缘的能见度,即主要取决于矿物折射率与树胶折射率的差值。差值愈大,边缘愈粗黑,形态愈明显;差值愈小,边缘愈淡细,轮廓愈模糊不清。对后一种情况,一种办法是缩小锁光圈,使视域变暗,让边缘显现出来;另一种办法是推入上偏光镜,在正交偏光镜下观察形态。

## 任务一 矿物单体形态的观察与描述

岩石矿物薄片中所见的矿物切面形态,是晶体某一方向的切面轮廓。同一晶体不同方向的切面,其外形轮廓可能完全不同。例如一个立方体晶体,因切面方向不同,其切面的形状可以是正方形、三角形、六边形、长方形及其他形状(图 2-5)。

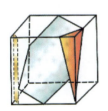

图 2-5 矿物切片外形与切片方向的关系

矿物的单体形态是指将观察到的切面形态在空间上联系起来所得出的立体图形。矿物具有结晶习性,常见矿物的形态是已知的。对于常见矿物,只要具备矿物学知识,观察少数几个方向的切面形态,就可得出单体形态。

所以在矿物薄片鉴定工作中,只有观察多个方向的切面形态,用丰富的立体几何想象力,才能构想出单体形态,并结合晶面夹角、解理性质等特征,运用矿物学及结晶学知识综合判断矿物的形态。

## 任务二  矿物集合体形态的观察与描述

矿物集合体形态一般指同种矿物聚集一起集体呈现出的形态。常见的矿物集合体形态有肾状、钟乳状、晶簇状、致密块状、放射状、球状、葡萄状、粒状、毛发状、纤维状、鳞片状、土状(图2-6)。

图2-6  矿物集合体的形态

在岩石矿物薄片鉴定中,切不可凭矿物的个别切片外形确定该矿物的整体外形。只有综合观察各方向切片的形态,才能正确判断该矿物的形态特征。例如,在偏光显微镜下,我们可以观察到石英粒状集合体(图2-7)、绿泥石纤维状集合体(图2-8)、硬绿泥石放射状集合体(图2-9)、矽线石毛发状集合体(图2-10)等。

图2-7  石英粒状集合体

图2-8  绿泥石纤维状集合体

图 2-9 硬绿泥石放射状集合体　　图 2-10 矽线石毛发状集合体　　单偏光镜下矿物形态的观察与描述

### 练一练

1. 研究矿物的形态，不仅有助于鉴定矿物，还可以帮助我们推断它们的_____及_____。

2. 矿物集合体中常见的集合体形态有_____、_____、_____、_____、_____、_____、_____等。

## 项目三　单偏光镜下矿物解理的观察及解理夹角的测定

### 任务一　单偏光镜下矿物解理的观察

解理是指矿物受外力作用后沿一定结晶学方向裂成光滑平面的性质，是矿物鉴定特征之一。显微镜下难见到解理面，但常见到解理面与矿物薄片平面的交线——解理纹。解理纹是平直的互相平行的黑线，解理缝间距大致相等。在显微镜下可通过观察解理纹来查明矿物解理的性质。

解理纹的成因与边缘的成因类似。磨制矿物薄片时，由于受机械力作用，矿物沿解理面裂开，其间可充填树胶，一般情况下，由于矿物折射率与树胶折射率有差值，光线通过矿物与树胶的界面时发生折射、反射，致使光线发生聚敛和分散，光线聚敛的部位形成亮线，即贝克线，光线亏损的部位形成暗带，即解理纹（也称为解理缝）。

在观察矿物薄片时，可以根据能否见到解理纹来确定矿物是否具有解理，根据解理纹的平直、连续性来确定解理的完善程度，根据解理纹的多向性来确定解理的组数，在定向切面上根据解理纹的夹角来确定解理的夹角。在岩石矿物薄片中观测解理比在手标本上更为容易和准确（图 2-11）。

解理是矿物的力学性质，而不是光学性质，但解理纹的显示是一种光学效应，解理纹的明显程度与矿物的光学性质（折射率）有关。像晶形一样，我们通常也把解理列为光性矿物学的研究、描述内容之一。

与解理很相似的一个现象是裂理。裂理指矿物在被打击时,有时沿一定方向裂开成平面的性质。裂理多由外因引起(如双晶面、杂质等),在偏光显微镜下观察,裂理细缝是弯曲、非直线状的(图2-12)。

图2-11 辉石的解理　　　　　　　图2-12 橄榄石的裂理

## 一、解理的完全程度

根据解理缝的特征,将解理大致划分为三个等级:极完全解理、完全解理和不完全解理。解理的等级在显微镜下只能通过对解理纹的观察进行确定。

根据解理的完全程度,解理缝的特征可大致分为三个等级:

(1)极完全解理:解理缝细、密、长,且往往贯通整个晶体,如云母(图2-13)。

(2)完全解理:解理缝之间的间距较宽,一般不完全连续,如辉石、角闪石的柱面解理(图2-14)。

(3)不完全解理:解理缝断断续续,有时仅见解理缝痕迹,如橄榄石(图2-15)。

矿物薄片中解理缝的宽度和清晰程度,除与矿物解理的完善程度有关外,还与切面方向有密切关系。

图2-13 极完全解理　　　　图2-14 完全解理　　　　图2-15 不完全解理

## 二、影响解理能见度的因素

在偏光显微镜下,影响解理能见度的因素如下。

### 1. 矿物的解理性质

只有具解理的矿物才可能见到解理缝,只有具多组解理的矿物才可能见到多组解理纹;解理缝的粗细取决于矿物折射率与树胶折射率的差值,差值越大,缝越粗,越清晰。

## 2. 矿物的切面方向

当切面方向与解理缝垂直时,解理纹最细最清晰,代表真实的缝宽,升降镜筒时解理缝不会左右移动。当切面斜交解理面时,解理缝变宽,升降镜筒时解理缝会左右移动。

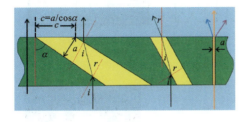

图 2-16　解理缝宽度与切面方向的关系

单偏光镜下解理的观察与描述

同一矿物,不同方向切面上解理缝的可见性、清晰程度、宽度及组数不完全相同。例如角闪石类矿物,虽具两组解理,但在矿物薄片中,有些切面上只见一组解理缝,有些切面上看不见解理缝,只有在垂直 $c$ 轴或近于垂直 $c$ 轴的切面上才可见到两组解理缝。因此,在显微镜下观察矿物的解理时,切不可凭个别或少数切面判断解理的有无和解理的组数,必须多观察一些切面,综合判断。

不同的矿物,由于折射率值不同,虽具有相同组数的解理,但在矿物薄片中见到解理缝的机会是不同的。如辉石类和长石类矿物都具有两组完全解理,由于辉石类的解理缝可见临界角大于长石类矿物,在薄片中辉石类矿物解理缝的颗粒比较多,而长石类矿物解理缝的颗粒比较少。

矿物薄片中矿物的解理等级如图 2-17 所示。

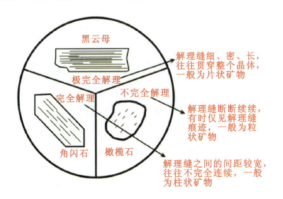

图 2-17　矿物薄片中矿物的解理等级

# 任务二　单偏光镜下解理夹角的测定

两组解理之间的夹角称为解理夹角。当矿物具有多组解理时,需要测定解理夹角。不同的矿物,解理夹角不同。如辉石两组解理的夹角为 93°和 87°(图 2-18),角闪石两组解理的夹角为 124°和 56°(图 2-19)。解理夹角也是矿物的重要鉴定特征之一。

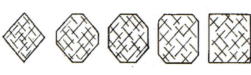

(a)辉石式解理　　　　　　　　　　(b)辉石解理

图 2-18　辉石两组解理

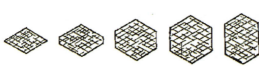

(a)角闪石式解理　　　　　　　　　(b)角闪石解理

图 2-19　角闪石两组解理

晶体中解理面之间的夹角本来是固定的,由于切面方向不同,矿物薄片上解理缝之间的夹角大小有差异,只有同时垂直两组解理面的切面上的夹角,才是两组解理面真正的夹角。因此,在测定解理夹角时,必须先选择同时垂直两组解理面的切面,再在此切面上测量两组解理纹的夹角。如测量角闪石和辉石两组解理的夹角,必须选择垂直 $c$ 轴的切面,在此切面上测量两组解理纹的夹角即可。

测量解理夹角的操作步骤如下:

(1)选择同时垂直两组解理面的切面。两组解理缝最细最清晰,升降镜筒时解理缝不会左右移动[图 2-20(a)]。

(2)选择同时垂直两组解理面的切面置于视域中心,并使其中的任意两条解理纹的交点(最好靠矿物中心)与十字丝交点重合。

(3)旋转载物台,使一条解理纹与纵丝(或横丝)平行或者重合,记录载物台读数 $a$[图 2-20(b)]。

(4)旋转载物台,使另一条解理纹与纵丝(或横丝)平行或重合,记录载物台读数 $b$[图 2-20(c)]。两次读数 $a$ 与 $b$ 之间的差值,即为所测的解理夹角。

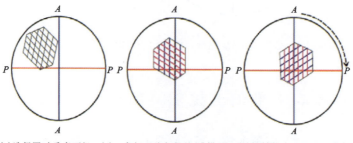

(a)选择同时垂直两组　　(b)一条解理纹与纵丝(或横丝)　　(c)旋转物台,使另一条解理纹与
　解理面的切面　　　　　　平行或重合　　　　　　　　　　纵丝(或横丝)平行或重合

图 2-20　解理夹角测定的步骤图

# 练一练

## 一、名词解释
1. 解理  2. 解理缝  3. 可见临界角

## 二、填空题
1. 根据矿物解理的发育程度,解理大致可分为_____、_____和_____三种。
2. 黑云母具有明显的多色性,当_____为棕黑色,当_____为浅黄色。
3. 测定两组解理夹角时,必须选择_____的切面,这种切面的特点是_____。
4. 极完全解理如_____矿物的解理;完全解理如_____矿物的解理;不完全解理如_____矿物的解理。
5. 在矿物薄片中矿物的_____一般表现为弯曲或不规则的细缝,有时也可以是平直而贯穿整个颗粒,但缝与缝之间的距离往往不等。

## 三、判断题
1. 在单偏光镜下,黑云母颜色最深时的解理缝方向可以代表下偏光振动方向。( )
2. 在某矿物切面中见不到解理缝,说明该矿物一定不发育解理。( )
3. 解理缝一般是暗色细缝。( )
4. 当解理缝与矿物薄片表面垂直时,解理缝最清晰。( )
5. 辉石和长石都发育两组解理,矿物薄片中,辉石中见到解理的机会少,而长石中则见到解理的机会多。( )

# 项目四 单偏光镜下矿物颜色、多色性、吸收性的观察与测试

## 任务一 单偏光镜下矿物颜色的观察与测试

### 一、矿物的颜色及其成因

矿物在单偏光镜下(或矿物薄片中)的色泽(或色彩),严格地说应称为矿物的镜下颜色,以区别矿物在手标本上的颜色。矿物的镜下颜色是矿物对白光中不同波长单色光选择性吸收的结果。白光透过矿物薄片时,矿物薄片对白光中某段波长的单色光部分或全部地吸收,未被吸收的单色光透出矿物薄片混合而成所见的颜色,即矿物的镜下颜色。

矿物对光波的选择性吸收表现为两个方面:一是对吸收光波的波长有选择,不同矿物吸收的光波波长不同,矿物颜色(除白色、灰色、黑色以外的其他颜色)也不同;二是不同的矿物吸收光波的强度(量)不同,造成矿物颜色的深浅不同。矿物的颜色遵从色光混合互补原理。如图 2-21 所示,白光主要由红、橙、黄、绿、蓝、靛、紫等色光组成,红、黄、蓝为三原色,三原

色按不同比例混合形成介于其间的混合色。图 2-21 中对顶的两色为互补色,如红与绿、黄与靛、蓝与橙等均为互补色。如果晶体对红光完全吸收,而对其他色光少量地等量吸收,则透出晶体的光混合而成绿色;如果矿物对白光中各种色光均等量地吸收,则透出矿物薄片的光混合后仍为白光,仅亮度有所减弱,这类矿物称为无色矿物。不同的矿物对光波的吸收强度不同,表现为矿物颜色的深浅程度不同。吸收强度愈大,透出矿物的光量愈少,则矿物颜色愈暗(深);吸收强度愈小,透出矿物的光量愈大,则矿物愈亮,颜色愈浅。矿物的颜色主要取决于矿物的本性,即取决于矿物的化学成分、晶体的结构特点、晶体缺陷、杂质及超显微包裹体等。

图 2-21　颜色互补关系

矿物的化学成分,尤其是过渡族金属元素 Fe、Mn、Cr、Ni、Co、Cu、Zn 等变价元素或镧系元素的存在是影响矿物颜色的主要因素,这些元素称为致色离子。如含 $Fe^{2+}$ 矿物常呈浅绿色(铁辉石、绿泥石等),含 $Fe^{3+}$ 矿物常呈红色色调(褐铁矿等),含 $Ti^{4+}$ 矿物呈褐色、褐红色(榍石)、蓝色(蓝宝石,还含有 $Fe^{2+}$),含 $Cr^{3+}$ 矿物呈绿色(铬透辉石、祖母绿、翡翠)、红色(红宝石、尖晶石),含 $Mn^{2+}$ 矿物呈玫瑰色(蔷薇辉石)、橘色(锰铝榴石),含 $Mn^{3+}$ 矿物呈红色(红帘石),含 $Ni^{2+}$ 矿物呈绿色(镍华),含 $Cu^{2+}$ 矿物呈蓝色(蓝铜矿、绿松石、硅孔雀石)、绿色(孔雀石),含 $V^{2+}$ 矿物呈绿色(绿柱石、钙铝榴石)。

除致色离子外,其他成分也影响矿物的颜色,而且化学成分对颜色有着综合性影响。如对同样是含 $Fe^{2+}$ 的矿物来说,其他成分不同,则矿物的颜色不同。普通角闪石、普通辉石、海蓝宝石、金绿宝石都含有 $Fe^{2+}$,但普通角闪石(含 $OH^-$)呈蓝色、绿色,普通辉石(无 $OH^-$)近于无色,海蓝宝石(含较多的碱金属离子)呈湖绿色,金绿宝石呈黄色、橘黄色、黄绿色等。

晶体缺陷也能致色,引起颜色的晶体缺陷叫色心。阴离子缺位造成的晶体缺陷叫 F 心,F 心能捕获电子,又叫电子色心。如有的萤石具 F 心,捕获电子时吸收了黄绿色光而呈紫色。电子缺位造成的晶体缺陷叫 V 心,又称空穴色心。如紫晶的紫色就是由 $Fe^{3+}$ 置换 $Si^{4+}$ 时形成的 V 心而致色的。晶体受辐射和受热可以引起色心的产生和消失。如有些紫晶和烟晶受日光长期照射,引起色心消失而褪色,褪色的紫晶和烟晶受高能辐射又能再现色心而再度呈色。矿物薄片中见黑云母的微细锆石包裹体周围具彩色晕圈,也是因为受锆石中的放射性元素辐射所产生的。

矿物的镜下颜色和手标本上的颜色是有差异的。矿物的镜下颜色是偏光透过矿物薄片后引起的视觉效应,而手标本颜色是反射光下的吸收、散射等引起的视觉效应。手标本上矿物呈色,矿物薄片不一定呈色;手标本上矿物颜色较深(图 2-22),矿物薄片的颜色一般较浅(图 2-23);手标本上矿物只有一种颜色,矿物薄片中可呈现多种颜色。矿物薄片中的颜色除了与矿物的本性有关外,还与矿物的切面方位、薄片厚度、薄片光率体半径同偏光振动方向的交角有关。

图 2-22 橄榄石手标本

图 2-23 矿物薄片中的橄榄石

## 任务二 单偏光镜下矿物多色性和吸收性的观察与测试

均质体矿物,光性上表现为各向同性,对光波的选择性吸收不随方向的改变而改变。因此,旋转载物台,均质体矿物的颜色和色彩浓度不会发生改变(图 2-24、图 2-25)。非均质体矿物光性上表现为各向异性,对光波的选择性吸收随方向的不同而改变。因此,在显微镜下旋转载物台时,非均质体矿物的颜色和色彩浓度一般情况下都会发生改变。

图 2-24 铬尖晶石

图 2-25 石榴石

非均质体矿物对光波的选择性吸收及吸收总强度随光波在晶体中的振动方向不同而发生改变。因此,在单偏光镜下转动载物台时,许多有色非均质体矿物薄片的颜色及颜色深浅发生变化。这种由于光波在晶体中的振动方向不同,而使矿物薄片颜色发生改变的现象称为多色性,颜色深浅发生改变的现象称为吸收性。

一轴晶矿物有两种主要的颜色,分别与 $N_e$、$N_o$ 方向平行。现以黑电气石为例说明一轴晶矿物的多色性(图 2-26)。黑电气石平行 $c$ 轴切面的光率体椭圆长、短半径分别为 $N_o$、$N_e$,因是负光性,$N_o > N_e$。将黑电气石平行 $c$ 轴切面置于单偏光镜下,当矿物薄片上光率体椭圆的短半径 $N_e$(即 $c$ 轴方向)平行下偏光镜振动方向 $PP$ 时[图 2-26(a)],由下偏光镜透出的振动方向平行 $PP$ 的偏光,进入矿物薄片后,沿 $N_e$ 方向振动,矿物薄片呈现浅紫色。这种颜色是光波在矿物薄片中沿 $N_e$ 方向振动时,矿物薄片对光波选择性吸收形成的。

转动载物台 90°,使矿物薄片上光率体椭圆的长半径 $N_o$ 平行下偏光镜振动方向 $PP$ [图 2-26(b)],由下偏光镜透出的振动方向平行 $PP$ 的偏光是在进入矿物薄片后,沿 $N_o$ 方向振动时,矿物薄片对光波的选择性吸收形成的。

当矿物薄片上光率体椭圆半径 $N_o$、$N_e$ 与下偏光镜振动方向 $PP$ 斜交时,由下偏光镜透出的振动方向平行 $PP$ 的偏光,进入矿物薄片后,发生双折射,分解形成两种偏光,一种偏光的振动方向平行 $N_e$,另一种偏光的振动分向平行 $N_o$,因此,矿物薄片显示浅紫色与深蓝色的过渡色。

黑电气石垂直 $c$ 轴切面的光率体切面为圆切面,其半径为 $N_o$,将这种切片置于单偏光镜下,矿物薄片显示深蓝色。转动载物台,颜色不发生变化。斜交光轴切面的颜色变化没有平行光轴切面显著。一轴晶矿物如黑电气石的多色性公式为:$N_o$——深蓝色、$N_e$——浅紫色。$N_o$ 方向的颜色比 $N_e$ 方向深,表明光波沿 $N_o$ 方向振动时的吸收总强度大于 $N_e$ 方向,故其吸收公式是:$N_o > N_e$。

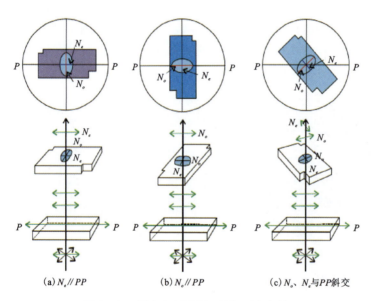

(a) $N_e // PP$   (b) $N_o // PP$   (c) $N_o$、$N_e$ 与 $PP$ 斜交

图 2-26 黑电气石平行 $c$ 轴切面多色性

单偏光镜下矿物的
颜色观察与描述

非均质体矿物对光波的选择性吸收及吸收总强度随光波在晶体中的振动方向不同而发生变化。因此,在单偏光镜下转动载物台时,许多有色非均质体矿物薄片的颜色及颜色深浅发生变化。这种由于光波在晶体中的振动方向不同,而使矿物薄片颜色发生改变的现象称多色性,颜色深浅发生改变的现象称吸收性。非均质体矿物,若在偏光显微镜下能见到颜色,一般都能观察到多色性和吸收性,只是多色性和吸收性的明显程度不同而已。多色性明显是指矿物颜色色彩变化明显。如普通角闪石平行 $AP$ 切面的颜色为深蓝绿色—浅黄绿色,色彩由蓝绿色变为黄绿色(图 2-27)。吸收性强是指颜色的深浅(或明暗)程度变化大,

如黑云母垂直解理面切面的颜色为暗褐—浅褐色(图 2-28),虽然颜色色彩变化不大,都为褐色,但深浅变化大,由深变为很浅,即吸收性强。有的矿物多色性很明显,吸收性也强,如普通角闪石;而有的矿物多色性不是很明显,但吸收性很强,如黑云母。

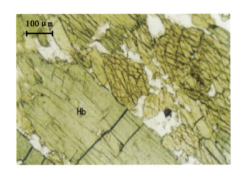
图 2-27　普通角闪石多色性

图 2-28　黑云母的多色性

影响矿物多色性、吸收性的根本因素是矿物的本性,不同的矿物有不同的多色性和吸收性。多色性和吸收性是鉴定有色非均质体矿物的重要特征,是单偏光显微镜下研究、描述的重点光性。此外,矿物的切面方位、矿物薄片的厚度、视域亮度等也影响矿物的多色性和吸收性。

同种矿物的不同切面,所表现出的多色性和吸收性不同:垂直 $OA$ 的切面,无多色性和吸收性;一轴晶平行 $OA$ 的切面和二轴晶平行 $AP$ 的切面,多色性和吸收性最强;其他方向的切面,其多色性和吸收性介于上述两者之间。矿物薄片厚度愈大,则总的吸收率愈大,颜色愈深;反之颜色愈浅。视域愈暗,多色性和吸收性的微弱变化愈易观察到。因此,观察研究多色性和吸收性,要在标准厚度的矿物薄片、中等亮度条件下,选择定向切面进行。

同理,对二轴晶主要描述 $N_g$、$N_m$、$N_p$ 三个方向的颜色。观察描述二轴晶矿物的多色性、吸收性至少要选择两个切面,多数情况下最简易的方式是选择平行 $AP$ 和垂直 $OA$ 的两个切面。在垂直 $OA$ 的切面上,观察到的是 $N_m$ 的颜色,无多色性。平行 $AP$ 的切面,多色性强:当 $N_g // PP$ 时,显示 $N_g$ 方向的颜色;当 $N_p // PP$ 时,显示 $N_p$ 方向的颜色;当 $N_g$、$N_p$ 与 $PP$ 斜交时,显示为两种颜色之间的过渡色。有时根据晶体的光性方位,也可选择其他切面。现以普通角闪石为例说明二轴晶矿物多色性、吸收性的观测和表征。普通角闪石晶体垂直 $c$ 轴的切面,形态为近菱形的六边形,两组解理纹最细,且交角为 56°、124°,其解理纹交角的锐角等分线即为 $N_m$ 方向,当 $N_m // PP$ 时,矿物薄片显示绿色,记作 $N_m$=绿色[图 2-29(a)];普通角闪石平行 $AP$ 的切面,一般为不规则长方形,有不清晰的解理纹,当 $N_g // PP$ 时,$PP$ 与解理纹呈小于 25° 的交角,且正交偏光镜下矿物薄片黑暗,矿物薄片颜色最暗,为深绿色,记作 $N_g$=深绿色[图 2-29(b)];当 $N_p // PP$ 时(即从上述位置旋转载物台 90°,此时解理纹方向与目镜纵丝呈小于 25° 的交角,且正交镜下矿物薄片黑暗,后述),矿物薄片颜色最淡,为浅黄绿色,记作 $N_p$=浅黄绿色[图 2-29(c)]。因此,普通角闪石的多色性为 $N_g$=深绿色,$N_m$=绿色,$N_p$=浅黄绿色,这三个式子称作普通角闪石的多色性公式。二轴晶矿物多色性公式用"$N_g$=XX 色,$N_m$=XX 色,$N_p$=XX 色"三个式子表示,它们是二轴晶矿物多色性的文字符号表达式或记录方式。

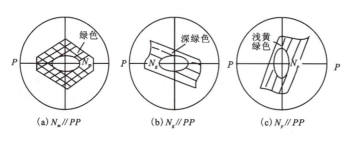

图 2-29 普通角闪石的多色性

单偏光镜下矿物
多色性和吸收性

从普通角闪石的多色性可以看出，$N_g$ 方向颜色最深，吸收强度最大；$N_p$ 方向颜色最浅，吸收强度最小，$N_m$ 方向吸收强度介于两者之间。因此，普通角闪石的吸收性记作：$N_g>N_m>N_p$，即普通角闪石的吸收性公式。二轴晶矿物的吸收性公式包含三个光率体主轴符号，其间用大于号或小于号或等于号相连。$N_g>N_m>N_p$ 的吸收性称为正吸收，$N_g<N_m<N_p$ 的吸收性称为反吸收。正、反吸收性也是鉴定非均质有色矿物的重要特征之一。

**一、名词解释**

1.选择性吸收  2.多色性  3.吸收性

**二、填空题**

1.同一矿物，切面方向不同，多色性的明显程度不同，以一轴晶为例，_____的切面多色性最明显，_____的切面不具多色性。

2.由于光波在非均质体晶体中的振动方向不同，而使矿物薄片颜色深浅发生改变的现象称为_____。

3.矿物的_____性在垂直光轴的切面上最不明显。

4.矿物在矿物薄片中多色性的明显程度除与矿物性质有关之外，还与_____和_____有关。

**三、单项选择题**

1.矿物的多色性在下列哪种切面上最不明显？（    ）

A.斜交光轴切面    B.平行光轴切面    C.垂直光轴切面    D.垂直 $Bxa$ 切面

2.单偏光镜下转动载物台时，许多有色非均质体矿物薄片的颜色发生变化，这种由于光波在晶体中的振动方向不同而使矿物薄片颜色发生改变的现象称为（    ）。

A.吸收性    B.多色性    C.偏振性    D.发光性

3.角闪石的多色性公式为：$N_g$＝深绿色，$N_m$＝绿色，$N_p$＝浅黄绿色，其吸收性公式应为（    ）。

A. $N_g>N_m>N_p$        B. $N_g<N_m<N_p$

C. $N_m>N_g>N_p$        D. $N_g>N_p>N_m$

4.矿物的( )在垂直光轴的切面上最不明显。
A.多色性　　　　B.吸收性　　　　C.光性　　　　D.延性
5.在单偏光下,黑云母颜色最深时的解理缝方向可以代表( )的振动方向。
A.下偏光　　　　B.上偏光　　　　C.单偏光　　　　D.偏振光

### 四、问答题

1.矿物的多色性在什么方向的切面上最明显?为什么?
2.测定一轴晶和二轴晶矿物的多色性公式,需选择什么方向的切面?

## 项目五　单偏光镜下矿物的边缘、贝克线、糙面及突起的观察与测试

### 任务一　单偏光镜下矿物边缘和贝克线的观察与测试

在单偏光镜下,两个折射率不同的物质接触处,可以看到一条暗色的条带,即矿物的边缘(图2-30、图2-31)。在单偏光系统下,两个不同折射率介质的接触处往往会出现一条暗色条带。对于矿物颗粒而言,该条带总是沿着颗粒边缘分布而呈封闭状,构成了矿物的轮廓。

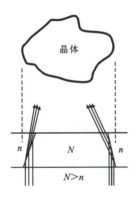

图2-30　矿物边缘

图2-31　单偏光镜下橄榄石边缘

在晶体光学中,以折射率固定的树胶($n=1.54$)为参照介质,将矿物轮廓的显著程度分为四个等级。

(1)很显著:矿物$N>1.74$,如石榴石、榍石、锆石等。
(2)显著:矿物$N=1.74\sim1.60$,如橄榄石、辉石、角闪石等。
(3)较显著:矿物$N=1.60\sim1.50$,如长石、石英等。
(4)不显著:矿物$N<1.50$,如沸石、萤石等。

在边缘的附近还可见到一条比较明亮的细线,升降镜筒时亮线发生移动,这条比较明亮的细线称为贝克线。用贝克线的移动规律很容易判断两个相邻介质的折射率高低。提升镜

筒,贝克线向折射率高的介质方向移动;下降镜筒,贝克线向折射率低的介质方向移动。贝克线的灵敏度很高,为看清楚贝克线,观察时要缩小光圈,将界面移动到视域中心,适当缩小锁光圈以挡去倾斜度较大的光线,使视域变得较暗,贝克线将显得更清楚(图 2-32、图 2-33)。

边缘和贝克线产生的原因主要是由于相邻两种物质折射率不等,光波通过两者的界面时,发生折射和全反射作用引起的。根据两种物质接触关系不同可以分为下列几种情况:

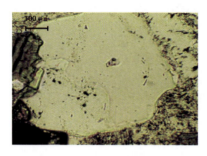
图 2-32 石英的边缘和贝克线

图 2-33 角闪石的边缘和贝克线

(1)当相邻两种物质倾斜接触时,折射率大的物质盖在折射率小的物质之上[图 2-34(a)],无论接触界面的倾斜度有多大,光线在接触界面上均向折射率大的物质方向折射。

(2)当相邻两种物质倾斜接触时,折射率小的物质盖在折射率大的物质之上,当接触界面倾斜较缓时[图 2-34(b)],光线在接触界面上仍向折射率大的物质方向折射;当接触界面倾斜较陡时[图 2-34(c)],有部分入射光的入射角大于全反射临界角,在接触界面上发生全反射。

(3)当两种物质的接触界面直立时[图 2-34(d)],垂直矿物薄片的入射光不发生折射,但略为倾斜的光线发生折射和全反射,光线仍在折射率大的物质边缘集中。

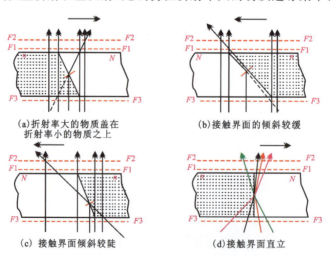
图 2-34 贝克线的形成原因

由上述几种接触关系可以看出,无论两种物质的接触关系如何,光线通过两种物质接触界面发生折射或全反射作用,总是使接触界面的一边光线相对减少,而形成较暗的边缘,其粗细和黑暗程度取决于两种物质折射率的差值大小,差值愈大边缘愈粗愈黑暗。在接触界面的另一边,光线相对增多,形成比较明亮的贝克线。

## 任务二　单偏光镜下矿物糙面的观察与测试

　　糙面是光线通过矿物薄片后产生的一种光学效应,是人对矿物薄片表面粗糙程度的一种视觉效应,并不代表矿物薄片真实的物理粗糙程度。在磨制的矿物薄片表面,一般总不同程度地出现凹凸不平的现象。当覆盖在矿物薄片上的树胶折射率与矿物折射率存在差异时,该表面即是一个光学界面,光线通过该界面时要发生折射,并发生聚敛和分散。光线聚敛的区域变亮,光线分散的区域变暗,矿物薄片表面明暗不均,给人一种粗糙的感觉。

　　形成糙面的原因并非在于矿物实际表面的平整性。事实上,在同等条件下磨制的矿物薄片,其内部各个矿物的表面凹凸不平的程度是相同的。但是,由于不同矿物的折射率不同,即与覆盖在矿物表面之上的树胶的折射率的差值是不等的,导致光线通过矿物-树胶之间的界面时,发生折射的角度是不同的。这种折射效应使得矿物表面上方的光线集散不均,光线集中的区域显得明亮而高凸,光线分散的区域显得暗淡而低凹,这种高凸、低凹的随机分布造成矿物表面的粗糙感(图2-35)。

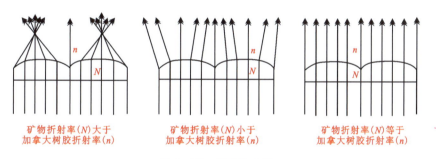

图2-35　糙面的成因

　　矿物折射率与树胶折射率之间差别越大,矿物表面的光线集散程度越强,即明暗的反差越大,粗糙感就越显著(图2-36、图2-37)。反之,当矿物折射率接近树胶折射率时,粗糙感消失。因此,矿物的糙面体现了矿物折射率与树胶折射率之间的相对差别。矿物薄片表面的磨光程度越低,其糙面就越明显。

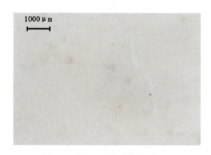 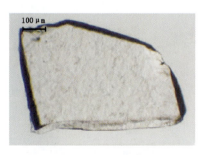

图2-36　石英糙面不明显　　　　图2-37　石榴石糙面明显

## 任务三 单偏光镜下矿物突起的观察与测试

在单偏光系统下矿物的糙面与轮廓会引起一种综合的视觉感,即有些矿物的表面显得高凸,如石榴石;有些矿物的表面显得低平,如石英、长石。这种高凸低平的视觉感被称为突起。突起也是光线通过矿物薄片后产生的一种光学效应,是人对矿物边缘和糙面的一种综合视觉,并不代表矿物表面的实际高低,因为同一矿物薄片中的薄片厚度基本一致,矿物表面实际上是在同一水平面上。为什么会给人们带来高低不同的感觉呢?主要原因在于矿物折射率与加拿大树胶折射率不同。矿物突起的高低取决于矿物折射率与加拿大树胶折射率的差值大小,差值愈大,矿物的突起愈高,反之,差值愈小,矿物的突起愈低。加拿大树胶折射率等于1.540,折射率大于1.540的矿物具有正突起,折射率小于1.540的矿物具有负突起。

突起的高低主要取决于矿物边缘的粗黑程度和糙面的显著程度。边缘越粗黑,糙面越显著,无论是正突起还是负突起,矿物表面都是突起来的。我们须借助贝克线移动规律来区分正、负突起。提升镜筒,贝克线移向矿物→正突起;提升镜筒,贝克线移向树胶→负突起。

根据矿物边缘、糙面明显程度及突起高低,把突起分为六个等级(表2-1)。

表2-1 突起等级

| 突起等级 | 折射率 | 糙面及边缘特征 | 实例 |
| --- | --- | --- | --- |
| 负高突起 | <1.480 | 糙面及边缘显著,提升镜筒,贝克线向树胶移动 | 萤石 |
| 负低突起 | 1.480~1.540 | 表面光滑,边缘不明显,提升镜筒,贝克线向树胶移动 | 正长石 |
| 正低突起 | 1.540~1.600 | 表面光滑,边缘不清楚,提升镜筒,贝克线向矿物移动 | 石英、中长石 |
| 正中突起 | 1.600~1.660 | 表面略显粗糙,边缘清楚,提升镜筒,贝克线向矿物移动 | 透闪石、磷灰石 |
| 正高突起 | 1.660~1.780 | 糙面显著,边缘明显而且较粗,提升镜筒,贝克线向矿物移动 | 辉石、橄榄石 |
| 正极高突起 | >1.780 | 糙面显著,边缘很宽,提升镜筒,贝克线向矿物移动 | 榍石、石榴石 |

由表2-1可以看出,矿物的边缘、糙面明显程度及突起高低,都反应矿物折射率与加拿大树胶折射率的差值大小(图2-38~图2-41)。差值愈大,矿物的边缘与糙面愈明显,突起愈高。根据矿物的突起等级,可以估计矿物折射率值的大致范围。

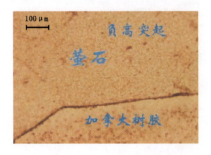

图2-38 萤石的突起

图2-39 石英的突起

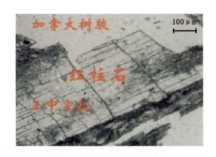
图 2-40　红柱石的突起

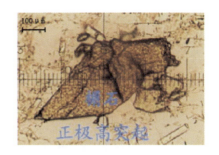
图 2-41　榍石的突起

## 任务四　单偏光镜下矿物闪突起的观察与测试

闪突起是指在单偏光系统下转动载物台,非均质体矿物的边缘、糙面及突起高低发生明显改变的现象。成因:当同一矿物的最大折射率与最小折射率分别在两个不同突起等级的折射率范围时,该矿物就会出现闪突起。

非均质体矿物的折射率随光波在晶体中的振动方向不同而改变。当矿物薄片上光率体椭圆短半径 $N_p$ 与下偏光镜振动方向 $PP$ 平行时,由下偏光镜透出的振动方向平行 $PP$ 的偏光,进入矿物薄片后,沿 $N_p$ 方向振动,此时矿物薄片的折射率值等于 $N_p$。转动载物台 90°,使矿物薄片上光率体椭圆长半径 $N_g$ 与 $PP$ 平行时,由下偏光镜透出的振动方向平行 $PP$ 的偏光,进入矿物薄片后,沿 $N_g$ 方向振动,此时矿物薄片的折射率等于 $N_g$(图 2-42)。$N_p$ 和 $N_g$ 值与加拿大树胶折射率的差值不同,其边缘、糙面及突起有差异。但一般矿物的双折射率 $N_g - N_p$ 不大,突起变化甚微,不易看出。只有当矿物的双折射率很大,而且其中有一个折射率值与加拿大树胶的折射率值相近,或者一个方向为正突起而另一个方向为负突起,才具有明显的闪突起。

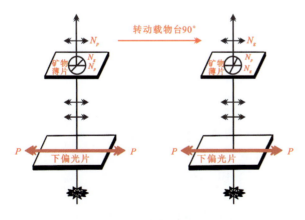

图 2-42　闪突起的形成原因

单偏光镜下矿物边缘、贝克线、糙面及闪突起的观察多数矿物闪突起现象不明显,少数矿物如方解石和白云母等,其闪突起是重要的鉴定特征(图 2-43)。非均质体矿物切面上有两个不同的折射率,如在方解石∥$c$ 轴切面上,$N_o$=1.658,$N_e$=1.486。当 $N_o$ 与下偏光镜振动方向一致时,晶体接近正高突起,轮廓和解理缝粗黑,糙面显著;当 $N_e$ 与下偏光镜振动方向一致时,晶体呈现负低突起,轮廓和解理缝不明显,糙面不显著。如果连续地旋转载物台,晶体的突起由高变低、由正变负,然后又由低变高、由负变正,发生快速地交替变化,故称为闪突起。

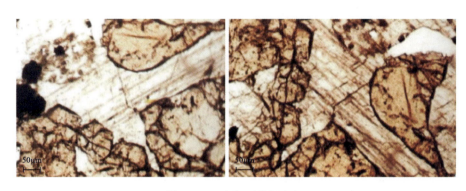

图 2-43　方解石的闪突起

闪突起现象的明显程度取决于:

(1)该矿物必须具有较大的双折射率,其中一个折射率值比较接近树胶的折射率值,如方解石、白云母、滑石等。

(2)同一矿物,切面方向不同,闪突起的明显程度不同。平行光轴或光轴面的切面,闪突起最明显;垂直光轴的切面不具有闪突起;其他方向的切面闪突起明显程度介于上两者之间。

(3)多色性与吸收性的影响。当矿物多色性和吸收性变化较大时,则掩盖了闪突起现象。

(4)载物台旋转越快,闪突起现象越明显。

练一练

一、名词解释

1.矿物边缘　2.贝克线　3.糙面　4.突起　5.闪突起

二、判断题

1.贝克线的移动规律是下降物台,贝克线总是向折射率大的物质移动。　　　　(　　)

2.矿物薄片糙面的明显程度受矿物软硬和矿物薄片表面光滑程度的影响。　　(　　)

3.在矿物薄片中,矿物突起愈低,其折射率就愈小。　　　　　　　　　　　　(　　)

4.正突起就是矿物向上凸起,负突起就是矿物向下凹进。　　　　　　　　　　(　　)

5.所有非均质体椭圆切面都具有闪突起。　　　　　　　　　　　　　　　　　(　　)

6.将石英置于折射率为 1.700 的浸油中所观察到的突起是负高突起。　　　　(　　)

7.判断矿物的正、负突起,必须借助贝克线的移动规律进行。　　　　　　　　(　　)

8.矿物突起越高,$N$ 越大;突起越低,$N$ 越小。　　　　　　　　　　　　　　(　　)

9. 提升载物台时,贝克线向折射率大的物质方向移动。　　　　　　　　　　（　　）

10. 单偏光镜下具有闪突起的矿物颗粒,正交偏光下其干涉色一般比较高。（　　）

### 三、问答题

1. 什么是闪突起？在你实习过的透明矿物中哪些矿物具有闪突起现象？

2. 矿物的突起等级可分为哪几种？如何确定未知矿物的突起等级？

# 模块三 宝石矿物正交偏光显微镜下晶体光学性质测试

## 项目一 认识正交偏光镜的操作

### 任务一 认识正交偏光镜的装置

正交偏光镜是正交偏光显微镜的简称,是同时使用上、下两个偏光镜的显微镜,而且上、下偏光镜的振动方向互相垂直即正交。正交偏光镜的装置操作非常简单,在显微镜调节校正好后,只要在单偏光镜的基础上推入上偏光镜即成为正交偏光镜。正交偏光镜的下偏光振动方向 PP 一般平行十字丝横丝方向,即位于东西或左右方向;上偏光振动方向 AA 一般平行十字丝纵丝方向,即位于南北或前后方向(图 3-1)。

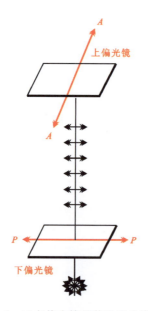

图 3-1 正交偏光镜的装置及光学特点

## 任务二 认识正交偏光镜下的光学特点

在载物台上不放矿物薄片时,正交偏光镜的视域完全黑暗,因为自然光通过下偏光镜后变成振动方向平行 $PP$ 的偏光,该偏光振动方向与 $AA$ 垂直且不能透出上偏光镜(图3-2)。在载物台上放置均质体矿物薄片时,矿物薄片也完全黑暗,因为来自下偏光镜的偏光透出矿物薄片后,仍为振动方向平行 $PP$ 的偏光,同样不能透出上偏光镜。

在旋转载物台时,非均质体斜交 $OA$ 的切片有时只有振动方向平行 $PP$ 的一种偏光透出矿物薄片,它不能透出上偏光镜,矿物薄片呈现黑暗;有时有振动方向分别平行光率体椭圆两个半径方向的两种偏光透出矿物薄片,这两种偏光的振动方向与 $AA$ 斜交,一部分可透出上偏光镜,矿物薄片变亮。在正交偏光镜下旋转载物台时,非均质体斜交 $OA$ 的切片时而变暗时而变亮的现象就是下面要介绍的消光现象和干涉现象。

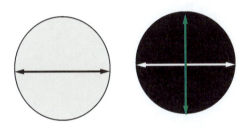

图3-2 正交偏光镜下全黑现象　　　正交偏光镜的使用及调试

1. 简述正交偏光镜的装置。
2. 简述正交偏光镜的光学特点。

# 项目二　正交偏光镜间矿物薄片的消光现象观察及消光位的测试

## 任务一　正交偏光镜间矿物薄片的消光现象观察

在正交偏光镜下旋转载物台时,非均质体矿物斜交 $OA$ 切面有时变黑暗,有时变亮(出现干涉色,后述)。正交偏光镜下透明矿物薄片呈现黑暗的现象被称为消光。

偏光显微镜下消光的切面有下列两种类型,第一种是全消光。在正交偏光镜间,放置均质体或非均质体垂直光轴的切片时,切片的光率体切面都是圆切面,光波垂直这种切面入射时,不发生双折射,也不改变入射光波的振动方向。因此,由下偏光镜透出的振动方向平行 $PP$ 的偏光,通过矿物薄片后,其振动方向没有改变,仍然与上偏光镜振动方向 $AA$ 垂直,不能透出上偏光镜,故矿物薄片变黑暗而消光。转动载物台 360°,矿物薄片的消光现象不改变,故称全消光(图 3-3)。

第二种是四次消光。在正交偏光镜间,放置非均质体斜交或平行光轴的矿物薄片,这类矿物薄片的光率体切面为椭圆切面。由下偏光镜透出的振动方向平行 $PP$ 的偏光,垂直射入矿物薄片后,其振动方向是否改变取决于矿物薄片上光率体椭圆半径与上、下偏光镜振动方向 $AA$、$PP$ 之间的关系。当矿物薄片上光率体椭圆半径与 $AA$、$PP$ 平行时,由下偏光镜透出的振动方向平行 $PP$ 的偏光,垂直射入矿物薄片后,因振动方向与矿物薄片上光率体椭圆半径之一平行,在矿物薄片中沿该半径方向转动并通过矿物薄片后,没有改变其振动方向,仍然与上偏光镜允许通过的振动方向 $AA$ 垂直,不能透出上偏光镜,故矿物薄片消光。转动载物台 360°,因矿物薄片上光率体椭圆长、短半径与上、下偏光镜振动方向 $AA$、$PP$ 有四次平行的机会,故这类矿物薄片有四次消光(图 3-4)。

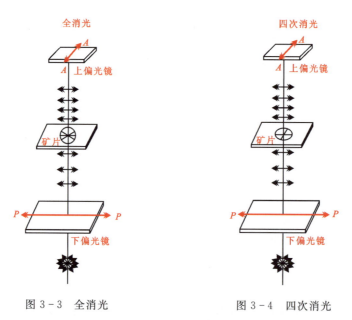

图 3-3　全消光　　　　　图 3-4　四次消光

非均质体斜交或平行光轴的切片,在正交偏光镜间处于消光时的位置被称为消光位。当矿物薄片处于消光位时,其光率体椭圆半径必定与上、下偏光镜振动方向 $AA$、$PP$ 平行。偏光显微镜中的上、下偏光镜振动方向是已知的,通常以目镜十字丝方向为代表。根据这个原理,可以确定矿物薄片上光率体椭圆半径的方向。

### 知识链接

**宝石偏光镜的结构及原理**

偏光镜主要是由上、下偏光片和光源组成(图 3-5、图 3-6)。此外,还可配有玻璃载物台、干涉球或凸透镜。光源一般来自普通白炽灯,有时在光源箱前侧开有一个狭窄的窗口,也可为折射仪提供光源。在设计偏光镜时通常是使下偏光片固定,上偏光片保持可转动状态,从而可以调整上偏光的方向。为了保护下偏光片,会在下偏光片上安装一个可旋转的玻璃载物台。干涉球和凸透镜可用来观察宝石的干涉图。当自然光通过下偏光片时,即产生平面偏光,若上偏光与下偏光方向平行,来自下偏光片的偏振光全部通过,则视域亮度最大;若上偏光与下偏光方向垂直,来自下偏光片的偏振光全部被阻挡,此时视域最暗,即产生了所谓的消光。晶体中除等轴晶系宝石外,都为非均质体宝石。当待测宝石为非均质体时,在正交偏光镜下,转动360°,宝石会出现"四明四暗"现象(图3-7)。多晶非均质集合体宝石在正交偏光镜下,转动360°,宝石在视域中始终是明亮的称为"全亮"现象(图3-8)。

图3-5 宝石偏光镜

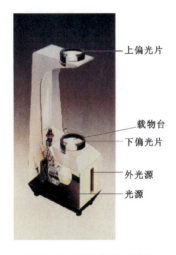

图3-6 宝石偏光镜结构

图3-7 "四明四暗"现象

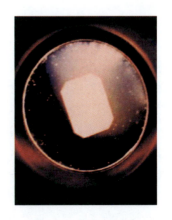

图3-8 "全亮"现象

## 练一练

### 一、单项选择题

1. 下列矿物在正交偏光下一定表现为全消光的是（　　）。
   A. 橄榄石　　　　　B. 石英　　　　　C. 萤石　　　　　D. 磷灰石
2. 下列矿物在正交偏光下有可能表现为全消光，也有可能表现为四次消光的是（　　）。
   A. 萤石　　　　　B. 石榴石　　　　C. 尖晶石　　　　D. 橄榄石
3. 下列宝玉石在正交偏光下表现为不消光的是（　　）。
   A. 橄榄石　　　　　B. 玛瑙　　　　　C. 石英　　　　　D. 电气石
4. 正交偏光镜下晶体光学性质观察、测定的主要特征不包括（　　）。
   A. 消光类型　　　　B. 贝克线　　　　C. 干涉色　　　　D. 消光角
5. 一轴晶垂直光轴的切面在正交偏光下的特点是（　　）。
   A. 全消光　　　　　B. 四次消光　　　C. 不消光　　　　D. 对称消光

### 二、判断题

1. 正交偏光镜间全消光的矿物颗粒一定是均质体。　　　　　　　　　　　　　　（　　）
2. 正交偏光镜间出现"四明四暗"现象的颗粒一定是非均质体。　　　　　　　　（　　）
3. 正交偏光镜间观察到的颜色为矿物自身的颜色。　　　　　　　　　　　　　（　　）
4. 非均质体所有切面都可以出现"四明四暗"现象。　　　　　　　　　　　　　（　　）

### 三、问答题

1. 消光与消色的本质区别是什么？
2. 简述消光角的测定方法和步骤。

# 任务二　认识光的干涉现象和光程差

## 一、认识光的干涉现象

当非均质体矿物薄片上光率体椭圆长、短半径 $K_1$、$K_2$ 两种偏光的振动方向与上偏光镜振动方向 $AA$ 斜交，且 $K_1$、$K_2$ 先后进入上偏光镜时，再度发生双折射，分解形成四种偏光（图3-9），$K_1$ 分解形成 $K_1'$ 和 $K_1''$，$K_2$ 分解形成 $K_2'$ 和 $K_2''$。其中 $K_1''$、$K_2''$ 的振动方向与允许透过的振动方向 $AA$ 垂直，不能透出上偏光镜；$K_1'$、$K_2'$ 的振动方向平行上偏光镜振动方向 $AA$，可以透出上偏光镜。透出上偏光镜后的 $K_1'$、$K_2'$ 两种偏光具有以下特点：

(1) $K_1'$、$K_2'$ 由同一束偏光经过两次分解（通过矿物薄片和上偏光镜）而成，其频率相同。

(2) $K_1'$、$K_2'$ 之间有固定的光程差（由 $K_1$、$K_2$ 继承的光程差）。

(3) $K_1'$、$K_2'$ 在同一平面内（平行 $AA$）振动。

因此，$K_1'$、$K_2'$ 两种偏光具备了光波发生干涉现象的条件，必将发生干涉作用。干涉的结果取决于 $K_1'$、$K_2'$ 两种偏光之间的光程差 $R$。

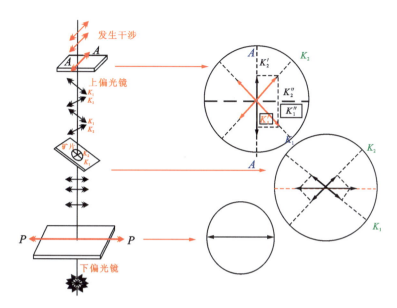

图 3-9　偏光通过矿物薄片及到达上偏光镜的分解情况
（矿物薄片上光率体椭圆半径与 $AA$、$PP$ 斜交时）

如果光源为单色光波，波长为 $\lambda$，当 $R=2n\dfrac{\lambda}{2}=n\lambda$（半波长的偶数倍）时，$K_1'$、$K_2'$ 振动方向相反，振幅相等，干涉结果是两者互相抵消而变黑暗。当 $R=(2n+1)\dfrac{\lambda}{2}$（半波长的奇数倍）时，$K_1'$、$K_2'$ 振动方向相同，振幅相等，干涉结果是两者互相叠加，其亮度增加一倍（最亮）。当 $R$ 介于 $2n\dfrac{\lambda}{2}$ 和 $(2n+1)\dfrac{\lambda}{2}$ 之间时，$K_1'$、$K_2'$ 干涉结果是其亮度介于黑暗与最亮之间。

图 3-9 表示由下偏光镜透出的振动方向平行 $PP$ 的单色偏光进入矿物薄片后，发生双折射，分解形成振动方向平行矿物薄片上光率体椭圆半径为 $K_1$、$K_2$ 的两种偏光。$K_1$、$K_2$ 的折射率不等，$N_{K1}>N_{K2}$，在矿物薄片中的传播速度不同（$K_1$ 为慢光、$K_2$ 为快光）。这两种偏光在通过矿物薄片过程中会产生一个波长的光程差$\left(\text{相当于 }R=2n\dfrac{\lambda}{2}\right)$，它们先后透出矿物薄片，在矿物薄片顶部，两者振动位相相同，而且因两种偏光在空气中的传播速度相同，其光程差保持不变。当它们先后到达上偏光镜时，仍保持原来的振动位相。由于 $K_1$、$K_2$ 与 $AA$ 斜交，它们会再度发生双折射，分解形成平行 $AA$ 的 $K_1'$、$K_2'$ 及垂直 $AA$ 的 $K_1''$、$K_2''$，后两者不能透出上偏光镜，故不考虑。$K_1'$、$K_2'$ 两种偏光的振幅相等，振动方向相反，干涉的结果是两者互相抵消而变黑暗。

在图 3-10 中可见 $K_1'$、$K_2'$ 两种偏光在通过矿物薄片过程中产生半个波长的光程差 $\left(\text{相当于 }R=(2n+1)\dfrac{\lambda}{2}\right)$，它们先后透出矿物薄片，在矿物薄片顶面上，两者振动位相相反。进入上偏光镜时，发生双折射，再度分解形成振幅相等、振动方向相同的两种偏光 $K_1'$、$K_2'$，干涉的结果是两者互相叠加且亮度加强(最亮)。

矿物薄片干涉结果的明亮程度,还与两种偏光 $K_1'$、$K_2'$ 的振幅大小有关,其振幅愈大亮度愈强。$K_1'$、$K_2'$ 的振幅大小取决于矿物薄片上光率体椭圆半径 $K_1$、$K_2$ 与上、下偏光镜振动方向 $AA$、$PP$ 之间的夹角。当矿物薄片上光率体椭圆半径 $K_1$、$K_2$ 与上、下偏光镜振动方向 $AA$、$PP$ 之间的夹角为 45°时,$K_1'$、$K_2'$ 的振幅最大,矿物薄片最明亮。这时的矿物薄片位置称 45°位。

从上述结果可知,干涉的结果主要取决于光程差,因此,应进一步理解并掌握光程差公式及其影响程度。

## 二、认识光程差

当 $K_1$、$K_2$ 两种偏光的振动方向与上、下偏光镜振动方向 $AA$、$PP$ 斜交时(图 3 - 10),由下偏光镜透出的振动方向平行 $PP$ 的偏光,进入矿物薄片后,发生双折射,分解形成振动方向平行 $K_1$、$K_2$ 的两种偏光。$K_1$、$K_2$ 的折射率不等,两者在矿物薄片中的传播速度不同($K_1$ 为慢光,$K_2$ 为快光)。$K_1$、$K_2$ 在通过矿物薄片的过程中,必然产生光程差(以符号 $R$ 表示)。当 $K_1$、$K_2$ 透出矿物薄片后,在空气中的传播速度不同,因而它们在到达上偏光镜之前,其光程差保持不变。

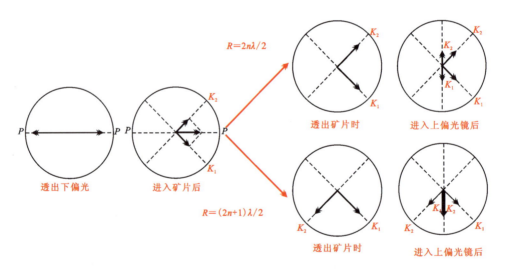

图 3 - 10　在正交偏光镜间的偏光矢量分解平面图(非均质体任意方向切片)

光程差($R$)与矿物薄片厚度($d$)和双折射率有关:
$$R = d(n_1 - n_2)$$

式中,$d$ 为矿物薄片的厚度;$(n_1 - n_2)$ 为双折射率,即光程差的大小与矿物薄片厚度和双折射率成正比。

当矿物薄片厚度固定,光程差取决于双折射率值。不同的矿物,双折射率值不同,将有不同的光程差;而同一矿物不同方向切面,双折射率值也可以不同,所以不同方向的矿物切面会产生不同的光程差。当矿物切面方向固定,即双折射率值固定时,光程差与矿物薄片厚度有关,矿物薄片厚度越大,光程差也越大。

> **练一练**

1. 正交偏光镜间,当光程差为(　　)时,干涉结果相互削减。
   A. $R = n\lambda$　　　　B. $R = 0.5(n+1)\lambda$　　C. $R = 0.5n\lambda$　　　　D. $R = 0.5(2n+1)\lambda$
2. 光程差公式中的要素不包括(　　)。
   A. 矿物薄片厚度　　B. 双折射率　　　　C. 光程差　　　　D. 光轴角
3. 光程差与(　　)成正比。
   A. 矿物双折射率　　B. 光性　　　　C. 矿物薄片形状　　D. 光轴角大小

# 项目三　正交偏光镜间矿物薄片的干涉现象观察及测试

## 任务一　认识干涉色和光程差

专业上通常将沿石英平行 $c$ 轴方向,由薄至厚磨成的一个楔形,称为石英楔。石英的最大双折射率 $N_e - N_o = 0.009$,是固定常数。石英楔的厚度由薄至厚逐层增加,其光程差 $R$ 也随之增加。

### 一、单色光的干涉

如果将单色光用作光源,沿试板孔徐徐推进石英楔,可见到明暗相间的干涉条带依次出现。在光程差 $R = 2n\dfrac{\lambda}{2}$ 处,出现黑暗条带;在 $R = (2n+1)\dfrac{\lambda}{2}$ 处,出现该单色光的最亮条带;光程差介于上两者之间,即最亮与最暗之间,色调逐渐过渡。如:用黄光作光源,会见到"暗、黄、暗、黄……"的条带相间出现;用红光作光源,会见到"暗、红、暗、红……"的条带相间出现。由于红光波长较大,紫光波长较短,红光作为光源出现的明暗条带相对较稀,紫光作为光源出现的明暗条带相对较密(图3-11)。

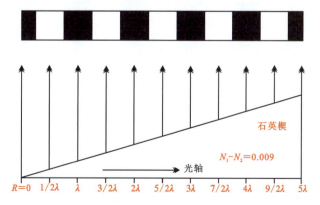

图3-11　石英楔在正交偏光镜间出现的干涉明暗条纹(用单色光照射时)

## 二、白光的干涉及干涉色

用白光作光源,沿试板孔徐徐推入石英楔,出现的不是明暗条带,而是有一定规律的彩色色带。白光主要由七种不同波长的色光组成,除光程差 $R=0$ 以外,任何一个光程差值都不可能同时是各色光半波长的偶数倍或奇数倍,也就是说,不可能使七种色光同时抵消,也不可能使七种色光同时加强。某一个光程差,它可能等于或接近等于一部分色光半波长的偶数倍,使这部分色光抵消或减弱;同时该光程差又可能等于或接近等于另一部分色光半波长的奇数倍,使这部分色光振幅加倍或部分加强。这些未被抵消(部分色光振幅加倍或振幅被不同程度加强)的色光混合而形成的色彩(图 3-12),被称为干涉色。干涉色和颜色在许多方面都不同:①干涉色是由光波的干涉作用形成的,而颜色是由于矿物的选择性吸收作用形成的。②干涉色是干涉作用中未被抵消的单色光的混合色,其中一部分色光的振幅被加强一倍或被部分加强,不完全是被抵消色光的补色;颜色是由白光中一部分色光被吸收后剩下的色光混合而成的,是被吸收色光的补色,剩下色光的振幅并没有被加强。③干涉色反映矿物薄片光程差的大小,而颜色反映矿物对光波选择性吸收的不同。④干涉色是正交偏光镜下矿物薄片呈现的色彩,旋转载物台,干涉色亮度发生变化,但色彩不发生变化;颜色是单偏光镜下矿物薄片呈现的色彩,旋转载物台,除个别切面外,颜色的深浅和色彩都会发生变化。

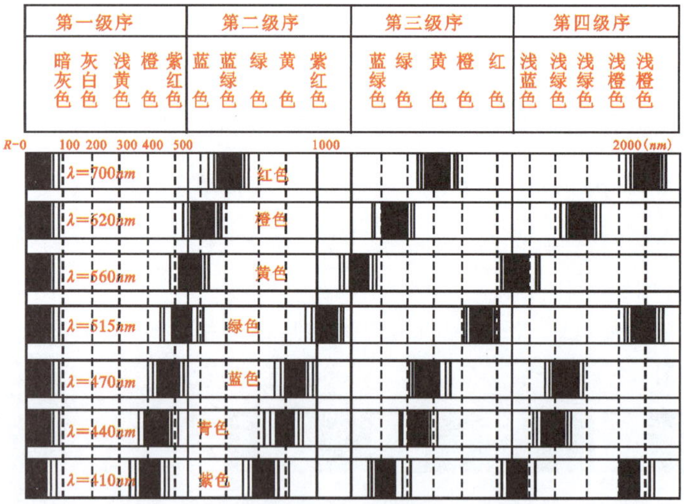

图 3-12 不同波长单色光透出石英楔干涉
所构成的明暗条纹(正交偏光镜间)

正交偏光镜下
干涉色的成因

### 一、填空题

在同一岩石薄片中,同种矿物不同方向的切面上,其干涉色一般_____。

## 二、名词解释

1. 干涉色　2. 石英楔

# 任务二　认识干涉色、干涉色级序及干涉色色谱表

用白光作光源,沿试板孔徐徐推入石英楔,随着光程差 $R$ 的逐渐增大,视域中依次出现干涉色条带,构成干涉色谱系。在该谱系中,不仅干涉色色彩有严格的顺序,而且根据色序的规律性,还可把它们分成若干个等级(图 3-13)。

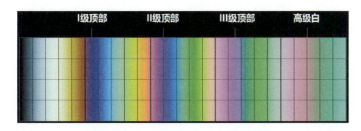

图 3-13　干涉色级序的特征

当 $R$ 在 100～150nm 及 150nm 以下时,各色光不同程度地减弱,呈现不同程度的灰色,由暗色至蓝灰色;当 $R=200～250$nm 时,接近各色光的半波长,各色光都不同程度地加强,混合而成白色;当 $R=300～350$nm 时,黄光最强,红光、橙光较强,紫光、青光微弱,混合色为浅(高)黄色;当 $R=400～450$nm 时,青光、紫光近于抵消,蓝光、绿光微弱,红光、黄光较强,混合色为橙色;当 $R=550$nm 时,黄光、绿光抵消,橙光近于抵消,紫光、青光、蓝光、红光混合而成紫红色;当 $R=550～650$nm 时,紫光、青光、蓝光较强,其余色光较弱,混合而成紫色至深蓝色的干涉色;当 $R=660～810$nm 时,绿光最强,其余色光较弱,呈现绿色;当 $R=850～950$nm 时,呈现黄橙色;当 $R=1000～1120$nm 时,又呈现紫红色……这样,干涉色出现的顺序为暗灰色、灰白色、浅黄色、橙色、紫红色、蓝色、蓝绿色、绿色、黄色、橙色、紫红色、蓝绿色、绿色、黄色、橙色、红色、浅蓝色、浅绿等,构成一个干涉色谱系。该谱系中干涉色色彩排列的顺序称为干涉色的色序。

增加 140nm 的光程差,可以使干涉色增加一个色序;减少 140nm 的光程差,可以降低一个干涉色色序。在上述的干涉色谱系中,以紫红色为界可以将干涉色分成若干个等级:第一次紫红色以下的干涉色构成第Ⅰ级,第一次紫红色之后的蓝色开始到第二次紫红色为止为第Ⅱ级,第二次紫红色之后的蓝色开始到第三次紫红色为止为第Ⅲ级……,以此类推。干涉色的这种排列顺序被称为干涉色级序。

各级干涉色有不同的特点。第Ⅰ级:色调灰暗,有独特的灰色、灰白色,缺少蓝色、绿色,也就是说,灰色、灰白色干涉色一定属于第Ⅰ级,而蓝色、绿色干涉色一定不是第Ⅰ级的。第Ⅱ级:色调鲜艳、较纯,各色带之间的界线较清晰,蓝色带宽,使后面与绿色带的过渡带变为蓝绿色。第Ⅲ级:色调浅淡,各色带之间的界线不清晰,绿色带宽,影响到前面的蓝色带,使蓝色带变为蓝绿色,并使后面的黄色变为黄绿色。第Ⅳ级:色调更淡,色泽不纯,色带之间的

界线模糊,色彩的种类也没有第Ⅲ级、第Ⅱ级那样齐全。第Ⅴ级及以上的干涉色称为高级白色,因为光程差很大,几乎同时接近各色光半波长的奇数倍,又同时接近于各色光半波长的偶数倍,各色光都会不同程度地出现,混合而成"白色"。但这种"白色"不像第Ⅰ级灰白色那样纯净,而总是不同程度地带有珍珠表面或贝壳表面那样的晕彩。因此也有人将高级白色称为珍珠白色。大部分非均质造岩矿物和宝石的干涉色都在第Ⅲ级以下,只有少数者为高级白色。

干涉色的表述和记录要采用"X级XX色"的形式,为了简便起见,"色"字可以省略。如Ⅰ级黄、Ⅰ级橙、Ⅱ级蓝、Ⅲ级紫红等,尽量不用"蓝色""橙色"等形式,以免与颜色混淆。

干涉色色谱表是表示干涉色级序、光程差、双折射率及矿物薄片厚度之间关系的图表(图3-14)。它是根据光程差公式 $R = d(N_1 - N_2)$ 做成的图表。

色谱表的横坐标方向表示光程差 $R$ 的大小,以纳米(nm)为单位,纵坐标方向表示矿物薄片厚度,其单位为毫米(mm),斜线表示双折射率大小。在光程差的位置上,填上相应的干涉色,便构成了干涉色色谱表。

根据光程差、矿物薄片厚度及双折射率三者之间的关系,只要知道其中任意两个数据,应用色谱表即可求出第三个数据。例如已知石英的最大双折射率为0.009,在正交偏光镜间,石英的最高干涉色为Ⅰ级黄($R=350$nm),根据色谱表求得矿物薄片厚度约为0.04mm(稍厚)。已知白云母最高干涉色为Ⅱ级红($R=1100$mm),矿物薄片厚度为0.03mm(标准厚度),在色谱表上求得最大双折射率为0.037。

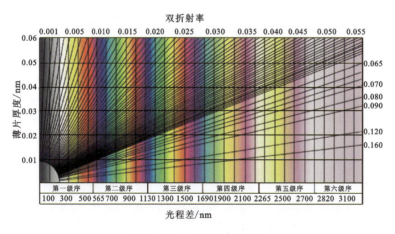

图3-14 干涉色色谱表

正交偏光镜下干涉色的观察与测定

一、名词解释

1.高级白干涉色  2.异常干涉色

二、填空题

1.矿物薄片干涉色的高低取决于_____和_____,在标准厚度下则受_____的影响。

2.干涉色色谱表是表示_____、_____、_____及_____之间关系的图表。

3.干涉色色谱表的横坐标表示_____的大小,以_____为单位,纵坐标表示_____,以_____为单位,斜线表示_____。

4.有些矿物呈现不同于干涉色色谱表上的反常干涉色,称为_____。

### 三、单项选择题

1.在正交偏光下矿物呈现高级白干涉色的原因是(　　)。
　A.折射率高　　　B.双折射率高　　C.矿物薄片厚度小　D.色散值高

2.白光通过正交偏光镜间的矿物薄片后,经干涉作用形成的颜色称为(　　)。
　A.颜色　　　　　B.互补色　　　　C.干涉色　　　　　D.单色

3.下列矿物平行光轴切片有可能表现出高级白干涉色的是(　　)。
　A.方解石　　　　B.角闪石　　　　C.石英　　　　　　D.橄榄石

4.干涉色色谱表中的要素不包括(　　)。
　A.干涉色级序　　B.光程差　　　　C.矿物双折射率　　D.异常干涉色

### 四、问答题

1.什么是干涉色?简述干涉色的成因。

2.简述观察干涉图应注意的问题。

3.简述一轴晶垂直光轴切面的干涉图的特点。

## 任务三　认识补色法则及常用的补色器

在正交偏光镜间,测定一些晶体光学性质时,需要借助于一些补色器(试板)。应用补色器时,需遵循补色法则。

## 一、补色法则

两个矿物薄片中,若有一个矿物薄片的光率体椭圆半径名称及光程差已知,在正交偏光镜间45°位置重叠时,观察干涉色级序的升降变化,根据上述补色法则,能确定另一个位置矿物薄片的光率体椭圆半径名称及光程差。

两个非均质体(除垂直光轴以外的)任意方向切片,在正交偏光镜间45°位置重叠时,光波通过这两个矿物薄片后,总光程差的增减法则,称补色法则。总光程差的增减,具体表现为干涉色的升降变化。

设一个非均质体矿物薄片上光率体椭圆长、短半径分别为$N'_g$和$N'_p$,光波射入该矿物薄片后,发生双折射分解形成两种偏光,在通过矿物薄片过程中所产生的光程差为$R_1$。另一矿物薄片的光率体椭圆长、短半径分别为$N''_g$和$N''_p$,产生的光程差为$R_2$。

当两个矿物薄片在正交偏光镜间45°位置重叠时,光波通过两个矿物薄片后,其总光程差$R$的增减取决于两个矿物薄片的重叠方式,即重叠时两个矿物薄片上光率体椭圆长、短半径的相对位置。当两个矿物薄片的同名半径平行时,即$N'_g // N''_g$和$N'_p // N''_p$[图3-15(a)]。光波通过两个矿物薄片后,总光程差$R=R_1+R_2$,$R$比$R_1$与$R_2$都大。具体表现为干涉色升高,即比两个矿物薄片各自原来的干涉色都高。

当两个矿物薄片的异名半径平行时,即 $N'_g /\!/ N''_p$ 和 $N'_p /\!/ N''_g$[图 3-15(b)]。光波通过两个矿物薄片后,总光程差 $R = R_1 - R_2$ 或 $R = R_2 - R_1$。总光程差 $R$ 必小于原光程差较大的矿物薄片,但不一定小于原光程差较小的矿物薄片。具体表现为干涉色降低,即比原来干涉色高的矿物薄片低,和原来干涉色低的矿物薄片相比不一定低。

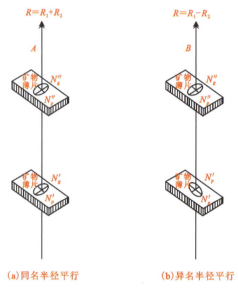

图 3-15 补色法则示意图

补色法则和补色器

由上可知:两个非均质体任意方向切片在正交偏光镜间 45°位置重叠时,当两个矿物薄片的同名半径平行时,总光程差等于两个矿物薄片光程差之和,表现为干涉色升高,当两个矿物薄片的异名半径平行时,总光程差等于两个矿物薄片光程差之差,其干涉色比原来干涉色高的矿物薄片低,和原来干涉色低的矿物薄片相比不一定低。若 $R_1 = R_2$,则总光程差 $R = 0$,此时矿物薄片消色而变黑暗。

在两个矿物薄片中,如果有一个矿物薄片的光率体椭圆半径名称及光程差为已知,当处在正交偏光镜间 45°位置重叠时,观察干涉色的升降变化,根据上述补色法则,即可确定另一个未知矿物薄片的光率体椭圆半径名称及光程差。偏光显微镜中所附的一些补色器,就是已知光率体椭圆半径名称和光程差的矿物薄片。

## 二、几种常用的补色器

### 1. 石膏试板($\lambda$)(图 3-16)

光程差约为 550nm,在正交偏光镜间 45°位置时,呈现Ⅰ级紫红干涉色。试板上注明 $N_g$ 和 $N_p$(慢光和快光)的方向。这种试板的光程差相当于一个级序干涉色的光程差。在矿物薄片上加入石膏试板,可以使矿物薄片的干涉色升高或降低一个级序。如果矿物薄片干涉色为Ⅱ级黄,加入石膏试板后,同名半径平行时,干涉色升高变为Ⅲ级黄,异名半径平行时干涉色降低变为Ⅰ级黄。Ⅰ级黄与Ⅲ级黄不易区分,不易确定干涉色的升降。如果矿物薄片为Ⅱ级蓝干涉色,加入石膏试板后,干涉色升高变为Ⅲ级蓝,干涉色降低变为Ⅰ级灰,可以区分这两种干涉色。因此,石膏试板比较适用于干涉色较低(Ⅰ级黄以下)的矿物薄片。

图 3-16 左端 λ 是石膏试板,右端 1/4λ 是云母试板

当矿物薄片干涉色为Ⅰ级灰($R=150$nm±)时,加入石膏试板后,同名半径平行时,总光程差 $R=550$nm$+150$nm$=700$nm,矿物薄片干涉色由Ⅰ级灰变为Ⅱ级蓝绿;异名半径平行时,总光程差 $R=550$nm$-150$nm$=400$nm,矿物薄片的干涉色由Ⅰ级灰变为Ⅰ级黄。这种干涉色对矿物薄片的Ⅰ级灰来说是升高,但对石膏试板的Ⅰ级紫红来说是降低。因此,在这种情况下,判断干涉色的升降变化,应以石膏试板的干涉色(Ⅰ级紫红)为准。必须记住,当矿物薄片干涉色为Ⅰ级灰时,加入石膏试板后,同名半径平行时,干涉色升高,矿物薄片干涉色由Ⅰ级灰变为Ⅰ级蓝;异名半径平行时,干涉色降低,矿物薄片干涉色由Ⅰ级灰变为Ⅰ级黄。

**2. 云母试板($1/4λ$)**(图 3-17)

光程差约为 147nm,相当于黄光的 $1/4λ$。在正交偏光镜间 45°位置时,呈现Ⅰ级灰白干涉色。试板上注明了 $N_g$ 和 $N_p$(慢光和快光)的方向。在矿物薄片上加入云母试板后,可使矿物薄片的干涉色升降一个色序。如矿物薄片干涉色为Ⅰ级紫红,加入云母试板后,同名半径平行时,干涉色升高变为Ⅰ级蓝;异名半径平行时,干涉色降低变为Ⅰ级橙黄。这种试板比较适用于干涉色较高(Ⅱ级或Ⅲ级干涉色)的矿物薄片。

图 3-17 另一款偏光显微镜配置的云母试板

**3. 石英楔**(图 3-18)

平行石英 c 轴(光轴)方向,由薄至厚磨成的一个楔形,用加拿大树胶粘在两块玻璃之间,即石英楔。其光程差一般是 0~1680nm,在正交偏光镜间 45°位置时,由薄至厚,可以依次产生Ⅰ级至Ⅲ级的干涉色。在矿物薄片上由薄至厚推入石英楔,同名半径平行时,矿物薄片干涉色逐渐升高;异名半径平行时,矿物薄片干涉色逐渐降低;当推到石英楔光程差与矿物薄片光程差相等时,矿物薄片消色而出现黑带。

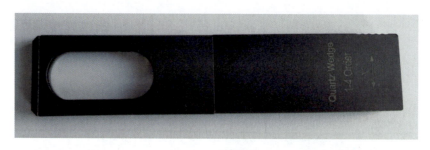

图 3-18 石英楔

**一、名词解释**

1. 补色法则
2. 补色器

**二、判断题**

1. 补色法则中,光率体半径同名平行时,干涉色一定比矿物薄片原来的高。( )
2. 补色法则中,光率体半径异名平行时,干涉色一定比矿物薄片原来的低。( )

**三、问答题**

1. 什么是补色法则?
2. 常用补色器的特点是什么?

# 项目四 正交偏光镜间主要光学性质的观察与测定方法

## 任务一 非均质体矿物薄片上光率体椭圆半径方向及名称的测定

在观察测定正交偏光镜间的光学性质之前,必须检查上、下偏光镜振动方向是否正交,目镜十字丝是否严格与上、下偏光镜振动方向一致,否则需要校正。

在偏光显微镜下研究矿物的许多光学性质,都需要在正交偏光镜间测定矿物薄片上光率体椭圆半径的方向和名称。

非均质体矿物薄片上光率体椭圆半径方向及名称的测定方法如下:

(1)将待测矿物薄片置于视域中心,转动载物台使矿物薄片处于消光位(图 3-19),此时矿物薄片上光率体椭圆半径半径方向平行上、下偏光镜振动方向 $AA$、$PP$(即目镜十字丝方向)。

(2)再转动载物台 45°,矿物薄片干涉色最亮,此时矿物薄片上光率体椭圆半径与目镜十字丝呈 45°夹角。

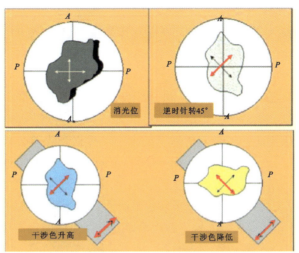

图 3-19 非均质体矿物薄片上光率体

(3)从试板孔插入试板,观察干涉色的升降变化。如果干涉色升高,表明试板与矿物薄片上的光率体椭圆切面的同名半径平行[图 3-19(a)],如果干涉色降低[图 3-19(b)],说明试板与矿物薄片上光率体椭圆切面异名半径平行。试板上光率体椭圆半径的名称是已知的,据此即可确定矿物薄片上光率体椭圆半径名称。当矿物薄片干涉色在Ⅱ级黄以上时,加入石膏试板难以判断矿物薄片干涉色的升降变化,最好使用云母试板。图 3-20 为利用石膏试板测云母干涉色级序的过程。

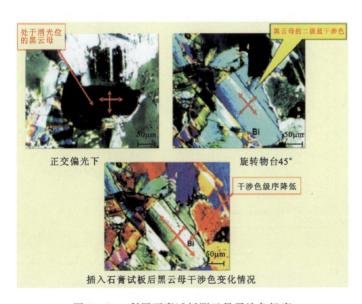

图 3-20 利用石膏试板测云母干涉色级序

测出的光率体椭圆长、短半径是否为光率体主轴,取决于切面方向。如果矿物薄片平行主轴面,则测出的光率体椭圆长短半径为 $N_e$ 和 $N_o$(一轴晶)或 $N_g$、$N_m$、$N_p$ 中任意两个主轴(二轴晶)。如果矿物薄片不平行主轴面,则光率体椭圆半径为 $N'_e$ 和 $N_o$(一轴晶),或 $N'_g$、$N'_m$、$N'_p$ 中的任意两个(二轴晶)。

## 任务二　正交偏光镜间干涉色级序的观察与测定

矿物的干涉色取决于矿物本身双折射率的大小。根据光程差公式 $R=d(N_1-N_2)$,在标准厚度(0.03mm)的岩石矿物薄片中,同一矿物,不同方向切面的双折射率大小不同,其干涉色的高低也不同。观察测定矿物的干涉色时,必须选择干涉色最高的切面。一般鉴定时,采用统计方法,多测定几个颗粒,取其中干涉色最高的。精确测定则必须选择平行光轴或平行光轴面的颗粒,这种颗粒需在锥光镜下检查确定。干涉色的测定方法有两种。

### 一、楔形边法

利用矿物薄片楔形边缘的干涉色色圈,判断矿物的干涉色,是比较简单的方法。在岩石矿物薄片中,矿物切面往往具有楔形边缘,其边缘薄,向中部逐渐加厚(图 3-21),因而矿物薄片的干涉色边缘较低,向Ⅱ级红中部逐渐升高。如果矿物薄片最边缘从Ⅰ级灰白开始,向中部干涉色逐渐升高则构成细小干涉色色圈或干涉色细条带。其中经过一条红带,矿物薄片干涉色为Ⅱ级,经过 $n$ 条红带,矿物薄片干涉色为 $n+1$ 级。如果矿物薄片边缘最外圈不是从Ⅰ级灰白开始,则不能应用这种方法判断干涉色。图 3-22、图 3-23 为利用楔形边法判断干涉色的案例。图 3-22 中的矿物中心干涉色为蓝绿色,矿物最边缘从Ⅰ级灰白开始,经过两条红带,矿物薄片干涉色为Ⅲ级蓝绿干涉色;图 3-23 中的矿物中心干涉色为蓝色,矿物最边缘从Ⅰ级灰白开始,经过一条红带,矿物薄片干涉色为Ⅱ级蓝。

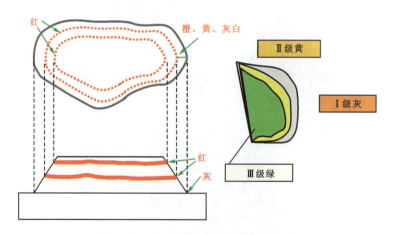

图 3-21　矿物楔形边缘的干涉色色圈

图 3-22　Ⅲ级蓝绿干涉色　　　　　图 3-23　Ⅱ级蓝干涉色

## 二、利用石英楔测定干涉色级序

(1) 将选定的矿物薄片置于视域中心，转动载物台，使矿物薄片处于消光位。

(2) 再转载物台 45°，使矿物薄片的光率体椭圆半径与目镜十字丝形成 45°夹角，此时矿物薄片干涉色最亮，观察其干涉色。

(3) 从试板孔由薄至厚插入石英楔，观察矿物薄片干涉色的变化，可能出现下列两种情况：

A. 随着石英楔的慢慢插入，矿物薄片上干涉色逐渐升高，表明石英楔与矿物薄片上光率体椭圆切面的同名半径平行，此时必须转动载物台 90°，使两者异名半径平行，再进行测定。

B. 随着石英楔的慢慢插入，矿物薄片干涉色逐渐降低，说明石英楔与矿物薄片上光率体椭圆切面的异名半径平行。当石英楔插入到与矿物薄片光程差相等时，矿物薄片消色且出现黑带（往往不是全黑，而是暗灰或混有矿物本身颜色）。然后慢慢抽出石英楔，矿物薄片的干涉色又逐渐升高，至石英楔全部抽出时，矿物薄片显示原来的干涉色。在抽出石英楔的过程中，仔细观察矿物薄片干涉色的变化，如果其间经过一次红色，矿物薄片干涉色为Ⅱ级，经过 $n$ 次红色，矿物薄片干涉色为 $n+1$ 级。如果一次观察不清楚，可以反复操作。

## 任务三　正交偏光镜间双折射率的测定

同一矿物切面方向不同，双折射率大小不同，只有测定最大双折射率才有鉴定意义。因此，必须选择定向切面来测定双折射率。一轴晶选择平行光轴切面，二轴晶选择平行光轴面切面测定矿物的最大双折射率。这种切面的特征是正交偏光镜间干涉色最高。单偏光镜下多色性最明显，锥光镜下显示平行光轴或平行光轴面的干涉图。

根据光程差公式 $R=d(N_1-N_2)$，测出光程差及矿物薄片厚度后，即能确定双折射率值。

## 一、光程差的测定方法

利用石英楔测定干涉色级序后，可在干涉色色谱表上求出相应的光程差。因色谱表上每种干涉色都占有一定的宽度，所以求出的光程差误差在 20～40mm 之间。

## 二、矿物薄片厚度的测定方法

一般岩石矿物薄片的厚度约为 0.03mm,如果对测定的双折射率值精度要求不高,矿物薄片厚度可以直接定为 0.03mm。如果精度要求较高,矿物薄片厚度可利用已知矿物测定,最常用的已知矿物有长石和石英。

石英的最大双折射率为 0.009,我们可在岩石矿物薄片中选一个石英平行光轴切面(干涉色Ⅰ级灰白至浅黄),在锥光镜下检查是否平行光轴切面。当确定为平行光轴切面后,可根据干涉色在色谱表上求出光程差(图 3-14)。利用所测的光程差及最大双折射率,可求出矿物薄片厚度。

## 三、根据所测光程差及矿物薄片厚度求双折射率

(1)根据所测光程差和矿物薄片厚度,在干涉色色谱表上查出双折射率值。
(2)根据 $R=d(N_1-N_2)$,计算双折射率值。

### 一、填空题

1. 石英的最大双折射率为 0.009,平行光轴切面干涉色为Ⅱ级蓝,则这块矿物薄片的厚度是_____。
2. 要测定矿物的轴性和光性符号,应该选择在正交偏光下干涉色_____的切面。
3. 光程差与_____和_____成正比。
4. 当矿物薄片厚度固定时,光程差取决于_____;当矿物切面方向固定时,光程差取决于_____。

### 二、问答题

详细论述矿物干涉色级序和色序的观测方法。

# 任务四　正交偏光镜间消光类型及消光角的测定

## 一、消光类型

当非均质体任意方向切面上光率体椭圆半径与上、下偏光镜振动方向平行时,矿物薄片消光。一般以目镜十字丝方向代表上、下偏光镜振动方向。因此,当非均质体任意方向切面在消光位时,目镜十字丝方向代表矿物薄片上光率体椭圆半径方向。矿物薄片上的解理缝、双晶缝及晶体边棱等与矿物晶体的结晶轴有一定联系。因此,非均质体任意方向切面的消光类型是根据矿物薄片在消光位时,解理缝、双晶缝及晶体边棱等与目镜十字丝之间关系进行划分,根据它们之间的关系可分为平行消光、对称消光、斜消光三种类型(图 3-24)。

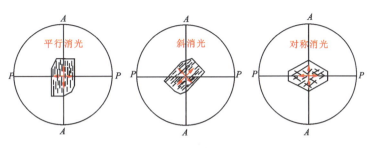

图 3-24 消光类型

## 1. 平行消光

矿物薄片在消光位时,解理缝或双晶缝或晶体边棱与目镜十字丝之一平行,即矿物薄片上的光率体椭圆半径之一与解理缝或晶面迹线平行(图 3-25)。

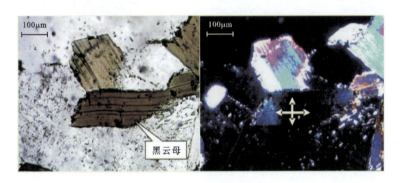

图 3-25 黑云母的平行消光

## 2. 对称消光

矿物薄片在消光位时,目镜十字丝是两组解理缝或两个晶体边棱夹角的平分线,即矿物薄片上光率体椭圆半径是两组解理缝或两个晶体边棱夹角的平分线(图 3-26)。如角闪石垂直两组解理的切片。

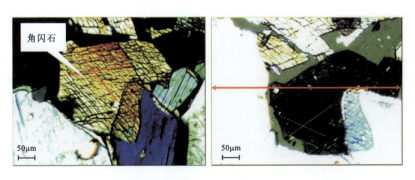

图 3-26 角闪石的对称消光

### 3. 斜消光

矿物薄片在消光位时,解理缝或双晶缝或晶体边棱等与目镜十字丝斜交,即矿物薄片上光率体椭圆半径与解理缝或双晶缝或晶体边棱斜交(图3-27)。此时,光率体椭圆半径与解理缝或双晶缝或晶体边棱之间的夹角称消光角,具体表现为矿物薄片在消光位时,目镜十字丝与解理缝或双晶缝或晶体边棱之间的夹角。

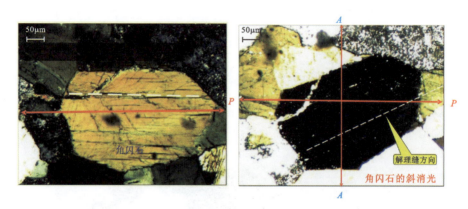

图 3-27  角闪石的斜消光

矿物薄片的消光类型与矿物的光性方位及切面方向有密切联系。不同晶系矿物,不同方向切面的消光类型,大致具有一定的规律。

## 二、各晶族晶系矿物的消光类型

**1. 中级晶族矿物的消光类型**

中级晶族矿物的光性方位是光率体的 $N_e$ 轴(光轴)与晶体的 $c$ 轴一致。这类矿物的消光类型以平行消光和对称消光为主,斜消光的切面很少见。

**2. 斜方晶系矿物的消光类型**

斜方晶系矿物的光性方位是光率体的三个主轴与晶体的三个结晶轴平行。在[100]、[010]和[001]三个晶带中的所有切面都是平行消光或对称消光,但与三个结晶轴斜交,而且斜交角度较大的切面上,可能出现斜消光,其消光角一般较小,极少数可达40°左右。在这种切面上的解理缝、双晶缝或晶体边棱不代表晶体的结晶轴方向。在斜方晶系矿物中,具轴面解理的矿物,平行消光的切面通常比具柱面解理的矿物多,而且具轴面解理的矿物,即使有斜消光的切面,其消光角一般也不大。

**3. 单斜晶系矿物的消光类型**

单斜晶系矿物的光性方位是晶体的 $Y$ 轴与光率体三个主轴之一平行,其余两个主轴与 $X$、$Z$ 轴斜交。这类矿物不同方向切面的消光类型可能有以下四种情况。以普通角闪石为例,其光性方位是: $N_m = Y$ 轴, $N_g \wedge Z$ 轴 $= 30° \pm$,具{110}解理。

(1) 在[100]晶带中(晶带轴为 $X$ 轴)，平行(001)的切面为对称消光[图 3-28(c)]。平行(011)、(0$kl$)的切面可能出现两组解理缝(不垂直解理面)，但不一定是对称消光。有时可能出现平行某一组解理缝的平行消光。(010)是[100]和[001]两个晶带共有的晶面。

(2) 在[001]晶带中(晶带轴为 $Z$ 轴)，在平行(010)的切面上[图 3-28(b)]包含 $Z$ 轴和 $X$ 轴与光率体主轴 $N_g$ 轴和 $N_p$ 轴。{110}柱面解理缝方向代表 $Z$ 轴方向。在这种切面上可以测定 $N_g$ 与 $Z$ 轴的真正夹角。单斜辉石和单斜角闪石类矿物通常是 $N_m$ 与 $Y$ 轴一致，(010)面与光轴面平行。平行(100)的切面[图 3-28(d)]为平行消光(这种切面上一般看不见解理缝，只能以晶体边棱判断)。平行(110)的切面[图 3-28(e)]为斜消光，但其消光角小于平行(010)切面上的消光角，而且不是光率体主轴面，故其光率体椭圆长、短半径分别为 $N_g'$ 和 $N_p'$。这个晶带中其他方向切面均为斜消光，其消光角大小递变于平行(100)切面的零度与平行(010)切面的最大消光角之间。

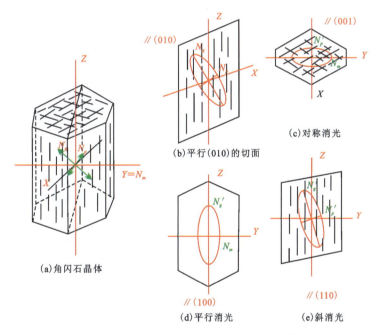

图 3-28　普通角闪石不同方向切面的消光类型

(3) 在[010]晶带中(晶带轴为 $Y$ 轴)，平行(001)的切面为对称消光，平行(100)的切面为平行消光，其他方向切面为对称消光或平行消光。以上各种切面是平行三个结晶轴之一的切面。

(4) 斜交三个结晶轴的任意切面均为斜消光，其中大多数切面的消光角小于平行(010)切面的消光角，但可能有极少数切面的消光角大于平行(010)切面上的消光角。这些任意切面上的解理缝方向不代表 $Z$ 轴的方向(即与 $Z$ 轴不一致)，光率体椭圆长、短半径也不是主轴，而是 $N_g'$ 和 $N_p'$。因此，其消光角不是 $N_g$ 与 $Z$ 轴的真实夹角，没有鉴定意义。

由上可知，单斜晶系矿物的消光类型随切面方向不同而有变化。各种消光类型都有，但以斜消光为主。在斜消光的切面中，消光角的大小随切面方向不同而有差异，其中只有平行(010)切面上的消光角才是光率体主轴与晶体结晶轴的真正夹角，而且对于单斜角闪石和单斜辉石类矿物，是$N_g$或$N_p$与$Z$轴的真正夹角。斜消光的切面是平行$Z$轴的切面中(即[001]晶带中)消光角最大的切面。

### 4. 三斜晶系矿物的消光类型

三斜晶系矿物的光性方位是光率体三个主轴与晶体的三个结晶轴斜交。因此，这类矿物的绝大多数切面是斜消光，而且其消光角大小随切面方向而异。一般是选择某些特殊方向测定消光角。例如斜长石，通常选择垂直(010)的切面或同时垂直(010)和(001)的切面测定消光角。

## 三、消光角的测定方法

中级晶族及斜方晶系矿物，斜消光的切面很少见，而且没有鉴定意义，一般不测定消光角。单斜晶系和三斜晶系矿物，以斜消光切面为主，但同一矿物切面方向不同，消光角大小不同。因此，只有在定向切面上测定消光角才有鉴定意义。对于单斜晶系矿物通常选择平行(010)的切面。单斜辉石和单斜角闪石的(010)通常与光轴面平行，对于这类矿物通常选择干涉色最高的切面测定消光角。对于三斜晶系矿物一般选择某些特殊方向切面测定消光角。

测定的具体步骤：

(1)根据上述原则，选择符合要求的定向切面。

(2)将选定的矿物薄片置于视域中心，并使矿物薄片上的解理缝或双晶缝与目镜十字丝的纵丝平行[图3-29(a)]。记录载物台上的刻度数$a$。

(3)转动载物台使矿物薄片达到消光位[图3-29(b)]，此时矿物薄片上的光率体椭圆半径与目镜十字丝一致。记录载物台上的刻度数$b$，读数$a$与$b$之差即为该矿物薄片的消光角，这个角度代表矿物薄片上光率体椭圆半径之一与解理缝或双晶缝之间的夹角。究竟是光率体椭圆半径中的长半径还是短半径，需要进一步确定该半径的名称。

必须注意：矿物薄片的消光位常有一定范围，特别是双折射率低的矿物，其干涉色低，难以准确确定消光位。为了尽可能地准确判断消光位，最好在矿物薄片消光范围内，反复慢慢转动载物台，直至变为最黑暗为止。

(4)测定光率体椭圆半径的名称。从消光位顺时针转动载物台45°，矿物薄片干涉色最亮，此时矿物薄片上光率体椭圆半径与目镜十字丝呈45°夹角[图3-29(c)]，需要测定的光率体半径(原与纵丝平行的半径)在一、四象限方向。加入试板，根据矿物薄片上干涉色的升降变化，确定所测光率体椭圆半径的名称。当矿物薄片上干涉色降低时，异名半径平行[图3-29(c)]，所测半径为短半径。当矿物薄片干涉色升高时[图3-29(d)]，同名半径平行，所测半径为长半径。如果所测切面为平行光轴面的切面，则其长、短半径分别为$N_g$和$N_p$；如果所测切面不是主轴面，则其长、短半径分别为$N_g'$、$N_m'$、$N_p'$中的任意两个。

(5)根据解理缝、双晶缝的性质,确定它们所代表的结晶方向。例如单斜辉石、单斜角闪石具{110}解理,平行 Z 轴的切面上,解理缝方向代表 Z 轴方向。如果在普通角闪石平行(010)切面上,测定的解理缝与光率体椭圆长半径的夹角为 30°,即 $N_g$ 与 Z 轴的夹角为 30°,其记录方式为:$N_g \wedge Z = 30°$。斜长石垂直(010)切面与平行(010)切面的解理缝、双晶缝,不代表结晶轴的方向,只能代表(010)晶面,因此,在垂直(010)切面上,测定的短半径与双晶缝之间的夹角为 20°时,其记录方式为:$N_p' \wedge (010) = 20°$。

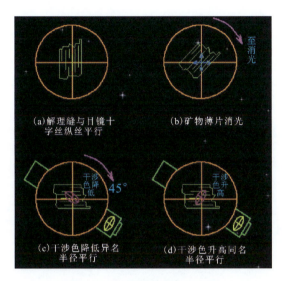

图 3-29 消光角的测定步骤

正交偏光镜下消光类型
及消光角的测试

1. 当矿物薄片在正交偏光镜间处于消光位时,加入石膏试板或云母试板后,矿物薄片有何变化?

2. 消光与消色有何本质区别?

3. 测定消光角时,为什么必须测定光率体椭圆半径名称?

4. 用石英平行光轴切面磨制石膏试板(550mm 光程差),需磨制的厚度大小(石英双折射率为 0.009)为多少?

## 任务五 正交偏光镜间晶体延性符号的测定

长条状矿物切面的延长方向与光率体椭圆长半径 $N_g$ 或 $N_g'$ 平行或其夹角小于 45°时,称正延性;其延长方向与光率体椭圆短半径 $N_p$ 或 $N_p'$ 平行或其夹角小于 45°时,称为负延性。

矿物薄片的延性符号与柱状或板状矿物的光性方位有密切联系。如果柱状矿物的光性方位是 $N_g$∥$Z$ 轴[图 3-30(a)]，则平行 $Z$ 轴的切面均具正延性；如果 $N_p$∥$Z$ 轴[图 3-30(b)]，则平行 $Z$ 轴的切面均为负延性；如果 $N_m$∥$Z$ 轴[图 3-30(c)]，则平行 $Z$ 轴的切面中有正延性，也有负延性。

对于斜消光的矿物薄片，只要测定了消光角就能判断延性符号。因此，一般只测定平行消光矿物薄片的延性符号，其测定方法如下：

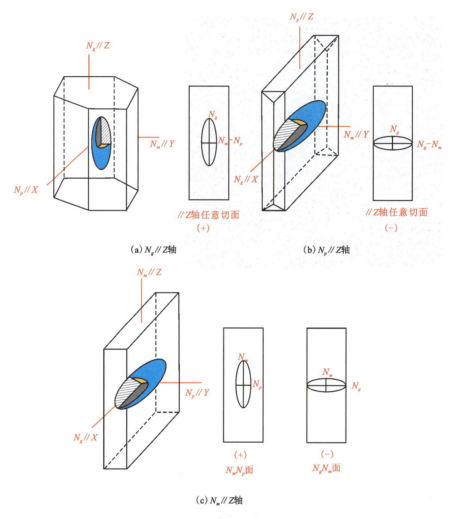

图 3-30　晶体的延性类型

(1) 将待测矿物薄片置视域中心，使矿物薄片的延长方向平行目镜十字丝纵丝[图 3-31(a)]，此时矿物薄片消光，矿物薄片上光率体椭圆半径与目镜十字丝平行。

(2) 转动载物台 45°，使矿物薄片延长方向与目镜十字丝呈 45°夹角，此时矿物薄片干涉色最亮光率体椭圆半径与目镜十字丝呈 45°夹角[图 3-31(b)]。

(3)加入试板,观察干涉色的变化,当干涉色降低[图3-31(c)],试板与矿物薄片的光率体椭圆切面的异名半径平行,证明$N_g$或$N_g'$平行延长方向为正延性。

(4)当干涉色升高[图3-31(d)],试板与矿物薄片的光率体椭圆切面的同名半径平行,证明$N_p$或$N_p'$平行延长方向为负延性。

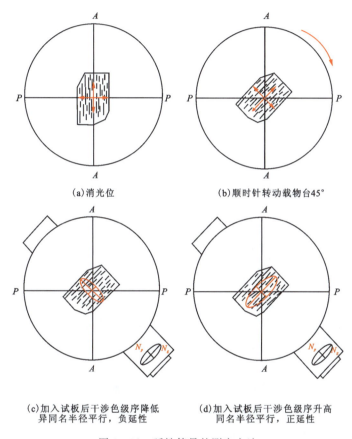

(a)消光位　　　　　　　(b)顺时针转动载物台45°

(c)加入试板后干涉色级序降低　　(d)加入试板后干涉色级序升高
　　异同名半径平行,负延性　　　　同名半径平行,正延性

图3-31　延性符号的测定方法

## 任务六　正交偏光镜间双晶的观察

矿物的双晶在正交偏光镜间,表现为相邻两个双晶单体不同时消光,呈现一明一暗的现象。这是由于在构成双晶的两个单体中,一个单体绕另一个单体旋转180°,会使两个单体的光率体椭圆半径方位不同[图3-32(a)]。两个双晶单体间的结合面称双晶结合面。双晶结合面与矿物薄片平面的交线称双晶缝,一般比较平直。当双晶结合面垂直矿物薄片平面时,双晶缝最细最清楚;当双晶结合面逐渐倾斜时,双晶缝逐渐变宽变模糊。双晶结合面倾斜至一定程度时,看不见双晶缝。由于双晶结合面相当于两个双晶单体的对称面,当双晶结合面与矿物薄片平面垂直时,相邻两个单体的光率体椭圆切面在双晶缝两侧也是对称的,故当

双晶缝与目镜十字丝平行或呈 45°夹角时,双晶缝两侧的单体明暗程度一致,此时看不见双晶[图 3-32(b)]。

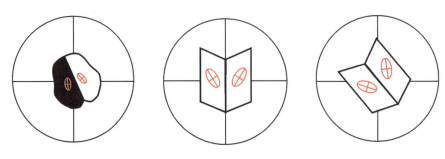

(a)双晶在正交偏光镜中的消光现象　　(b)双晶上两单体的光率体椭圆切面与目镜十字丝间的关系

图 3-32　双晶在正交偏光镜间的消光情况

根据单体的数目,双晶可划为分下列两种类型。

**1. 简单双晶**

简单双晶仅由两个双晶单体组成。在正交偏光镜间,表现为一个单体消光,另一个单体明亮,转动载物台两个双晶单体的明暗互相更换。

**2. 复式双晶**

复式双晶由两个以上的双晶单体组成。根据双晶结合面的相互关系可划分为:

(1)聚片双晶。双晶结合面互相平行,在正交偏光镜间呈聚片状(图 3-33),转动载物台时,奇数与偶数两组双晶单体轮换消光而呈明暗相间的细条带。如斜长石的钠长石聚片双晶。

(2)联合双晶。双晶结合面不平行。按双晶单体的数目不同,可分为三连晶、四连晶和六连晶。如堇青石的六连晶。此外还有特殊的双晶类型,如斜长石的卡斯巴双晶(图 3-34)与微斜长石的格子状双晶(图 3-35)。

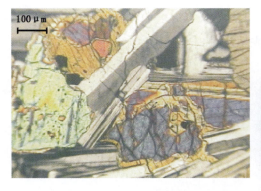
图 3-33　斜长石的聚片双晶

图 3-34　钾长石的卡斯巴双晶

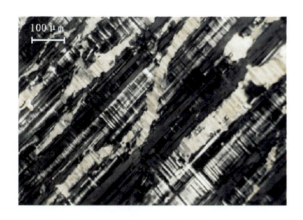

图 3-35 微斜长石的格子状双晶

正交偏光镜下主要光学性质的观察
（双晶、延性、椭圆半径）

# 练一练

## 一、名词解释
1. 双晶结合面　2. 双晶缝

## 二、填空题
两个双晶单体间的结合面称为_____，双晶结合面与矿物薄片平面的交线称为_____。

# 知识总结

学习本章要先理解矿物薄片在正交偏光镜间产生干涉的原理，再认识正交偏光镜下的干涉现象和干涉色，并能利用补色法则和常用的补色器测定非均质体矿物薄片上光率体椭圆半径的方向和名称。只有掌握了非均质体矿物薄片上光率体椭圆半径方向和名称的测定方法，才能进一步掌握干涉色级序、双折射率和消光角等的测定方法。

在测定非均质体矿物薄片上光率体椭圆半径方向及名称时，必须在矿物薄片上光率体椭圆半径方向与上、下偏光镜振动方向 $AA$、$PP$ 呈 $45°$ 夹角时进行，测定时要选择使用合适的补色器（试板），在插入试板后要注意观察矿物薄片的干涉色级序升降变化，再按补色法则确定矿物薄片光率体椭圆半径方向和名称。

# 模块四　宝石矿物锥光镜下晶体光学性质的系统鉴定

## 学习目标

**知识目标**：主要学习锥光镜的装置及特点，一轴晶垂直光轴、斜交光轴和平行光轴切面干涉图，二轴晶垂直 $Bxa$ 切面、垂直光轴切面、斜交光轴切面和平行光轴面切面的干涉图。

**能力目标**：了解锥光镜的装置、特点，认识一轴晶垂直光轴切面干涉图、斜交光轴切面干涉图、平行光轴面切面干涉图。认识二轴晶垂直 $Bxa$ 切面干涉图、垂直光轴切面干涉图、斜交光轴切面干涉图、平行光轴切面干涉图的图像特征。学会测定一轴晶和二轴晶的光性符号。

## 项目一　调试锥光镜装置

### 任务一　认识锥光镜的装置

前面介绍了利用近于平行的入射光波，在单偏光镜及正交偏光镜间观察和测定晶体的系列光学性质。但还有一些重要的晶体光学性质，如晶体的轴性、光性符号、光轴角大小及晶体切面的准确定向等问题尚未解决，在锥光镜下观察矿物薄片正是解决这些问题的方法。

装置锥光镜就是在正交偏光镜的基础上，于下偏光镜之上，载物台之下，加上一个聚光镜（把聚光镜升到最高位置），换用高倍物镜（40×或63×），加入勃氏镜或去掉目镜。

### 任务二　认识锥光镜下的光学特点

加入聚光镜的作用，是将下偏光镜透出的平行偏光束高度会聚变成锥形偏光束（图4-1）。锥形偏光束与平行偏光束的重要区别在于，平行偏光基本沿同一方向垂直射入矿物薄片，而锥形偏光沿不同方向同时射入矿物薄片。在锥形偏光束中，除中央一束光波垂直射入矿物薄片之外（图4-1），其余各光波都是倾斜射入矿物薄片，而且愈向外倾斜角度愈大，在矿物薄片中所经历的距离（$s$）愈向外愈长。锥形偏光束中的偏光，不论如何倾斜，其振动面总是与下偏光镜的振动方向平行。不同方向入射光波的光率体切面不相同，其长、短半径在矿物薄片平面上的方位也不完全相同。这些不同方向的入射光波通过矿物薄片后,到达上偏光镜所发生的消光与干涉效应也不完全相同。因此,锥光镜下所观察的应当是锥形偏光束中,各个不同方向的入射偏光通过矿物薄片后,到达上偏光镜所产生的消光与干涉效应总和。它们构成特殊的图像,称为干涉图。换用高倍物镜的目的是接纳较大范围的倾斜入射光波(图4-2)。低倍物镜的数值孔径小,工作距离长,一般只能接纳与矿物薄片法线呈5°夹角以内的倾斜入射光波,与平行矿物薄片法线的入射光波相近(基本上相当于平行入射光波),干涉图不完整而且不清楚。高倍物镜的数值孔径较大,工作距离短,能接纳与矿物薄片法线呈60°夹角范围内的倾斜入射光波,看到的干涉图较完整而且清楚。一般来说,放大倍率相同的高倍物镜,其数值孔径愈大,显示的干涉图愈完整,范围愈大。

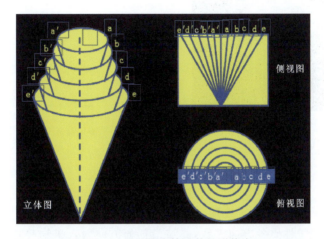

图4-1 通过聚光镜后的锥形偏光

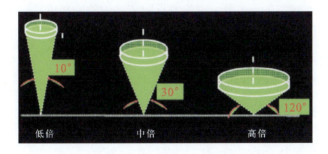

图4-2 不同倍数的物镜能接纳的锥光范围及所显示的干涉图

观察干涉图时,必须去掉目镜或加入勃氏镜。因为锥光镜下所观察的不是矿物薄片本身的图像,而是锥形偏光中各个不同方向的入射光波通过矿物薄片后,到达上偏光镜所产生的消光与干涉效应总和,即观察的是干涉图(光源像)。干涉图的成像位置不在矿物薄片平面上,而是在物镜焦点平面上(图4-3)。去掉目镜后能直接观察镜筒内物镜焦点平面上的干涉图实像,其图形虽小,但很清楚。如果镜筒中装有针孔光阑或针孔目镜,观察细小矿物颗粒干涉图时,其效果会更好。不去掉目镜时,则必须加入勃氏镜才能看到干涉图。此时,勃氏镜与目镜联合组成一个宽角度望远镜式的放大系统,能看到一个放大的干涉图。其图形虽大,但图像较为模糊。在观察细小矿物干涉图时,如果勃氏镜上附有锁光圈,缩小光圈,观察效果会更好。

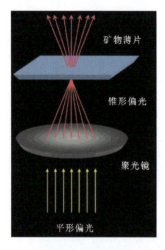

图4-3　锥光镜的光路及干涉图成像位置示意图

锥光镜的装置示范操作

此外,在锥光镜下观察时,必须严格校正中心,如果中心不准确,转动载物台时,所测矿物偏离原来位置,则看不见所测矿物的干涉图。

均质体矿物的光学性质各方向一致,光波沿任何方向射入矿物薄片,都不发生双折射,在正交偏光镜下全消光,锥光镜下不能形成干涉图。非均质体矿物的光学性质随方向而异,在锥光镜下能形成干涉图,其干涉图的图像特点随矿物的轴性和切面方向而异。

### 一、单项选择题

1.锥光镜下所观察到的现象是锥形偏光束中,各个不同方向的入射偏光通过矿物薄片后,到达上偏光所产生的消光和干涉效应总和。他们构成特殊的图像,称为(　　)。

A.闪图　　　　B.瞬变干涉图　　　　C.干涉图　　　　D.消光图

2.锥光镜与单偏光镜及正交偏光镜最大的区别是(　　)。

A.加聚光镜　　B.加勃氏镜　　　　C.加下偏光　　　　D.加上偏光

### 二、问答题

1.简述观察干涉图应注意的问题。

2.锥光镜的光学特点及锥光下干涉图的用途是什么?

# 项目二 一轴晶干涉图特点及应用

## 任务一 垂直光轴切面的干涉图的特点及应用

一轴晶干涉图因切面方向不同而不同,有三种主要类型,即垂直光轴切面、斜交光轴切面和平行光轴切面的干涉图。

一轴晶干涉图由一个黑十字和同心圆干涉色色圈组成,黑十字由两个互相垂直的黑带组成。两个黑带分别与上、下偏光镜振动方向 $AA$、$PP$ 平行,两个黑带中心部分较细,边缘较粗,黑十字中心(与目镜十字丝交点重合)为光轴出露点。干涉色色圈围绕黑十字中心,呈同心环状,其干涉色由中心向外逐渐升高,干涉色色圈愈外愈密。干涉色色圈的多少取决于矿物的双折射率大小及矿物薄片厚度。矿物的双折射率愈大,干涉色色圈愈多[图 4-4(a)],反之,双折射率愈小,干涉色色圈愈少,甚至在黑十字的四个象限内仅出现Ⅰ级灰干涉色[图 4-4(b)]。同一矿物,矿物薄片愈厚,干涉色色圈愈多;反之,矿物薄片愈薄,干涉色色圈愈少。旋转载物台,干涉图不发生变化。

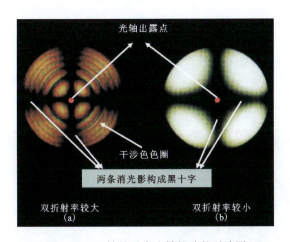

图 4-4 一轴晶垂直光轴切片的干涉图

## 一、干涉图的成因

在垂直光轴的切面中,光轴方向垂直于切面平面。锥形光的特点是除中央一束光波垂直矿物薄片入射之外,其余光波都是倾斜射入矿物薄片(图 4-5),而且愈外倾斜角度愈大。因此,锥形光中,只有中央一束光波是平行光轴入射,其余各个光波都是斜交光轴入射,而且愈外斜交角度愈大。除垂直中央一束光波的光率体切面为圆切面之外,垂直其余各个斜交光轴入射光波的光率体切面都是椭圆切面。而且长、短半径在平面上的分布方向不完全相同,它们与上、下偏光镜振动方向 $AA$、$PP$ 的关系各不相同。因此,在正交偏光镜间所发生的消光与干涉效应也不相同。

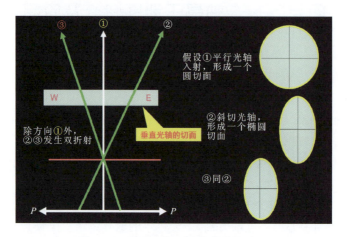

图 4-5　锥形光射入矿物薄片的特点

垂直光轴切面的干涉图,就是锥形光中各光波通过矿物薄片后,到达上偏光镜所发生的消光与干涉现象的总和。黑十字是消光部分,干涉色色圈是发生干涉作用的部分。因此,要了解干涉图的成因,必须首先了解垂直锥形光中各入射光波的光率体椭圆半径在矿物薄片平面上的分布方位。

一轴晶光率体各椭圆切面半径在空间的分布情况,可用星射球面投影方法展示。在一轴晶光率体之外,套上一个圆球体,使圆球体中心与光率体中心重合,把垂直各个入射光波的光率体椭圆切面半径($N_e'$、$N_e$ 和 $N_o$)投影到球面上,可看到各个椭圆切面半径(常光和非常光的振动方向)在球面上的分布情况(图 4-6)。在球面上,经线与纬线的交点,代表各个

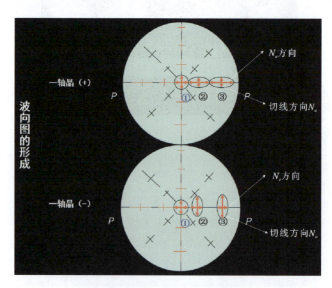

图 4-6　一轴晶垂直光轴波向图

入射光波在球面上的出露点。经线的切线方向代表光率体椭圆半径 $N'_e$ 和 $N_e$ 的投影方向，即非常光波的振动方向。纬线的切线方向代表光率体椭圆半径 $N_o$ 的投影方向，即常光的振动方向。把球面上的投影结果，用正射投影方法投影到平面上，即可得出一轴晶不同方向切面上光率体椭圆半径（常光和非常光）的分布方位图（波向图）。在一轴晶垂直光轴切面的波向图中，中心为光轴出露点，围绕中心的同心圆与放射线的各个交点，代表锥形光中各个入射光波的出露点；放射线方向代表光率体椭圆半径 $N'_e$ 的方向，同心圆的切线方向代表光率体椭圆半径 $N_o$ 的方向。根据正交偏光镜间的消光与干涉原理可知，当矿物薄片上光率体椭圆半径与上、下偏光镜振动方向 $AA$、$PP$ 平行时，会出现消光且构成黑带。矿物薄片上光率体椭圆半径与上、下偏光镜振动方向 $AA$、$PP$ 斜交时，发生干涉作用，产生干涉色。

## 二、黑十字的成因

在一轴晶垂直光轴切面的波向图中，东西、南北方向上的光率体椭圆半径与下、上偏光镜的振动方向 $PP$、$AA$ 平行或近于平行（图 4-7），在正交偏光间消光或近于消光故形成与 $PP$、$AA$ 平行的两个黑带，它们互相垂直构成黑十字。由于光率体椭圆半径 $N'_e$ 的方向呈放射状，因而与 $PP$、$AA$ 夹角相等的部位的消光效应相同。由图 4-7 中可看出，$N'_e$ 与 $PP$、$AA$ 夹角相等的部位是中窄边宽，因而黑带中部较窄而边部较宽。如果矿物的双折射率较低，则这种现象不明显。如果偏光显微镜中的上、下偏光镜振动方向 $PP$、$AA$ 位置不是在东西、南北方向上，则黑十字也不在东西、南北方向上。我们可以此检查和校正下、上偏光镜振动方向。

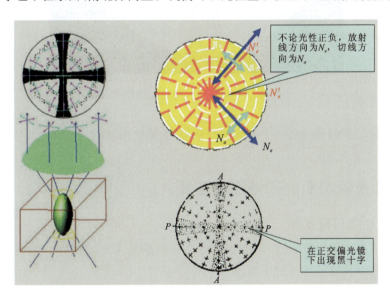

图 4-7　黑十字的成因

## 三、干涉色色圈的成因

在黑十字的四个象限内，当光率体椭圆半径与上、下偏光镜振动方向 $AA$、$PP$ 斜交时，在正交偏光镜间将发生干涉作用，如果光源为白光则产生干涉色。

为什么干涉色呈同心环状,而且干涉色愈往外愈高?

因为入射光波是以光轴为中心的锥形偏光。中央一束光波平行光轴射入,不发生双折射,其双折射率等于零,光程差为零。其余各光波都是斜交光轴射入,且从中央向外,入射光波与光轴的夹角逐渐加大,双折射率也逐渐增大,光波在矿物薄片中经过的距离也愈往外愈长(相当于矿物薄片厚度逐渐增大)。因此,其光程差由中心向外逐渐增大,相应的干涉色也逐渐升高。在锥形光中光轴夹角相等的各入射光波,光程差也相等,相应的干涉色相同,形成以光轴出露点(黑十字交点)为中心的同心圆状干涉色色圈,且愈往外干涉色愈高(图4-8)。

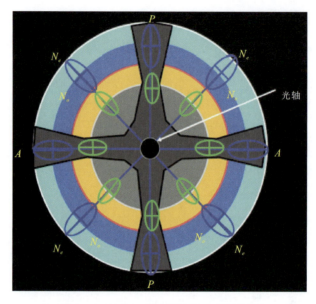

图4-8 垂直于光轴切面的波向图特点

在垂直光轴切面的波向图中,光率体椭圆半径呈放射状对称分布,所以,转动载物台360°,干涉图不发生变化。

## 四、垂直光轴切面的干涉图的应用

### 1. 确定轴性和切面方向

根据干涉图的图像特点,可以判断该切面为一轴晶垂直光轴切面。一轴晶其他方向切面及二轴晶矿物不具这种特征的干涉图。

### 2. 测定光性符号

一轴晶矿物的光性符号是根据主折射率值 $N_e$ 与 $N_o$ 的相对大小确定。当 $N_e > N_o$ 时,为正光性;当 $N_e < N_o$ 时,为负光性。只要确定了 $N_e$(或 $N_e'$)与 $N_o$ 的相对大小,就可以确定一轴晶矿物的光性。

在一轴晶垂直光轴切面的干涉图中,黑十字把视域分成四个象限。右上角为第Ⅰ象限,以逆时针方向依次为Ⅱ、Ⅲ、Ⅳ象限[图4-9(a)]。放射线方向代表 $N_e'$ 的方向,同心圆的切

线方向代表 $N_o$ 的方向(图 4-9)。在干涉图中,加入试板,观察黑十字四个象限内干涉色的升降变化,确定 $N'_e$ 与 $N_o$ 的相对大小,即可确定一轴晶矿物的光性。由图 4-9(b)可知,试板短边方向为 $N_g$,长边方向为 $N_p$。加入试板后,干涉图中的Ⅰ、Ⅲ象限内干涉色升高,表示此象限内的光率体椭圆半径 $N'_e$、$N_o$ 与试板同名半径平行,证明 $N'_e = N_g$(即 $N'_e > N_o$)。Ⅱ、Ⅳ 象限内的干涉色降低,表示此Ⅱ象限内光率体椭圆半径 $N'_e$、$N_o$ 与试板异名半径平行,证明 $N'_e = N_g$($N'_e > N_o$),故属正光性。负光性矿物干涉图中黑十字四个象限内的干涉色的升降变化与此相反[图 4-9(c)]。如果试板上的 $N_g$ 与 $N_p$ 方向更换,或者插入试板的方向改变,则干涉图中四个象限内干涉色升降变化与上述情况相反。因此,在实际鉴定中,切不要死记硬背,必须弄清原理。

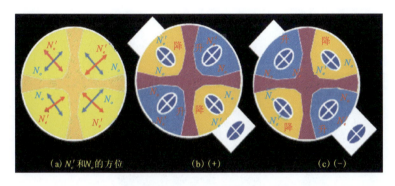

图 4-9　一轴晶垂直光轴切面光性符号测定示意图

一轴晶干涉图的
特点及应用

测定光性符号时,使用何种试板较为方便,可根据具体情况而定。一般是干涉图中的干涉色色圈较少或只具Ⅰ级灰干涉色时,使用石膏试板较为方便。干涉图中干涉色色圈较多时,使用云母试板或石英楔较为方便。

当黑十字中四个象限内仅见Ⅰ级灰的干涉色时,加入石膏试板(图 4-10)后,黑十字变为Ⅰ级紫红。四个象限内,干涉色升高的两个象限,干涉色由Ⅰ级灰变为Ⅱ级蓝(图 4-10 中的Ⅰ、Ⅲ象限,图 4-11 中的Ⅱ、Ⅳ象限)。干涉色降低的两个象限内,干涉色由Ⅰ级灰变为Ⅰ级橙黄(图 4-10 中的Ⅱ、Ⅳ象限,图 4-11 中的Ⅰ、Ⅲ象限)。

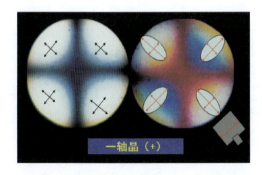

图 4-10　一轴晶(+)

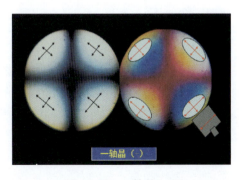

图 4-11　一轴晶(-)

当干涉色色圈较多时,加入云母试板后[图4-12(b)],黑十字变为Ⅰ级灰白。在干涉色升高的两个象限内,靠近黑十字交点处,原为Ⅰ级灰的位置上,干涉色升高变为Ⅰ级黄;原为Ⅰ级黄的干涉色色圈,干涉色升高变为Ⅰ级红,显示为红色色圈向内移动占据黄色色圈位置;原为Ⅰ级红的色圈,干涉色升高变为Ⅱ级蓝,显示为蓝色色圈向内移动占据原红色色圈的位置。同理,每个色圈的干涉色都升高一个色序,而显示出整个干涉色色圈向内移动[图4-12(b)中的Ⅱ、Ⅳ象限]。在干涉色降低的两个象限内[图4-12(a)中的Ⅱ、Ⅳ象限,图4-12中的Ⅰ、Ⅲ象限],靠近黑十字交点,原为Ⅰ级灰的位置,干涉色降低变为黑色,在靠近黑十字交点处,出现对称的两个黑团,原为Ⅰ级黄的色圈,干涉色降低变为Ⅰ级灰,显示为灰色色圈向外移动占据原黄色色圈的位置;原为Ⅰ级红的色圈,干涉色降低变为Ⅰ级黄,显示为黄色色圈向外移动占据原红色色圈位置。同理,每个干涉色色圈都降低一个色序,而显示出整个干涉色色圈向外移动。

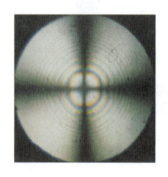

(a)干涉色色圈较多的干涉图　　　(b)加入云母试板后的变化情况

图4-12　干涉图中黑十字四个象限内干涉色色圈较多,加入云母试板后的变化情况

当干涉色色圈较多时,加入云母试板后,看不清楚干涉色移动情况,此时可以使用石英楔,随着石英楔的逐渐插入,在干涉色升高的两个象限内,干涉色色圈连续向内移动,在干涉色降低的两个象限内,干涉色色圈连续向外移动。

## 练一练

### 一、填空题

1. 一轴晶垂直光轴切面的干涉图的用途有_____、_____和_____。

2. 一轴晶垂直光轴切面的干涉图确定光性时,色圈较少时使用_____试板,色圈较多时使用_____试板,色圈向_____移动说明干涉色升高。

### 二、单项选择题

1. 一轴晶垂直光轴的切面在锥光镜下的特点是(　　)。

A. 黑十字干涉图　　　　　　　　B. 闪图

C. 瞬变干涉图　　　　　　　　　D. 横或竖的黑臂

2. 一轴晶垂直光轴切面干涉图的用途不包括( )。
A. 确定轴性  B. 确定切面方向
C. 测定光性符号  D. 估测 2V 角大小
3. 一轴晶垂直光轴切面的干涉图中,从中心到边缘放射线的方向就是( )的方向。
A. $N_o$  B. $N_e$  C. $N'_e$  D. $N'_o$
4. 一轴晶平行光轴切面的干涉图与二轴晶平行光轴面切面的干涉图特点完全一样,在( )明确的情况下也可用作光性正负的测定。
A. 延性  B. 轴性  C. 多色性  D. 吸收性

### 三、问答题

1. 简述一轴晶垂直光轴切面的干涉图的特点。
(1)切面特点。
(2)干涉图的特点。
2. 一轴晶垂直光轴切面的干涉图的用途是什么？

## 任务二  斜交光轴切面的干涉图的特点及应用

### 一、图像特点

在斜交光轴的切面中,光轴在矿物薄片中的位置是倾斜的。光轴在矿物薄片平面上的出露点(即黑十字交点)不在视域中心,所以斜交光轴切面的干涉图是由不完整的黑十字和不完整的干涉色色圈组成。

当光轴与矿物薄片平面法线的夹角不大时,黑十字交点(光轴出露点)虽不在视域中心但仍在视域内(图 4-13)。旋转载物台时,黑十字交点绕视域中心作圆周移动,黑带作上下、左右平行移动,有色圈的则随黑十字交点移动(图 4-13)。

(a) 0°位　　(b) 旋转到45°　　(b) 旋转到90°　　(b) 旋转到135°

图 4-13  斜交光轴切面的干涉图(光轴倾角不大)

当光轴与矿物薄片平面法线夹角较大时,黑十字交点(光轴出露点)在视域之外,转动载物台,黑带作上下、左右移动(图 4-14)。

当光轴与矿物薄片平面法线夹角很大时,黑带较宽。转动载物台,黑带呈弯曲状通过视域(图 4-15)。不能判断这种切面的干涉图轴性,因为它与二轴晶干涉图不易区分。

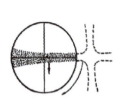 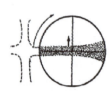 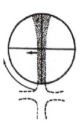 

(a)黑带向下移，黑十字交点在视域右方　　(b)黑带向上移，黑十字交点在视域左方　　(c)黑带向左移，黑十字交点在视域下方　　(d)黑带向右移，黑十字交点在视域上方

图 4-14　斜交切面的干涉图

图 4-15　斜交光轴切面的干涉图（光轴倾角很大）

（据李德惠，2002）

## 二、斜交光轴切面的干涉图的应用

(1)当光轴倾角不大时，可以确定轴性及切面方向。

(2)测定光性符号。当黑十字交点在视域内时，测定光性符号的方法与测定垂直光轴切面干涉图的方法完全相同。

如果黑十字交点在视域之外，转动载物台，可根据黑带移动情况，确定黑十字交点在视域外的位置。当视域内只有一条水平黑带时，顺时针转动载物台，黑带向下移动［图 4-14(a)］，证明黑十字交点在视域的右方；黑带向上移动［图 4-14(b)］，证明黑十字交点在视域的左方。当视域内只有一条直立的黑带时，顺时针转动载物台，黑带向左移动［图 4-14(c)］，证明黑十字交点在视域的下方；黑带向右移动［图 4-14(d)］，证明黑十字交点在视域的上方。如果视域内见不到黑带，则转动载物台，视域内将出现一条水平的或直立的黑带。

找出了黑十字交点在视域外的位置，确定视域内为黑十字的那一个象限后，即可根据测定垂直光轴切面干涉图的方法测定光性符号（图 4-16）。

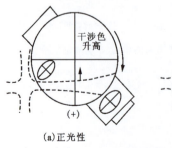 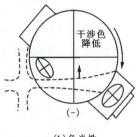

(a)正光性　　　　　　　　(b)负光性

图 4-16　一轴晶斜交光轴切面干涉图上光性符号的测定

## 任务三  平行光轴切面的干涉图的特点及应用

当光轴与上、下偏光镜振动方向之一平行时,会出现一个粗大模糊的黑十字,几乎占据全部视域[图 4-17(a)]。转动载物台,黑十字从中心分裂,并沿光轴方向迅速退出视域(大约转 12°~15°)。因为变化迅速,故称为瞬变干涉图或闪图。

当光轴与上、下偏光镜振动方向 $AA$、$PP$ 呈 45°夹角时,视域最明亮。如果矿物的双折射率较大,则出现对称的双曲线形干涉色色带[图 4-17(b)]。在有光轴的两个象限内,干涉色由中心向两边逐渐降低;在垂直光轴方向的两个象限,干涉色由中心向两边逐渐升高。如果矿物的双折射率较低,则为Ⅰ级灰干涉色。

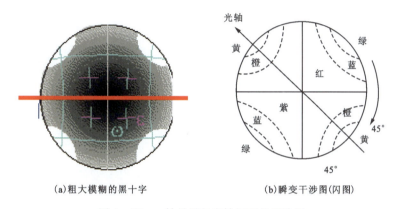

(a)粗大模糊的黑十字　　(b)瞬变干涉图(闪图)

图 4-17　一轴晶平行光轴切面的干涉图

## 一、平行光轴切面的干涉图的成因

在平行光轴切面的波向图中(图 4-18),当光轴与上、下偏光镜振动方向之一平行时,大部分光率体椭圆半径都与上、下偏光镜振动方向平行或近于平行,在正交偏光镜间消光或近于消光,故形成粗大模糊的黑十字。稍转载物台,则大部分光率体椭圆半径与上、下偏光镜振动方向 $AA$、$PP$ 斜交,黑十字迅速从中心分裂,退出视域,使视域明亮,出现干涉色。

当光轴与上、下偏光镜振动方向呈 45°夹角时,为什么会出现对称的干涉色带,且沿光轴方向的干涉色从中心向两边逐渐降低,而在垂直光轴的方向上,干涉色由中心向两边逐渐升高?

由图 4-19(正光性)可知,在光轴方向,由中心向两边,光率体椭圆切面短半径 $N_o$ 的长短不变,而长半径 $N_e'$ 逐渐变短,因而其双折射率逐渐变小。虽然光波倾斜经过矿物薄片的距离愈往外愈长(即厚度加大),但矿物薄片厚度不大(0.03mm),视域范围较小,在此小范围内矿物薄片厚度的加大不足以抵消因双折射率减小带来的影响。因此,在光轴方向上,由中心向两边的光程差仍逐渐减小,干涉色逐渐降低。在垂直光轴的方向上,由中心向两边的各点上,光率体椭圆半径长短不变,双折射率相等。但由于倾斜光波在矿物薄片中经过的距离愈往外愈长,即厚度加大,因而引起光程差向外逐渐增大,干涉色由中心向两边逐渐升高。

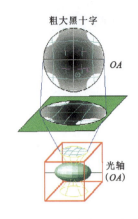
图 4-18 一轴晶平行光轴切面的波向图

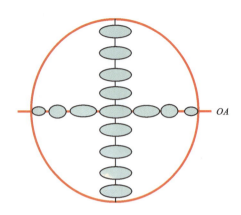
图 4-19 一轴晶平行光轴切面的干涉图中双折射率大小变化示意图

## 二、一轴晶平行光轴切面的干涉图的应用

（1）当轴性已知时，可以确定切面方向。

（2）当轴性已知时，也可以测定光性符号。

转动载物台，黑十字分裂退出视域的方向即光轴方向。当光轴与上、下偏光镜振动方向呈45°夹角时，视域最亮。此时加入试板后，观察整个视域内干涉色的升降变化，确定$N_e$与$N_o$的相对大小后，可确定光性。加入试板后，视域内干涉色降低[图4-20(a)]，为异名半径平行，证明$N_e=N_g$，$N_e>N_o$，为正光性。如果视域内干涉色升高[图4-20(b)]，为同名半径平行，证明$N_e=N_p$，$N_e<N_o$，为负光性。如果光轴方向已知，取消锥光装置，直接在正交偏光镜间也能测定光性符号。把光轴方向转至45°位置，加入试板，观察矿物薄片干涉色的升降变化，确定$N_e$与$N_o$的相对大小，可确定光性（图4-21）。

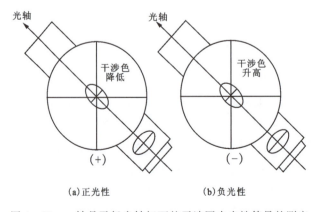

图 4-20 一轴晶平行光轴切面的干涉图中光性符号的测定

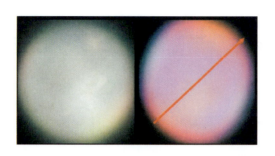

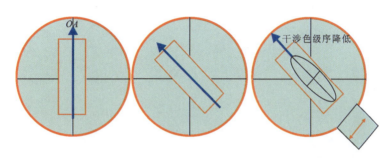

图4-21 一轴晶平行光轴切面的干涉图中光性符号的测定实例

## 想一想

若光轴方向已知,取消锥光装置,能否在正交偏光镜下测定光性符号?

## 练一练

### 一、填空题

一轴晶平行光轴切面的干涉图与二轴晶平行光轴面切面的干涉图特点完全一样,在_____明确的情况下也可用作测定光性的正负。

### 二、判断题

1. 一轴晶平行光轴切面的干涉图与二轴晶平行光轴面切面的干涉图特点完全一样,在轴性明确的情况下也不能用作测定光性的正负。（   ）

2. 一轴晶垂直光轴切面干涉图就是一个黑十字。（   ）

3. 锥光镜下,一轴晶平行光轴切面观察到的干涉图为闪图。（   ）

4. 某一轴晶矿物颗粒在锥光下出现一黑十字,且四个象限均为灰色,现插入石膏试板,发现Ⅰ、Ⅲ象限变成蓝色,Ⅱ、Ⅳ象限变为黄色,说明该矿物为负光性。（   ）

# 项目三　二轴晶干涉图特点及应用

**链接知识**

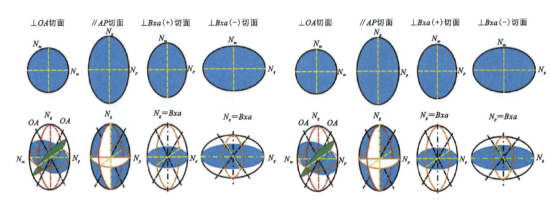

图4-22　二轴晶矿物主要切面类型示意图

## 任务一　垂直锐角等分线切面的干涉图的特点及应用

二轴晶光率体的对称程度比一轴晶光率体低,所以,二轴晶的干涉图比一轴晶复杂。主要有五种类型的干涉图,即垂直锐角等分线切面、垂直一个光轴切面、斜交光轴切面、垂直钝角等分线切面及平行光轴面切面的干涉图。

### 一、垂直锐角等分线($\perp Bxa$)切面的干涉图

#### (一)图像特点(图4-23)

当光轴面($AP$)与上、下偏光镜振动方向之一平行时,干涉图由一个黑十字及"∞"字形干涉色色圈组成[图4-23(a)、(c)]。黑十字的两个黑带分别与上、下偏光镜振动方向$AA$、$PP$平行,其粗细不等,沿光轴面方向的黑带较细,两个光轴出露点上的黑带更细,垂直光轴面方向(即$N_m$方向)的黑带较宽。黑十字交点位于视域中心,为$Bxa$的出露点;干涉色色圈以两个光轴出露点为中心,干涉色由内向外逐渐升高,且愈往外干涉色色圈愈密。在靠近光轴处,干涉色色圈呈卵形曲线,向外合并成"∞"字形。干涉色色圈的多少取决于矿物的双折射率大小及矿物薄片厚度。双折射率愈大,矿物薄片愈厚,干涉色色圈愈多[图4-23(a)、(c)];双折射率愈小,矿物薄片愈薄,干涉色色圈愈少。有时在黑十字四个象限内仅出现Ⅰ级灰干涉色[图4-23(d)、(f)],此时干涉图中两个黑带的宽度近于相等。

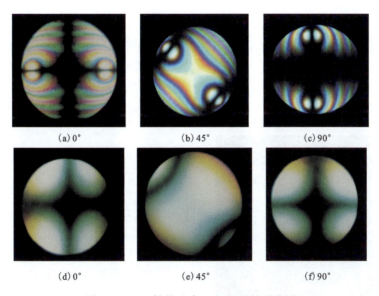

图 4-23 二轴晶垂直 Bxa 切面的干涉图

转动载物台,黑十字从中心分裂,形成两个弯曲黑带。当光轴面(AP)与上、下偏光镜振动方向呈 45°夹角时,两个弯曲黑带顶点间的距离最远,呈对称的双曲线[图 4-23(b)、(e)]。弯曲黑带顶点凸向 Bxa 出露点。两个弯曲黑带顶点为两个光轴的出露点,两个顶点连线为光轴面的方向,两个光轴顶点间的距离与 2V(光轴角)大小成正比,垂直光轴面的方向为 $N_m$ 方向。继续转动载物台,弯曲黑带逐渐向视域中心移动,转至 90°时,又合并成黑十字,但其粗细黑臂位置已更换[图 4-23(c)、(f)]。继续再转动载物台,黑十字又从中心分裂。在转动载物台过程中,"∞"字形干涉色色圈随光轴出露点移动,其形状不变。

### (二)干涉图的成因

二轴晶干涉图的成因,可应用拜阿特-弗伦涅尔定律做出解释,也可用星射球面投影方法(波向图)解释。

#### 1. 拜阿特-弗伦涅尔定律

光波沿任意方向射入二轴晶矿物,在垂直该入射光波(波法线)的光率体椭圆切面长、短半径方向(即该光波分解形成两种偏光的振动方向),必定是入射光波与两个光轴所构成的两个平面夹角的两个平分面与光率体切面的两个交线方向。垂直 Bxa 切面的波向图也可用拜阿特-弗伦涅尔定律在平面上直接作出。在垂直 Bxa 切面上,入射光波出露点与两个光轴出露点连线夹角的等分线方向,代表垂直该入射光波的光率体椭圆半径方向(图 4-24)。

#### 2. 黑十字及弯曲黑带的成因

从垂直 Bxa 切面的波向图(图 4-25)可知,当光轴面(AP)与上、下偏光镜振动方向之一平行时[图 4-26(a)],在光轴面及 $N_m$ 方向上,光率体椭圆半径与 PP、AA 平行或近于平行,在正交偏光镜间消光或近于消光,构成黑十字。在 $N_m$ 方向上,光率体椭圆半径与 PP、

$AA$ 平行或近于平行的范围较宽,故沿 $N_m$ 方向的黑带较宽。在光轴面方向上,光率体椭圆半径与 $PP$、$AA$ 平行或近于平行的范围较窄,故光轴面迹线方向的黑带较窄,光轴出露点处更窄。转动载物台,波向图中心部分的光率体椭圆半径首先与 $PP$、$AA$ 斜交而变亮,所以黑十字从中心分裂。当光轴面与 $PP$、$AA$ 呈 45°夹角时[图 4-25(b)],只有两个弯曲黑带范围内的光率体椭圆半径与 $PP$、$AA$ 平行或近于平行,在正交偏光镜间消光或近于消光,构成对称的两个弯曲黑带。

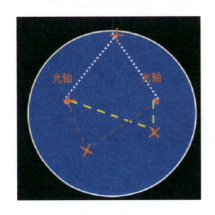

图 4-24 拜阿特-弗伦涅尔定律示意图

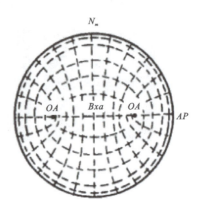

图 4-25 垂直 $Bxa$ 切面的波向图 ($2V=60°$)

### 3. 干涉色色圈的成因

在黑十字及弯曲黑带范围以外,光率体椭圆半径与 $PP$、$AA$ 斜交(图 4-26),在正交偏光镜间发生干涉作用,形成干涉色色圈。

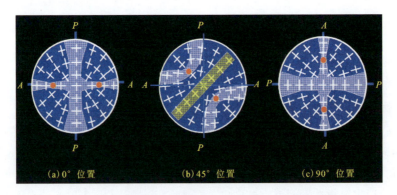

图 4-26 垂直锐角等分线($Bxa$)切面的干涉图成因

为什么构成"∞"干涉色色圈,而且干涉色愈往外愈高?

这是因为二轴晶有两个光轴。光波沿两个光轴方向射入时,不发生双折射,其光程差为零。斜交光轴入射的光波,发生双折射,其光程差从光轴出露的零起,向两边逐渐增加,因而构成以两个光轴出露点为中心的干涉色色圈,且向外干涉色级序逐渐升高,愈往外愈高。在光轴出露点的两边,光程差增加的速度不相等。由光轴向 $Bxo$ 倾斜入射光波,其双折射率与光波在矿物薄片中经过的距离(即矿物薄片厚度)都是逐渐增加,故其光程差增加较快。由光轴向 $Bxa$ 倾斜入射光波,虽其双折射率逐渐加大,但光波通过矿物薄片的距离(即矿物薄片厚度)逐渐减小,故其光程差增加较慢,而且到 $Bxa$ 出露点达到最大值而不再增加。所以在光轴出露点的两侧,光程差相等点与光轴出露点间的距离不相同,在 $Bxa$ 出露点一侧的距离较远(因其光程差增加速度较快),在 $Bxo$ 出露点一侧的距离较近(因其光程差增加速度较快)。因此,在两个光轴出露点的周围,光程差相等、干涉色相同的点,构成两个卵形。在 $Bxa$ 出露点,光程差不再增加,干涉色不再升高,其干涉色色圈相连而构成"∞"字形。

### (三)二轴晶垂直 $Bxa$ 切面的干涉图的应用

(1)确定轴性及切面方向(当 $2V<80°$ 时)。

(2)测定光性符号。二轴晶矿物的光性符号是根据 $Bxa$ 是 $N_g$ 还是 $N_p$ 来确定。当 $Bxa=N_g$,$Bxo=N_p$ 时,为正光性;当 $Bxa=N_p$,$Bxo=N_g$ 时,为负光性。只要测定 $Bxa$ 是等于 $N_g$ 还是 $N_p$,就可以确定二轴晶矿物的光性。

当光轴面与 $PP$、$AA$ 呈 $45°$ 夹角时,干涉图呈对称的两个弯曲黑带[图 4-23(e)],两个弯曲黑带顶点为光轴出露点;视域中心为 $Bxa$ 出露点,两个光轴与 $Bxa$ 出露点的连线,为光轴面与矿物薄片平面的交线;垂直光轴面的方向为 $N_m$ 方向。在光轴面上,两个弯曲黑带顶点(光轴出露点)内外的光率体椭圆长、短半径的分布方位,因光性正负而不同(图 4-27)。

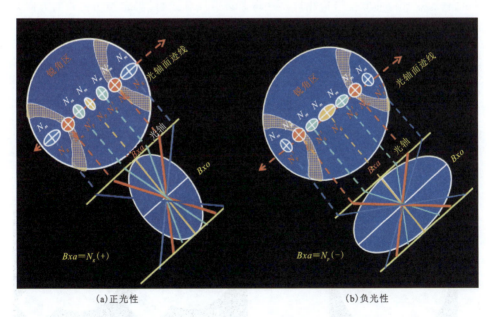

图 4-27　二轴晶垂直 $Bxa$ 切面干涉图的光率体椭圆长、短半径的分布方位示意图

在垂直 $Bxa$ 的切面中,$Bxa$ 为直立的。在正光性晶体 $Bxa=N_g$ 的锥形偏光中,中央一束光波沿 $Bxa$ 方向射入,即沿主轴 $N_g$ 方向射入[图 4-27(a)右下的光轴面剖面图]。垂直此入射光波的光率体椭圆切面为 $N_mN_p$ 主轴面,其长半径为 $N_m$,短半径为 $N_p$[图 4-27(a)

左上平面图中心 $Bxa$ 出露点上的椭圆切面]。锥形偏光中其他方向的光波,都是斜交 $Bxa$ 方向入射。在光轴面上,$Bxa$ 出露点在两个光轴出露点之间,垂直斜交 $Bxa$ 入射光波的光率体椭圆切面长、短半径分别为 $N_m$ 和 $N'_p$[图 4-27(a) 左上的平面图中光轴面上 $Bxa$ 出露点与两个弯曲黑带顶点之间的光率体椭圆切面]。在两个弯曲黑带顶点之间,与光轴面一致的是 $Bxo$ 的投影方向(正光性是 $N_p$ 或 $N'_p$)。光波沿光轴方向射入时[图 4-27(a) 右下剖面图],垂直入射光波的光率体切面为圆切面,半径等于 $N_m$[图 4-27(a) 左上的平面图中两个弯曲黑带顶点上的圆切面]。在光轴与 $Bxo$ 之间,垂直入射光波的光率体椭圆切面的长、短半径分别为 $N'_g$ 和 $N_m$[图 4-27 左上的平面图中光轴面上两个弯曲黑带顶点之外的椭圆切面,此时椭圆切面的长、短半径方位已更换]。在两个弯曲黑带顶点之外(凹方),与光轴面一致的方向相当于 $Bxa$ 的投影方向(正光性为 $N'_g$)。

在负光性晶体[图 4-27(b)]中,垂直沿 $Bxa$ 入射光波的光率体椭圆切面长、短半径分别为 $N_g$ 和 $N_m$。光波斜交 $Bxa$ 射入时,在光轴面上,$Bxa$ 与两个光轴之间垂直入射光波的光率体椭圆切面长、短半径分别为 $N'_g$ 和 $N_m$。在两个弯曲黑带顶点之间,与光轴面一致的方向相当于 $Bxo$ 的投影方向($N_g$ 或 $N'_g$)。垂直沿光轴入射光波的光率体切面为圆切面,其半径等于 $N_m$。在光轴与 $Bxo$ 之间,垂直入射光波的光率体椭圆切面长、短半径分别为 $N_m$ 和 $N'_p$。此时,椭圆切面长、短半径方位已更换。在两个弯曲黑带顶点之外(凹方),与光轴面一致的方向相当于 $Bxa$ 的投影方向(负光性为 $N'_p$)。

由上述情况可看出,无论正光性或负光性,在光轴面上,两个弯曲黑带顶点内外的光率体椭圆切面长、短半径的方位恰恰相反。在弯曲黑带顶点之间,与光轴面一致的方向是 $Bxo$ 的投影方向(图 4-28)。在两个弯曲黑带凹方,与光轴面一致的方向是 $Bxa$ 的投影方向,垂直光轴面的方向,弯曲黑带顶点的内外都是 $N_m$ 方向。在明确了 $Bxa$、$Bxo$ 及 $N_m$ 在干涉图中的方位后,加入试板,可确定 $Bxa$ 是 $N_g$ 和 $N_p$,进一步确定了二轴晶的正、负光性。

当干涉图中弯曲黑带范围以外仅具Ⅰ级灰干涉色时,加入石膏试板后[图 4-29(a)],弯曲黑带变为Ⅰ级红,两个弯曲黑带顶点之间,干涉色由Ⅰ级灰变为Ⅱ级蓝,干涉色升高,同名半径平行,证明 $Bxo=N_p$;在弯曲黑带凹方,干涉色由Ⅰ级灰变为Ⅰ级黄,干涉色降低,异名半径平行,证明 $Bxa=N_g$,为正光性。图 4-29(b)中的干涉色升降变化与图 4-29(a)相反,证明 $Bxa=N_p$,$Bxo=N_g$,为负光性。

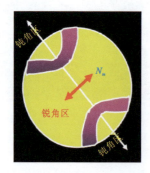

图 4-28 垂直 $Bxa$ 切面的干涉图中,$N_m$ 及 $Bxa$ 与 $Bxo$ 的投影方向

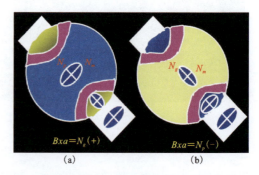

图 4-29 垂直 $Bxa$ 切面的干涉图中,弯曲黑带范围以外仅见Ⅰ级灰干涉色,加入石膏试板后的变化情况

干涉色色圈多的干涉图,加入云母试板后(图 4-30),弯曲黑带变为Ⅰ级灰白,两个弯曲黑带顶点之间,干涉色色圈向内移动,干涉色升高,同名半径平行,证明 $Bxo=N_p$;弯曲黑带凹方,在靠近弯曲黑带顶点处,出现两个黑色小团,干涉色色圈向外移动,干涉色降低,异名半径平行,证明 $Bxa=N_g$,为正光性。图 4-30(b)中干涉色升降变化与图 4-30(a)相反,证明 $Bxa=N_p$,$Bxo=N_g$,为负光性。

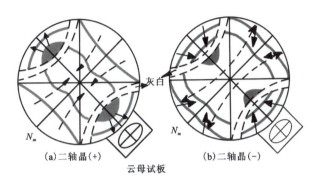

图 4-30 垂直 $Bxa$ 切面的干涉图中,干涉色色圈多,加入云母试板后的变化情况(据林培英,2005 年)

当 2V 较大时,不易区分垂直 $Bxa$ 切面的干涉图与垂直 $Bxo$ 切面的干涉图,因此干涉图不宜用于测定光性符号。

**一、单项选择题**

1.二轴晶垂直 $Bxa$ 切面干涉图的用途不包括(　　)。

A.确定轴性　　　　　　　　　　B.确定切面方向

C.测定光性符号　　　　　　　　D.测定干涉色级序

2.当二轴晶垂直 $Bxa$ 切面的干涉图呈 45°夹角时,两个弯曲黑带顶点连线为(　　)方向。

A.光轴　　　　　　　　　　　　B.光轴面迹线

C.$Bxa$　　　　　　　　　　　　D.$Bxo$

3.当二轴晶垂直 $Bxa$ 切面的干涉图中,与两个弯曲黑带顶点连线方向相垂直的方向始终为(　　)方向。

A.光轴　　　　　　　　　　　　B.光轴面迹线

C.$Bxa$　　　　　　　　　　　　D.$N_m$

**二、判断题**

1.当二轴晶垂直 $Bxa$ 切面的干涉图呈 45°夹角时,两个弯曲黑带顶点连线为光轴方向。
(　　)

2. 二轴晶垂直 $Bxa$ 切面的干涉图的色圈,也是以黑十字交点为中心的同心圆色圈。
(  )

3. 在二轴晶垂直 $Bxa$ 切面的干涉图中,两个弯曲黑带顶点连线为 $N_gN_p$ 面迹线方向。
(  )

4. 二轴晶正光性垂直 $Bxa$ 切面的干涉图与负光性垂直 $Bxo$ 切面的干涉图一样。
(  )

5. 在二轴晶垂直 $Bxa$ 切面的干涉图中,两个弯曲黑带顶点凸方连线方向为 $Bxa$ 投影方向。
(  )

6. 在二轴晶垂直 $Bxa$ 切面的干涉图中,两个弯曲黑带顶点凹方连线方向为 $Bxo$ 投影方向。
(  )

7. 在二轴晶垂直 $Bxa$ 切面的干涉图中,与两个弯曲黑带顶点连线方向相垂直的方向始终为光轴方向。
(  )

8. 在二轴晶垂直 $Bxa$ 切面的干涉图中,弯曲黑带在Ⅱ、Ⅳ象限时,加试板后,Ⅰ、Ⅲ象限干涉色变化一致,Ⅱ、Ⅳ象限凸方与凹方干涉色变化也一致。
(  )

9. 垂直 $Bxa$ 切面的干涉图,弯曲黑带在Ⅰ、Ⅲ象限的45°位置时,从Ⅱ、Ⅳ象限插入石膏试板,弯曲黑带顶点之间干涉色由灰变蓝,其光性符号为负。
(  )

10. 垂直 $Bxa$ 切面的干涉图(色圈多),弯曲黑带在Ⅰ、Ⅲ象限时,从Ⅱ、Ⅳ象限插入云母试板,两个弯曲黑带凹方各出现一个对称的小黑团,其光性符号为正。
(  )

11. 二轴晶垂直 $Bxo$ 切面的干涉图中会出现一个粗大黑十字,也叫闪图。
(  )

12. 二轴晶垂直 $Bxo$ 切面的干涉图与垂直 $Bxa$ 切面的干涉图类似,只是中心出露轴不同。
(  )

### 三、问答题

二轴晶垂直 $Bxa$ 切面的干涉图的图像特点及用途是什么?

## 任务二　垂直一个光轴切面的干涉图的特点及应用

### 一、图像特点

二轴晶垂直一个光轴切面的干涉图,相当于垂直 $Bxa$ 切面的干涉图的一半,光轴出露点位于视域中心,当光轴面(AP)与上、下偏光镜振动方向之一平行时,由一条直的黑带及卵形干涉色色圈组成(双折射率较大时)[图4-31(a)]。转动载物台,黑带弯曲,当光轴面与上、下偏光镜振动方向呈45°夹角时,黑带弯曲度最大[图4-31(b)]。弯曲黑带顶点为光轴出露点,位于视域中心。弯曲黑带顶点凸向 $Bxa$ 出露点。继续转动载物台,弯曲黑带逐渐变直,转至90°时,又为一条直的黑带,但其方向已改变[图4-31(c)]。再继续转动载物台,黑带再度弯曲,至135°时弯曲度最大,但弯曲黑带顶点凸出方向已改变[图4-31(d)]。二轴晶2V角较小的时候,干涉图如图4-32所示。

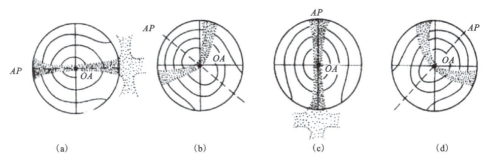

图 4-31 二轴晶垂直一个光轴切面的干涉图

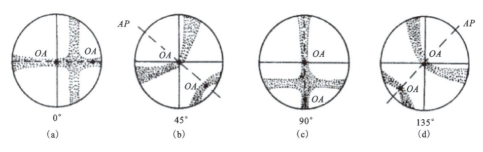

图 4-32 二轴晶垂直 $OA$ 切面的干涉图（2V 角较小）

需注意：垂直光轴切面的干涉图，当光轴面与 $AA$、$PP$ 呈 45°夹角时，弯曲黑带顶点一定位于视域中心，否则就不是垂直光轴的切面。

## 二、垂直一个光轴切面干涉图的应用

（1）确定轴性和切面方向。

（2）测定光性符号。当光轴面与上、下偏光镜振动方向呈 45°夹角时，干涉图中弯曲黑带顶点凸向 $Bxa$ 出露点，找出 $Bxa$ 出露点另一条弯曲黑带在视域外的方位后，即可按垂直 $Bxa$ 切面的干涉图测定光性（图 4-33）。

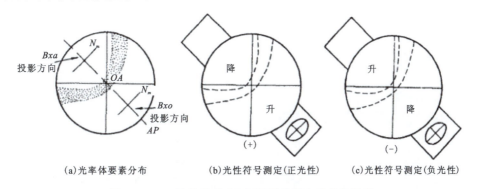

图 4-33 二轴晶垂直 $OA$ 切面干涉图上光率体要素
的分布及矿物光性符号的测定

(3)估计光轴角大小。在垂直一个光轴切面的干涉图中,当光轴面与下偏光镜振动方向呈 45°夹角时,黑带的弯曲程度与光轴角大小成反比。光轴角愈大,黑带愈直。当 2V=90°时,黑带成直带;当 2V=0°时,黑带弯曲成 90°(相当于一轴晶垂直光轴切面的干涉图中的黑十字)。2V 介于 0°~90°之间,黑带弯曲度介于 90°与直带之间。用这种方法估计的光轴角不太精确。

二轴晶垂直 OA 切面的 45°位干涉图中的黑带弯曲与 2V 角的大小有关,2V 越大,黑带弯曲度愈小。2V=90°时,黑带为一直带,与 PP、AA 呈 45°交角;2V=0°时,黑带弯曲成直角,实际上就是一轴晶,即两条黑带相交成黑十字(图 4-34)。理论上,0°~90°之间可分成 90 等份,每一等份相当于 1°,根据黑带的弯曲度能估计出 2V 在 0°~90°之间的任何值。但实际上,在八分之一圆周的一小段圆弧上,肉眼难以划分出 90 等份。而且,严格垂直 OA 的切面极少见,因而用斜交 OA 切面干涉图中黑带的弯曲度估计 2V 值会造成很大误差。因此,一般情况下只估计出光轴角小(2V=0°~30°)、光轴角中等(30°~60°)、光轴角大(60°~90°)即可。当 2V 较小时,另一条黑带也进入视域内,但一定要根据有 OA 出露点且与十字丝交点重合的黑带弯曲度估计 2V 值。

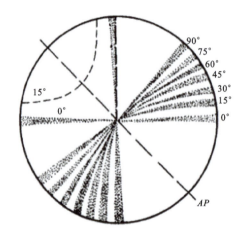

图 4-34 垂直一个光轴切面干涉图中,估计 2V 的大小

注:据 Winchell,1965。

# 练一练

## 一、单项选择题

1.二轴晶垂直光轴切面的干涉图用途不包括( )。

A.确定轴性         B.判别光性

C.判别切面方向       D.估计折射率的大小

2.在二轴晶垂直 OA 切面的 45°位干涉图中,加试板后,弯曲黑带凸方与凹方干涉色变化正好( )。

A. 相同　　　　　B. 相反　　　　　C. 一致　　　　　D. 无法判断

### 二、判断题

1. 二轴晶垂直光轴切面的干涉图用途有：确定轴性、光性、切面方向和估计折射率的大小。（　　）

2. 二轴晶垂直 OA 切面的干涉图与一轴晶垂直 OA 切面的干涉图很类似。（　　）

3. 二轴晶垂直 OA 切面的干涉图相当于垂直 Bxo 切面的干涉图的一半。（　　）

4. 在二轴晶垂直 OA 的切面 45°位干涉图中，加试板后，弯曲黑带凸方与凹方干涉色变化正好相反。（　　）

### 三、问答题

一轴晶垂直 OA 与二轴晶垂直 Bxa 切面的干涉图有何异同？根据此种干涉图判断光性，关键需要记住什么规律？

## 任务三　斜交光轴切面的干涉图的特点及应用

### 一、图像特点（图 4-35～图 4-37）

不垂直光轴，也不垂直 Bxa，但较接近于它们的斜交切面，属斜交光轴的切面。这种切面的干涉图，相当于垂直 Bxa 切面干涉图的一部分。其黑带和干涉色色圈不完整。转动载物台，黑带弯曲移动扫过视域，在 45°位置时，弯曲黑带顶点（光轴出露点）不在视域中。斜交光轴切面的干涉图分为两种类型。

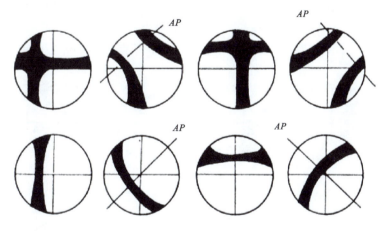

图 4-35　二轴晶斜交 Bxa 切面（上）和斜交光轴切面（下）的干涉图

**1. 垂直光轴面的斜交光轴切面干涉图**（图 4-36）

当光轴面（AP）与上、下偏光镜振动方向之一平行时，黑带为一个直带，通过视域中心且平分视域［图 4-36(a)、(c)、(e)、(g)］。垂直黑带的方向为 $N_m$ 方向。转动载物台，黑带弯曲，当光轴面（AP）与上、下偏光镜振动方向呈 45°夹角时，弯曲黑带顶点不在视域中心。如果光轴倾角不大,则弯曲黑带顶点在视域内[图4-36(b)、(d)];如果光轴倾角较大,则弯曲黑带顶点在视域外[图4-36(f)、(h)]。

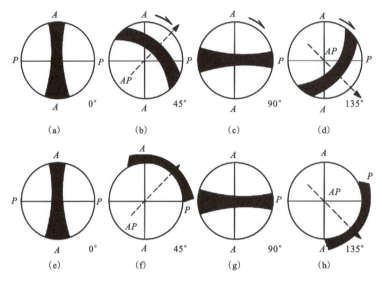

图4-36 二轴晶垂直光轴面的斜交光轴切面干涉图

**2. 斜交光轴面的斜交光轴切面干涉图**(图4-37)

当光轴面(AP)与上、下偏光镜振动方向之一平行时,黑带不通过视域中心而偏在视域的一侧[图4-37(a)、(c)、(e)、(g)]。转动载物台,黑带弯曲,当光轴面(AP)与上、下偏光镜振动方向呈45°夹角时,弯曲黑带顶点不在视域中心。如果光轴倾角不大,则弯曲黑带顶点仍在视域内[图4-37(b)、(d)];如果光轴倾角较大,则弯曲黑带顶点不在视域内[图4-37(f)、(h)]。

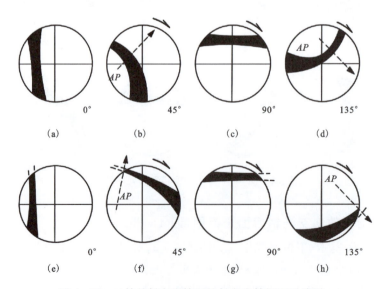

图4-37 二轴晶斜交光轴面的斜交光轴切面干涉图

## 二、斜交光轴切面干涉图的应用

(1)确定轴性及切面方向。

(2)测定光性符号。斜交光轴切面干涉图,可视为垂直 $Bxa$ 切面的干涉图的一部分。转动载物台,根据弯曲黑带移动情况,找出弯曲黑带顶点的凸出方向及 $Bxa$ 在视域外的方位后,就可按垂直 $Bxa$ 切面干涉图的方法测定光性。

在实际鉴定工作中,斜交光轴切面较常见,必须熟练掌握弯曲黑带移动规律。

# 任务四　平行光轴面(AP)切面干涉图的特点及应用

## 一、图像特点

与一轴晶平行光轴切面的干涉图相似,当 $Bxa$ 和 $Bxo$ 方向分别平行于上、下偏光镜振动方向时,干涉图为粗大模糊的黑十字,几乎占据整个视域[图4-38(a)]。转动载物台,黑十字分裂并沿 $Bxa$ 方向迅速退出视域,一般转角为 $7°\sim12°$,故称瞬变干涉图或闪图。当 $Bxa$、$Bxo$ 方向与上、下偏光镜振动方向呈 $45°$ 夹角时,视域最亮。如果矿物薄片的双折射率较大或矿物薄片较厚,可出现干涉色色带[图4-38(b)]。在 $Bxa$ 方向上,从中心向两边干涉色降低,在 $Bxo$ 方向的两个象限,干涉色与中心相近或稍升高,即 $Bxa$ 方向的干涉色低于 $Bxo$ 方向。

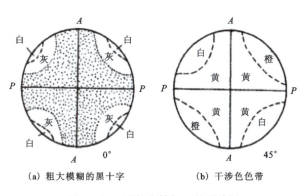

(a) 粗大模糊的黑十字　　(b) 干涉色色带

图4-38　平行光轴切面的干涉图

二轴晶干涉图的特点及应用

## 二、干涉图的成因

在平行光轴面切面的波向图中(图4-39),当 $Bxa$、$Bxo$ 分别与上、下偏光镜振动方向平行时,几乎所有的光率体椭圆半径与上、下偏光镜振动方向平行或近于平行,在正交偏光镜间消光或近于消光,构成粗大模糊的黑十字。稍微转动载物台,几乎所有的光率体椭圆半径都与上、下偏光镜振动方向斜交,而且是中央首先斜交,故黑十字从中心分裂,并迅速退出视域,整个视域明亮。

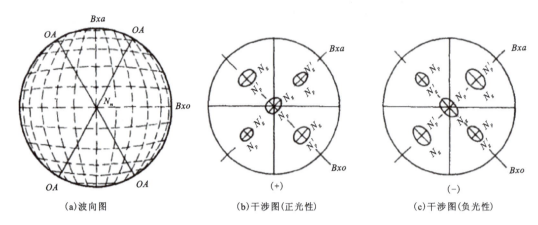

(a)波向图　　　　　(b)干涉图(正光性)　　　　(c)干涉图(负光性)

图 4-39　二轴晶平行 AP 切面的波向图及其干涉图中光率体椭圆半径的变化

## 三、平行光轴面切面的干涉图的应用

**1. 确定轴性及切面方向**

当轴性已知时,可以确定切面方向,但不能确定轴性,因为这种切面的干涉图与一轴晶平行光轴切面的干涉图难以区分。

**2. 测定光性符号**

当轴性已知时,也可以测定光性。根据黑带退出视域方向或 45°位置时干涉色较低的方向为 Bxa 方向,找出 Bxa 在干涉图中的方位后[图 4-38(b)],加入试板,根据视域内干涉色的升降变化,确定 Bxa 是 $N_g$ 还是 $N_p$,从而确定光性。也可取消锥光装置,使 Bxa 方向在 45°位置,加入试板,观察矿物薄片干涉色升降变化,确定 Bxa 是 $N_g$ 或是 $N_p$,从而确定光性。

# 模块五  宝石矿物偏光显微镜下晶体光学性质的系统测试

### 学习目标

**知识目标**：主要学习透明矿物在偏光显微镜下观察鉴定的内容和鉴定程序。

**能力目标**：了解透明矿物在偏光显微镜下的操作程序，了解透明矿物鉴定的一般程序和内容，掌握透明矿物光学性质的观察和描述方法。

透明矿物的系统鉴定是指在偏光显微镜下系统测定透明矿物的光学性质，通常用于鉴定未知矿物或对已知矿物进行精确定名。

在系统测定透明矿物的光学性质之前，必须先观察矿物手标本的晶形、颜色、光泽、硬度、解理、断口等肉眼鉴定特征，了解矿物的共生组合及野外产状。经过系统鉴定之后，仍不能确定矿物名称时，还需配合其他测试方法做进一步鉴定。

## 项目一  透明矿物系统鉴定的内容

### 一、单偏光镜下的观察

（1）晶形。观察矿物晶形的完整程度、结晶习性、集合体形态。根据不同方向切面形状，判断矿物的晶形及可能归属的晶系。

（2）解理。观察矿物解理的完善程度。根据不同方向切面上显示的解理缝情况，综合判断解理方向及组数；如果具两组解理，则需测定解理夹角；尽可能地确定解理与结晶轴之间的关系。

（3）突起等级。观察矿物薄片边缘、糙面的明显程度，突起高低及贝克线移动方向；综合判断突起等级，估计矿物折射率的大致范围；观察闪突起现象。

（4）颜色、多色性、吸收性。观察矿物薄片有无颜色，如有颜色，观察有无多色性，以及多色性的明显程度、颜色变化情况；在定向切面上测定多色性公式及吸收性公式。

此外，还应观察矿物中有无包裹体及其在矿物中的排列和分布情况，矿物有无次生变化及其变化程度与变化产物。

## 二、正交偏光镜间的观察

(1) 干涉色。观察矿物薄片的最高干涉色,确定有无异常干涉色;在平行光轴或平行光轴面的切面上测定干涉色。

(2) 测定双折射率。根据平行光轴或平行光轴面的切面上测定的干涉色,确定光程差;根据已知矿物确定矿物薄片厚度;根据光程差和矿物薄片厚度计算双折射率,从干涉色色谱表上查双折射率。

(3) 消光类型。根据不同方向切面的消光情况,确定矿物的消光类型。

(4) 测定消光角。对斜消光的矿物,在定向切面上测定消光角。

(5) 测定延性符号。对一向延伸的矿物,测定与延长方向一致的光率体椭圆半径名称,确定延性符号。

(6) 双晶。观察矿物有无双晶,确定双晶类型。

## 三、锥光镜下的观察

观察内容为:根据有无干涉图区分均质体与非均质体;根据干涉图特征确定轴性及切面方向;测定光性,估计或测定光轴角大小。

以上所述的光学性质,如多色性及吸收性公式、干涉色、双折射率大小、消光角大小等,一般需要在定向切面上测定。常用定向切面有垂直光轴切面及平行光轴或平行光轴面的切面。

# 项目二  常用的定向切面及其特征

## 一、垂直光轴切面

光率体切面为圆切面,其半径等于 $N_o$(一轴晶)或 $N_m$(二轴晶)。单偏光镜下,有颜色的矿物不显多色性,正交偏光镜间全消光;锥光镜下显一轴晶或二轴晶垂直光轴切面的干涉图。在这种切面上,可以测定下列光学性质:

(1) 确定轴性,测定光性。如为二轴晶,可以估计 $2V$ 大小。

(2) 测定 $N_o$(一轴晶)或 $N_m$ 值(二轴晶)颜色,测定主折射率 $N_o$ 值(一轴晶)或 $N_m$ 值(二轴晶)。

在岩石矿物薄片中,往往不易找到真正垂直光轴的切面。一轴晶矿物可以用斜交光轴(光轴倾角不大)的切面代替。这种切面的光率体椭圆半径中总有一个半径是 $N_o$。其多色性较弱,干涉色较低,呈现一轴晶斜交光轴切面干涉图(黑十字交点在视域内或靠近视域边缘)。二轴晶矿物可以用垂直光轴面的斜交光轴(最好光轴倾角不大)切面代替。这种切面的光率体椭圆半径中总有一个是 $N_m$。其多色性较弱,干涉色较低,呈现二轴晶垂直光轴面的斜交光轴切面干涉图。

## 二、平行光轴（一轴晶）或平行光轴面（二轴晶）的切面

光率体切面为椭圆切面，其长、短半径分别为 $N_e$ 和 $N_o$（一轴晶）或 $N_g$ 和 $N_p$（二轴晶）。多色性最明显，干涉色最高，呈瞬变干涉图。在这种切面上可测定下列光学性质：

（1）观察多色性的明显程度，确定 $N_e$ 和 $N_o$（一轴晶）或 $N_g$ 和 $N_p$（二轴晶）的颜色。

（2）观察闪突起现象，测定 $N_e$ 和 $N_o$（一轴晶）的折射率值或 $N_g$ 和 $N_p$ 的折射率值（二轴晶）。

（3）测定最高干涉色及最大双折射率值。

（4）在单斜晶系矿物中，如角闪石及辉石类矿物，当 $N_m$ 与 $Y$ 轴一致时，可以用这种切面测定消光角。

# 项目三　透明矿物的系统鉴定程序

## 一、区分均质体和非均质体矿物

均质体矿物任意方向切面在正交偏光镜下均为全消光，在锥光镜下无干涉图。非均质体矿物，只有垂直光轴切面在正交偏光镜间全消光；其他方向切面在正交偏光镜下为四次消光，四次明亮，产生干涉色。锥光镜下可呈现各种类型的干涉图。

## 二、均质体矿物的鉴定

均质体矿物的鉴定内容：在单偏光镜下观察矿物的颜色、晶形、解理、裂纹、突起等级、包裹体特征及次生变化等特征。

## 三、非均质体矿物的鉴定

一般采用下列程序：

（1）在单偏光镜下观察矿物的颜色、多色性、晶形、解理、突起等级、闪突起、包裹体特征及次生变化等特征，测定解理夹角。

（2）在正交偏光镜间观察消光类型，如为平行消光，测定延性符号；观察双晶类型等特征。

（3）选择一个垂直光轴的切面，在锥光镜下确定轴性，测定光性，如为二轴晶，估计 $2V$ 大小。如为有色矿物，在单偏光镜下观察 $N_o$（一轴晶）或 $N_m$（二轴晶）的颜色。

如果在矿物薄片中找不到垂直光轴的切面，一轴晶可选用斜交光轴（光轴倾角不大）的切面测定上述光学特征。用这种切面观察 $N_o$ 的颜色时，必须在正交偏光镜间确定 $N_o$ 的方向，并使 $N_o$ // $PP$（此时矿物薄片消光）后，推出上偏光镜，观察 $N_o$ 的颜色。二轴晶可以选择垂直光轴面的斜交光轴切面（光轴倾角不大）测定上述光学性质。这种切面的干涉图特征是当光轴面与上、下偏光镜振动方向平行时，干涉图中的直黑带通过视域中心并平分视域，此时与直黑带垂直的方向为 $N_m$。我们可转动载物台，使 $N_m$ 方向平行下偏光镜振动方向 $PP$，

同时取消锥光镜装置,在单偏光镜下观察 $N_m$ 的颜色。如为无色矿物,则可选用任意斜交光轴切面(光轴倾角不大)代替垂直光轴切面。

(4)选择一个平行光轴切面(一轴晶)或平行光轴面切面(二轴晶),在正交偏光镜间测定最高干涉色、最大双折率值,测定消光角大小(二轴晶单斜晶系,$N_m$ // $Y$ 轴时)。如为有色矿物,使 $N_e$(一轴晶)或 $N_g$(二轴晶)平行下偏光镜振动方向 $PP$,在单偏光镜下观察 $N_e$ 或 $N_g$ 的颜色,转动载物台 $90°$,使 $N_o$(一轴晶)或 $N_p$(二轴晶)平行 $PP$,观察 $N_o$ 或 $N_p$ 的颜色,同时观察多色性的明显程度及吸收性,以及闪突起现象。结合垂直光轴切面上观察的 $N_m$ 颜色,写出多色性公式及吸收性公式。

在岩石矿物薄片中,只能根据突起等级大致估计矿物的折射率范围。我们需用油浸法或其他方法精确测定矿物的主折射率值。

系统测定光学性质之后,查阅有关光性矿物鉴定手册或鉴定图表,可确定矿物名称。

# 项目四　透明矿物在偏光显微镜下的描述范例

矿物薄片号:×××

磷灰石　无色,呈六方柱状,横断面呈正六边形,标准的正中突起,解理一般见不到,有时在柱切面上见一组不完全解理,干涉色为Ⅰ级灰,柱状切面,平行消光,横断面全消光,负延性,一轴晶,负光性。

矿物薄片号:×××

普通辉石　无色,短柱状,横断面呈八边形,柱面一组完全解理,横断面可见两组近于正交的解理,正高突起,最高干涉色Ⅱ级绿,斜消光,消光角 $N_g \wedge C = 40°$,可见简单双晶,二轴晶,正光性。

矿物薄片号:×××

普通角闪石　绿色,长柱状,横断面近六边形,柱面一组完全解理,横断面具两组解理,夹角 $56°$(或 $124°$),多色性和吸收性明显,$N_g$—绿色,$N_m$—黄色,$N_p$—淡黄色,吸收性公式为 $N_g > N_m > N_p$。正高突起,最高干涉色Ⅱ级黄,纵切面以斜消光为主,消光角 $N_g \wedge C = 18°$,可见简单双晶,二轴晶,负光性。

矿物薄片号:×××

黑云母　棕色,片状,见一组极完全解理,多色性明显,深棕色—浅棕色,明显正吸收,平行消光,干涉色达Ⅱ级顶部,正延性,二轴晶,负光性。

# 第一部分 晶体光学

## 学习指导

偏光显微镜下透明矿物的系统鉴定的重点是：对非均质体矿物的鉴定，要按透明矿物的系统鉴定程序进行，先在单偏光镜下观察，再进行正交偏光镜下的观察，最后进行锥光镜下的观察。透明矿物显微镜下的观察和鉴定内容，在实际鉴定过程中，不一定要完全按其顺序进行，有时也可以交叉进行，也不一定观察全部项目，应根据矿物主要光性鉴定特征进行观察，甚至抓住其中几项就可以确定矿物名称。

偏光显微镜下宝石矿物系统鉴定

## 练一练

1. 偏光显微镜下鉴定透明矿物要遵循哪些程序？
2. 为什么在测定矿物的光学性质时，大多需在定向切面上测定？
3. 垂直光轴切面、平行光轴（一轴晶）切面、平行光轴面（二轴晶）切面各有何特征？

# 光性矿物学

# 模块六  均质体矿物的光性矿物学特征

## 学习目标

**知识目标**：了解主要的几种均质体矿物的光性矿物学特征，特别是要理解和掌握这几种均质体宝石矿物的基本特征、光学性质、光性常数、鉴定特征及产状等内容。

**能力目标**：了解主要的几种均质体宝石矿物的一般特征，熟悉这几种均质体宝石矿物的化学组成、形态、光学性质、矿物变化、鉴定特征及其产状，重点掌握每种均质体宝石矿物的鉴定特征及其与相似矿物的区别。

## 蛋白石（欧泊，Opal）

$N=1.400\sim1.460$（单折射率）

$H_m=5\sim6$，$D=2.00\pm$

$SiO_2 \cdot nH_2O$，非晶质体

【化学组成】化学式为 $SiO_2 \cdot nH_2O$，非晶质体，是含水的隐晶质或胶质的二氧化硅，常含吸附杂质，如黏土、有机质、氢氧化铁、锰、铜等，成分中常常含水，其含量不固定（2%～20%）。蛋白石的折射率随着含水量的增加而减小。

【形态】蛋白石为非晶质体，一般无固定外形，常呈致密块状、土状、皮壳状、粒状、结核状等形态产出。

【光学性质】标本上常见白色、黄色、灰色、绿色、褐色等颜色。玻璃光泽—蜡状光泽，或珍珠光泽，贝壳状断口。含蛋白石成分的玉石称为欧泊，常具有变彩效应，有时具有较强的荧光和磷光效应。蛋白石在矿物薄片中为无色透明，偶尔显灰色或浅褐色，具有明显的负高突起，无解理，但可见不规则裂纹（图6-1）。正交偏光镜下，蛋白石呈全消光，为均质体。受应力作用，蛋白石中可见异常双折射（一般出现在蛋白石的边缘或包裹体附近），出现灰色的干涉色。

【矿物变化】作为非晶质体的蛋白石，其状态不稳定，有自发向结晶质状态转化的倾向（晶化作用），可变为晶质体的石英或玉髓。

【鉴定特征】根据蛋白石无晶形、折射率值低、无解理、负高突起、产状等特征，可与火山玻璃、石榴石、方钠石和方沸石进行区分，以无固定外形、无解理等性质与萤石区分。

【产状】在沉积岩中，多以古风化壳产出为主，作为宝石的欧泊多赋存于此类风化壳之

下。在许多硅质胶结的砂岩和粉砂岩中,蛋白石则作为胶结物出现。而在火成岩和变质岩中,蛋白石多沿裂隙、空洞和原生气孔中充填发育。

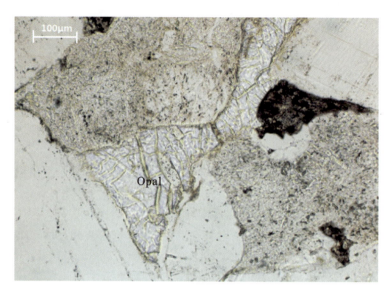

图 6-1 单偏光显微镜下的蛋白石(Opal),蛋白石具
负高突起和发育的裂纹,充填于孔隙之中

## 火山玻璃(黑曜石,Volcanic glass)

$N=1.480\sim1.610$(单折射率)

$H_m=5.5, D=2.22\sim3.13$

$SiO_2$、$Al_2O_3$、$FeO$、$Fe_3O_4$、$CaO$、$Na_2O$、$K_2O$、$H_2O$ 等,非晶质体

【化学组成】火山玻璃(指天然玻璃,天然玻璃的宝石品种称为"黑曜石")成分较为复杂,与相应的岩石化学成分相似,以 $SiO_2$、$Al_2O_3$、$FeO$、$Fe_3O_4$、$CaO$、$Na_2O$、$K_2O$、$H_2O$ 等化学成分为主。

【形态】火山玻璃无一定外形,非晶质态,常具贝壳状断口。有时呈珍珠状、气泡状等,有时具珍珠状裂纹,此时被称为珍珠构造(图 6-2)。珍珠构造为火山玻璃具有的特征构造,是指在熔浆固结成岩时急速冷凝收缩,火山玻璃中常发育环形或弧形裂纹,有时为同心环状排列且沿着这些裂纹易发生脱玻化现象。

黑曜石是酸性火山玻璃的一种,通常呈黑色,也可根据杂质的存在而呈现棕—灰—黑色,以及绿色和金色。有些黑曜石内含有白色径向聚集的球粒,呈斑点状或雪花图案,称作雪花黑曜石。

【光学性质】火山玻璃(黑曜石)在矿物薄片中常为无色或淡黄等色,低负—中正突起,有时具珍珠状裂纹(珍珠构造)。一般情况下,火山玻璃(普通的黑曜石)在正交偏光镜下全暗,具均质性特征。雪花黑曜石在正交偏光镜下常常呈现雪花状图案(图 6-3)。火山玻璃的折射率随岩石中 $SiO_2$ 含量的增加而降低。

图 6-2 火山玻璃的珍珠构造
（正交偏光）

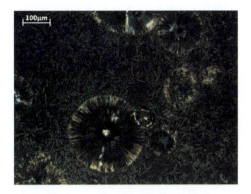

图 6-3 雪花黑曜石的雪花状图案
（正交偏光）

【矿物变化】火山玻璃常有脱玻化现象，变化的产物常不固定，可生成长石、鳞石英、蒙脱石等产物。

【鉴定特征】与蛋白石的区别是蛋白石的折射率更低，且无解理。与方沸石的区别是后者可见解理。

【产状】火山玻璃常产于火山岩基质中，也可以以碎屑产于玻屑凝灰岩中，还可以独立组成火山岩等。火山玻璃中的黑曜石(特殊品种为雪花黑曜石)可用作宝石材料。

## 萤石(Fluorite)

$N=1.434$

$H_m=4, D=3.18$

$CaF_2$，等轴晶系

【化学组成】$CaF_2$，萤石又称为氟石。萤石含杂质较多，Ca 常被 Y、U、Ce 等稀土元素替代，此外还含有少量的 $Fe_2O_3$、$SiO_2$ 和微量的 Cl、O 等元素。

【形态】萤石常见立方体外形，八面体少见。立方体萤石产在低温热液矿脉中，而八面体萤石产出稀少，产在高温条件下。岩石中的萤石，有时呈不规则粒状嵌于其他矿物的间隙。

【光学性质】萤石常见无色、紫色、绿色、酒黄色等。紫外灯下有紫色或蓝色的荧光。在单偏光显微镜下，矿物薄片中的萤石为无色透明，有时带紫色，颜色常分布不匀。负高突起，可见明显的糙面(图 6-4)。常见两组或三组交叉解理或裂缝(具有{111}四组完全解理)，夹角为 60°左右。正交偏光镜下，萤石呈现全暗(图 6-5)，但有些萤石边缘有较弱的异常双折射，干涉色为浅灰色。

【鉴定特征】均质体，全消光，负高突起，具有{111}四组完全解理，常见紫色斑点或带状构造。

方沸石与萤石、蛋白石很难区分,在常规的矿物薄片中很易被忽略,它们均为负突起,在正交偏光镜下全消光,简单的区别方法是:①方沸石和萤石具有晶形,而蛋白石是非晶质,无固定的外形;②方沸石和萤石具有解理,而蛋白石呈胶体状,不具有解理,仅具有裂纹;③方沸石的晶体轮廓为六角形或八角形,在矿物薄片中常呈不规则状充填孔隙,而萤石的晶形以立方体为主,晶体轮廓常呈四方形;④方沸石的两组解理夹角呈近直角相交,而萤石则具两组、三组甚至四组交叉的解理(结晶完好的萤石具有{111}四组完全解理),夹角为60°左右。

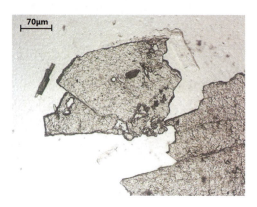 

图 6-4 单偏光镜下的萤石　　　　　　图 6-5 云英岩中的萤石
(负高突起,边缘粗黑,糙面显著)　　(负高突起,四边形轮廓)(正交偏光)

萤石以其低折射率、明显的负高突起与白榴石和方钠石相区分,方钠石解理不及萤石清晰,白榴石一般无解理。

【产状】萤石产于高温、低温热液矿脉中,矿脉旁围岩常发生萤石化作用。在火成岩中萤石是一种气成矿物,常与云英岩化和黄玉岩化伴生;在沉积岩中,萤石呈隐晶态见于石灰岩中。

## 金刚石(钻石,Diamond)

$N=2.417$

$H_m=10$,$D=3.52$

C,等轴晶系

【化学组成】主要成分是 C,其质量分数可达 99.95%,微量元素有 N、B、H、Si、Ca、Mg、Mn、Ti、Cr、S、惰性气体元素及稀土元素,多达 50 多种。这些微量元素决定了金刚石的类型、颜色及物理性质,杂质多时影响金刚石的颜色和质量。

【形态】金刚石常呈单晶,晶体常呈八面体、菱形十二面体,也呈四面体、立方体等,有时也呈聚形。部分黑色金刚石为多晶集合体。单晶的晶面常弯曲,呈浑圆状,并具有条纹和蚀像,且不同单形晶面上的蚀像不同,八面体晶面上可见倒三角形凹坑,立方体晶面上可见四边形凹坑,菱形十二面体晶面可见线理或显微圆盘状花纹。金刚石具有{111}完全解理和{110}不完全解理。

【光学性质】纯净的金刚石为无色透明,但因微量元素的混入,使之呈不同颜色,如蓝色、黄色、褐色、烟灰色、紫色、红色等,含石墨包裹体时呈黑色,金刚光泽。矿物薄片中一般为无色,也有的呈浅黄、褐、红、橙等颜色。正极高突起,色散很强,黄光下 $N=2.417$,红光下 $N=2.408$,蓝光下 $N=2.451$。正交偏光镜下呈现全消光,有时具低的干涉色。大多数为均质体,极少数金刚石显示一轴晶(六方钻石,"朗斯代尔"钻石)。晶体中常见气液包裹体或固体包裹体,如石墨、镁铝榴石、铬尖晶石、钛铁矿、铬透辉石等。

【鉴定特征】金刚石在所有天然矿物中具有最大硬度($H_m=10$)是其重要特征。其显微硬度比石英大 1000 倍,比刚玉大 150 倍,抗磨力比刚玉大 90 倍,因此很难在矿物薄片中见到金刚石,但当颗粒细小,又被包裹在其他矿物中时,也可能在矿物薄片中见到。此时,可根据晶形、金刚光泽、均质性和发光性等加以识别。金刚石在紫外光照射下发绿色、蓝色、紫色的荧光,在阴极射线下发蓝色、绿色荧光。较大晶体可以直接在某些折射仪(如"V"形折射仪、测角仪等)上测其折射率。

【产状】金刚石产于高温高压条件下,主要见于金伯利岩中,有时也见于钾镁煌斑岩中。共生矿物为镁质橄榄石、金云母、镁铝榴石、钛铁矿、钙钛矿、磁铁矿、铬尖晶石、铬铁矿、铬透辉石、金红石等。在一些榴辉岩的石榴石、绿辉石中曾发现金刚石的包裹体。金刚石也常呈砂矿产出,伴生矿物有自然金、铂、钛磁铁矿、镁铝榴石、金红石等。在陨石中发现少量金刚石。

# 尖晶石(Spinel)

$N=1.719\sim2.160$(单折射率)

$H_m=5.5\sim8,D=3.58\sim4.43$

$(Mg,Fe,Zn,Mn)(Al,Cr,Fe)_2O_4$,等轴晶系

【化学组成】以镁铝氧化物为主,属于尖晶石族矿物,通式为 $AB_2O_4$,其中 A 主要为 Mg、Fe、Zn、Mn 元素,B 主要为 Al、Cr、Fe 元素,由于尖晶石的类质同象比较发育,所以成分比较复杂。大部分的尖晶石为铝尖晶石亚族,其中 $Mg^{2+}$ 和 $Fe^{2+}$ 可以以任意比例混合。

【形态】晶体完整,尖晶石晶体常呈八面体晶形,有时为八面体与菱形十二面体、立方体的聚形,在矿物薄片中尖晶石的断面呈三角形、四边形或六边形。部分尖晶石呈颗粒状和块体产出。

【光学性质】玻璃光泽,不完全解理,常见{111}双晶(尖晶石律双晶)。正高—正极高突起,正交偏光镜下全暗(图 6-6),为均质体,个别变种如某些蓝绿色锌尖晶石可有微弱干涉色。星光效应稀少,部分品种具有变色效应。尖晶石的颜色、摩氏硬度、相对密度、折射率等物理性质随成分的不同而异(表 6-1)。折射率(突起)随着 $Fe^{2+}$ 和 $Fe^{3+}$ 的含量增加而增高。

镁尖晶石(Magnesium spinel):也称为贵尖晶石,化学式为 $MgAl_2O_4$,常呈红色、蓝色等颜色,矿物薄片中呈无色或淡色,一般无解理,可见不规则裂纹,正高突起,$N=1.715$。正交偏光镜下全消光,有的具有极低的干涉色。

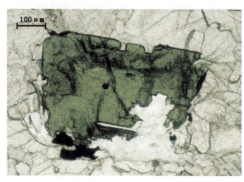 

图 6-6　大理岩中绿色的尖晶石,局部交代白色的镁绿泥石
（左,单偏光；右,正交偏光）

表 6-1　尖晶石的物理性质与成分的关系

|  | 颜色 | 摩氏硬度 | 相对密度 | 折射率 |
| --- | --- | --- | --- | --- |
| 镁尖晶石 | 无色、淡红、淡绿、蓝色、褐色 | 8 | 3.58 | 1.715 |
| 铁尖晶石 | 黑色 | 7.5 | 4.39 | 1.830 |
| 铬尖晶石 | 黑色、红色、褐色、褐绿色 | 5.5 | 4.43 | 2.000 |
| 锌尖晶石 | 暗绿色、暗蓝色 | 7.5～8 | 3.60～4.40 | 1.760 |

铁尖晶石（Hercynite）：化学式为 $FeAl_2O_4$,纯铁尖晶石一般为黑色,但是由于尖晶石中含铁元素或与其他致色元素的组合,也可呈现不同的颜色,尖晶石中含 Fe、Zn 者为蓝色,含 $Fe^{3+}$ 者为草绿色,含 Cr、$Fe^{2+}$、$Fe^{3+}$ 者为褐色。黑色的铁尖晶石在矿物薄片中呈黑绿色（图 6-7）,正极高突起,$N=1.830$。

铬尖晶石（Chrome spinel）：化学式为 $(Mg,Fe)Cr_2O_4$,铬含量可达 7% 以上,常呈黑色、红色、褐色、绿褐色、暗黄褐色等（图 6-8）,硬度较低为 5.5,矿物薄片中为相应的淡色调,正极高突起,$N=2.000$。

 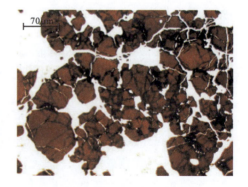

图 6-7　片麻岩中绿色的铁铝尖晶石　　　图 6-8　铬尖晶石呈红色,正极高突起
　　　　　（单偏光）　　　　　　　　　　　　　　　（单偏光）

锌尖晶石(Gahnite)：一种含锌的尖晶石，化学式为$(Mg,Zn)Al_2O_4$，玻璃光泽，颜色为淡至暗的蓝色或绿色，或深蓝绿色至灰绿色；折射率为1.740～1.780；相对密度为3.60～4.40；摩氏硬度为7.5～8。有些锌尖晶石类似蓝宝石，但可以以其均质性与之区别。锌尖晶石主要产于尼日利亚、斯里兰卡等地。其中，镁锌尖晶石的英文名称为Gahnospinel；铁锌尖晶石的英文名称为Automolite，是一种含有微量铁的锌尖晶石。

【矿物变化】尖晶石很少会变化，但可能变为蛇纹石或滑石。

【鉴定特征】尖晶石以其晶形、高突起、颜色(不同亚种可按矿物薄片中的颜色)、均质性及其共生矿物，与颜色相似的宝石矿物加以区分。

【产状】尖晶石产出于火成岩和变质岩中，主要产于白云质石灰岩或白云岩等岩石中，以及超基性岩(纯橄榄岩和蛇纹岩)及区域变质岩中。在白云质大理岩中，尖晶石与石榴石、透辉石、金云母、刚玉、镁橄榄石等矿物共生；在铝质片岩和火成岩中，尖晶石与堇青石、红柱石、黑云母和石英伴生；在白云质泥灰岩的变质岩中可与堇青石共生。有些透明且颜色漂亮的镁铝尖晶石可作为宝石材料，有些可作为含铁的磁性材料。

# 石榴石族(Garnet group)

石榴石族矿物的化学通式为$R_3^{2+}R_2^{3+}[SiO_4]_3$，式中$R^{2+}$代表$Mg^{2+}$、$Fe^{2+}$、$Mn^{2+}$、$Ca^{2+}$等元素，$R^{3+}$代表$Al^{3+}$、$Fe^{3+}$、$Cr^{3+}$、$Ti^{3+}$、$Mn^{3+}$等元素。

按照化学成分，将石榴石族矿物分为铝榴石和钙榴石两个矿物系列。铝榴石矿物系列包括镁铝榴石、铁铝榴石、锰铝榴石，钙榴石矿物系列包括钙铝榴石、钙铁榴石、钙铬榴石等。

在铝榴石系列和钙榴石系列中，同一系列中可以形成连续的类质同象替换。在铝榴石系列中，镁铝榴石和铁铝榴石之间的Mg、Fe，铁铝榴石和锰铝榴石之间的Fe、Mn，可以以任意比例形成完全的类质同象替换。在钙榴石系列中，钙铝榴石和钙铁榴石之间的Al、Fe，钙铝榴石和钙铬榴石之间的Al、Cr，可以以任意比例形成完全的类质同象替换。但是，在铝榴石系列和钙榴石系列之间，只能发生有限的类质同象替换。

其他特殊端元的石榴石变种有：黑榴石(Melanite)，是指含$TiO_2$(2%～8%)的钙铁榴石；钛榴石(Schorlomite)，是富含$TiO_2$的钙铁榴石变种，$TiO_2$含量为10%～16%，最高可达20%；镁铁榴石(Rhodolite)，是指介于镁铝榴石和铁铝榴石之间的产物；锆榴石(Kimzeyite)，是指$ZrO_2$含量近30%的石榴石；水钙铝榴石(Hydrogrossular)，也称为水榴石，指含水的钙铝榴石。

现将两个系列石榴石的各亚种的特征总结如下(表6-2)。

石榴石族矿物属于等轴晶系，一般晶形完好(自形晶)，常见菱形十二面体、四角三八面体或两者的聚形。玻璃光泽，无解理。石榴石族矿物颜色变化较大，有深红色、褐色、黄色、绿色、玫瑰色及黑色；矿物薄片中呈无色透明或各种淡色色调，个别变种呈深褐色、深红褐色，甚至褐黑色、黑色(主要为黑榴石或钛榴石)。矿物薄片中常见自形晶、菱形断面、六边形断面或较规则多边形断面(图6-14)，或不规则的粒状集合体，正高—正极高突起。正交偏光镜下全暗，具均质性，但个别样品(锰铝榴石或钙榴石的亚种)具有光性异常现象(异常消光现象),而且具有很低的干涉色,有时出现深浅交替的环带结构和扇形双晶,有时岩石中变晶结构的石榴石矿物呈"S"形或螺旋形排列形成旋转结构(图6-9)。

表6-2 石榴石各亚种的特征总结

| 系列 | 亚种 | 化学式 | 相对密度 | 摩氏硬度 | 光性鉴定特征 | 主要产状 |
|---|---|---|---|---|---|---|
| 铝石榴石系列 | 镁铝榴石 | $Mg_3Al_2[SiO_4]_3$ | 3.54~3.84 | 7 | 均质性,粉红色,常蚀变 | 橄榄岩、蛇纹岩 |
| | 镁铁榴石 | $(Mg,Fe)_3Al_2[SiO_4]_3$ | 3.837 | 7 | 均质性,红色,$Mg/Fe\approx2$ | 砂石层、砂金矿 |
| | 铁铝榴石 | $Fe_3Al_2[SiO_4]_3$ | 3.82~4.32 | 7 | 均质性,粉红色或无色 | 片岩、片麻岩、榴辉岩、沉积岩 |
| | 锰铝榴石 | $Mn_3Al_2[SiO_4]_3$ | 3.51~4.50 | 7 | 弱非均质性,无色或浅红色 | 矽卡岩、片岩、伟晶岩、石英岩 |
| 钙石榴石系列 | 钙铝榴石 | $Ca_3Al_2[SiO_4]_3$ | 3.50~3.63 | 6 | 常见光性异常和双晶,无色或浅褐色 | 矽卡岩、结晶灰岩 |
| | 水钙铝榴石 | $Ca_3Al_2Si_2(OH)_4O_8$ | 3.06~3.36 | 6~6.5 | 弱双折射,扇形双晶,无色 | 变质泥灰岩 |
| | 钙铁榴石 | $Ca_3Fe_2[SiO_4]_3$ | 3.72~3.83 | 7 | 光性异常明显、干涉色Ⅰ级灰 | 矽卡岩 |
| | 黑榴石 | $Ca_3(Fe,Ti)_2[SiO_4]_3$ | 3.70~4.10 | 6.5~7 | 常有环带,褐—深褐色 | 矽卡岩、霓霞岩 |
| | 钛榴石 | $Ca_3(Fe,Ti)_2[(Si,Ti)O_4]_3$ | 3.70~3.85 | 6~7 | 暗褐色、黑色 | 碱性火成岩、变质灰岩 |
| | 钙铬榴石 | $Ca_3Cr_2[SiO_4]_3$ | 3.75 | 6.5~7.5 | 非均质性明显、绿色 | 蛇纹岩、矽卡岩、变质灰岩 |
| | 锆榴石 | $Ca_3(Zr,Ti)_2[SiO_4]_3$ | 4.00± | 7 | 浅褐色 | 碳酸盐岩 |

石榴石族矿物中,镁铝榴石以其低折射率及产状等进行识别,铁铝榴石以其颜色和无异常干涉色与钙榴石矿物系列加以区分,而锰铝榴石以其特征的红色及产状等进行区分。钙铝榴石以其低折射率值加以区分,钙铁榴石以其较深的颜色、较大的折射率及产状进行区分,而钙铬榴石则以其典型的绿色加以区分。

铝质石榴石常见于火成岩、伟晶岩和某些区域变质岩中;而钙质石榴石除了个别变种产于火成岩外,通常均见于石灰岩与火成岩的接触变质带中(图6-9～图6-14)。

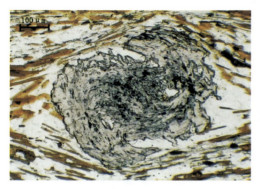

图6-9 片岩中铁铝榴石的旋转结构
(单偏光)

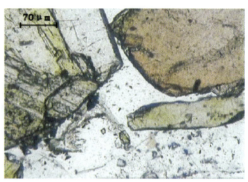

图6-10 矽卡岩中的石榴石
(单偏光)

图6-11 云母片岩中的石榴石
(无色,正高突起,糙面显著,无解理)
(单偏光)

图6-12 砂岩中的石榴石碎屑
[其他矿物为石英(白色)、绿帘石(浅绿色)
(单偏光)]

图6-13 蓝晶石云母片岩中的铁铝石榴石
(正极高突起,边缘蚀变严重)
(单偏光)

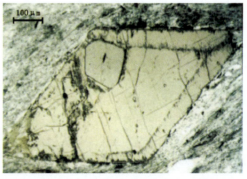

图6-14 石榴石十字云母片岩
(十字石呈菱形断面、带状结构,石榴石包裹体)
(单偏光)

# 镁铝榴石(Pyrope)

$N=1.705$

$H_m=7, D=3.54\sim3.84$

$Mg_3Al_2[SiO_4]_3$,等轴晶系

【化学组成】化学式为 $Mg_3Al_2[SiO_4]_3$,岛状结构硅酸盐矿物,常含有 Ca、Fe、Cr 等杂质元素。自然界未见纯的镁铝榴石产出,经常同铁铝榴石形成连续的完全类质同象系列矿物,也可以和少量的钙铝榴石形成不完全的类质同象系列矿物。

【形态】常呈不完整的晶形。

【光学性质】常见粉红色、紫红色、紫青色、玫瑰红色、橙红色,无解理,裂纹发育。矿物薄片中为其相应的各种淡的颜色,浅红色至褐色,正高突起(弱低于其他石榴石)(图 6-15)。正交偏光镜下全消光,均质性。

图 6-15 产于麻粒岩相石榴石堇青石片麻岩中的镁铝榴石,
含矽线石包裹体(单偏光)

【矿物变化】镁铝榴石易发生绿泥石化:镁铝榴石与相邻的绿辉石反应形成角闪石、斜长石或纤维闪石、绿云母等矿物,而在镁铝榴石周围形成环状的次变边,部分锰铝榴石风化后形成褐铁矿外壳,并伴有放射状绿泥石矿物的生成。

【鉴定特征】镁铝榴石因其低折射率不显示光性异常,常以次生变化以及产状等与其他石榴石进行区分。

【产状】镁铝榴石常产于金伯利岩、榴辉岩、橄榄岩、蛇纹岩等镁铁质岩石中,见于片麻岩中,也产于玄武岩、砂矿中。含 $Cr_2O_3$ 较高的铬镁铝榴石(紫红色)以及同镁钛铁矿、铬透辉石、钙钛矿等矿物的共生组合是寻找金伯利岩(金刚石矿床)的重要标志。

# 铁铝榴石（贵榴石，Almandine）

$N=1.776\sim1.830$（单折射率）

$H_m=6.5\sim7.5$，$D=3.82\sim4.32$

$Fe_3Al_2[SiO_4]_3$，等轴晶系

【化学组成】化学式为 $Fe_3Al_2[SiO_4]_3$，岛状结构硅酸盐矿物，铁铝榴石可分别与镁铝榴石、锰铝榴石组成连续的完全类质同象系列矿物。

【形态】常呈菱形十二面体及四角三八面体单形。矿物薄片中呈较规则的多边形轮廓。结晶片岩中的铁铝榴石内部常充满石英颗粒及其他矿物包裹体，构成筛状变晶结构（图6-16）。

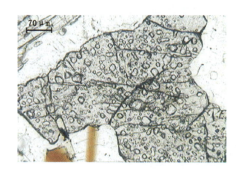 

图6-16 铁铝榴石的筛状变晶结构

（左：单偏光；右：正交偏光）

【光学性质】铁铝榴石常见浅红—褐色、深红色、黑色，矿物薄片中见浅红—浅褐色，正极高突起，正交偏光镜下全暗，因含许多矿物包裹体而呈筛状结构。

【矿物变化】铁铝榴石可发生绿泥石化、绿帘石化等，形成绿泥石、绿帘石等矿物，有时变为黑云母、角闪石、方柱石、赤铁矿等。铁铝榴石与相邻的绿辉石反应可以形成角闪石、斜长石、斜方辉石等矿物，而在铁铝榴石周围经常形成环状的次变边（图6-17），次变边矿物为角闪石、斜长石、斜方辉石等矿物。

图6-17 麻粒岩中的铁铝榴石，可见斜长石和斜方辉石反应边

（左：单偏光；右：正交偏光）

【鉴定特征】铁铝榴石以其颜色和无异常干涉色与钙榴石矿物系列加以区分。

【产状】铁铝榴石多产于片岩、片麻岩、角闪岩及榴辉岩、麻粒岩等变质岩中(图 6-18、图 6-19)。铁铝榴石是最常见的石榴石变种,是泥质岩石区域变质的典型矿物。

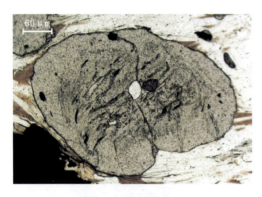 

图 6-18 蓝晶石石榴石片岩中的铁铝榴石（单偏光） 　　图 6-19 片岩中的铁铝榴石具变晶结构（单偏光）

## 锰铝榴石(Spessartine)

$N=1.790\sim1.815$(单折射率)

$H_m=6.5\sim7,D=3.51\sim4.50$

$Mn_3Al_2[SiO_4]_3$,等轴晶系

【化学组成】化学式为 $Mn_3Al_2[SiO_4]_3$,岛状结构硅酸盐矿物,常含 Fe 元素,成分中可以含不等数量的铁铝榴石分子。通常含有 Y、Sc、Zn 等微量元素,其中 $Y_2O_3$ 的含量大于 2% 时为钇铝榴石。

【形态】常呈菱形十二面体及四角三八面体。矿物薄片中常见多边形的外形。

【光学性质】黑—暗红色、黄褐色、紫色、褐红色、褐色或黄橙色,其中淡红色主要与含锰元素有关。矿物薄片中的锰铝榴石常见无色、淡红色、棕红色、褐色,有时具有环带,正极高突起。一般情况下,偏光显微镜下全消光,均质性,有时可见弱的非均质性。

【矿物变化】锰铝榴石经风化或蚀变后,外部变成黑色的氧化锰、氢氧化锰的混合物,有时可变为黑云母。锰铝榴石容易氧化,在矿物的周边常出现一个氧化的黑蚀边,该黑蚀边由氧化锰组成。

【鉴定特征】锰铝榴石以其特征的红色及产状等进行区分。

【产状】锰铝榴石产于伟晶岩、花岗岩、结晶片岩、云母片岩、石英岩和锰矿床中。较其他石榴石,锰铝榴石较少见。

# 钙铝榴石（Grossular）

$N=1.730\sim 1.760$（单折射率）

$H_m=6$，$D=3.50\sim 3.63$

$Ca_3Al_2[SiO_4]_3$，等轴晶系

【化学组成】化学式为 $Ca_3Al_2[SiO_4]_3$，岛状结构硅酸盐矿物，常含 $Fe_2O_3$ 和 $Cr_2O_3$，钙铝榴石可分别与钙铁榴石及钙铬榴石形成连续的完全类质同象系列。

【形态】钙铝榴石晶体常呈菱形十二面体及四角三八面体单形，或两者的聚形。

【光学性质】钙铝榴石常见白色、黄色、金黄色、褐色、红色、绿色等颜色，矿物薄片中常呈无色，有时带淡黄色、淡褐色等颜色，无解理，正高突起。正交偏光镜下全消光，有时出现光性异常现象（Ⅰ级灰干涉色），有时可见双晶。

【矿物变化】钙铝榴石可蚀变为绿泥石、绿帘石、长石、方解石等矿物。

【鉴定特征】钙铝榴石因其低折射率值，矿物薄片中往往为无色，且常见异常消光，可与其他钙质石榴石进行区分。钙铝榴石与镁铝榴石的折射率相近，但是后者在矿物薄片中常为浅红色、褐色，可以此进行区分。

【产状】钙铝榴石主要产自矽卡岩中，是早期矽卡岩的主要成分，常同辉石、硅灰石、符山石等矿物共生，可为晚期矽卡岩矿物如阳起石、绿帘石所交代。

【变种】钙铝榴石有三个主要变种：铁钙铝榴石（桂榴石）、绿色钙铝榴石（铬钒钙铝榴石，"沙弗莱石"）、块状钙铝榴石（"青海翠"），另外还有水钙铝榴石（水榴石）等变种。

(1) 铁钙铝榴石（Hessonite）。又称为"桂榴石""钙铝铁榴石"，化学式为 $Ca_3(Al,Fe)_2[SiO_4]_3$，颜色为浅褐黄色至浅褐红色、褐红色、黄红色、橙红色、肉桂色等，是钙铝榴石的变种。半透明，$N=1.763$，$H_m=6$，$D=3.633$。主要产地为美国的佛蒙特州。含暗红色、褐黄色、褐红色等晶体包裹体，似粒状外观，也可描述为糖浆状构造。

(2) 绿色钙铝榴石（铬钒钙铝榴石，Tsavorite）。也称为"沙弗莱石"，钙铝榴石中因含有微量的铬和钒元素而呈翠绿色，以及无色、黄绿色、艳绿色，颜色主要由钒所致。$N=1.820\sim 1.880$，$H_m=7\sim 8$，$D=3.57\sim 3.65$。正交偏光镜下全消光，常见异常消光。晶体内部含有棒状或针状晶体包裹体，并具热浪效应。主要产地为肯尼亚、坦桑尼亚、加拿大。

(3) 块状钙铝榴石。商业上也称为"青海翠"，颜色为浅绿—绿色并呈粒状、块状和不规则团块状及条带状分布，基质为白色的钙铝榴石，部分"青海翠"的成分为水钙铝榴石，产于我国青海、新疆和贵州等地。主要鉴定特征以钙铝榴石为主，可含少量的绢云母、蛇纹石、黝帘石等，$N=1.740\sim 1.750$，$D=3.60$，在X射线下有橙色荧光，绿色部分在查尔斯滤色镜下变红。

(4) 水钙铝榴石（Hibschite）。也称为"水榴石""水绿榴石"（Hydrogrossular），化学式为 $Ca_3Al_2Si_2(OH)_4O_8$ 或 $Ca_3Al_2(SiO_4)_{3-x}(OH)_{4x}$，是指含水（可达15%）的钙铝榴石。标本及单偏光镜下均呈无色、白色或浑浊状，块状标本呈亮灰绿色、灰色、粉色。折射率 $N=1.675\sim 1.690$，是所有石榴石品种中最低的；$H_m=6\sim 6.5$，$D=3.06\sim 3.30$。某些样品具有微弱干涉

色,并可见扇形双晶。产于泥灰岩和沸绿岩的接触带,与硅灰石、硬硅钙石、钙铝黄长石、鱼眼石等矿物共生;产于变质泥灰岩中,与透辉石、钠长石共生,常为石榴石的外壳产出。

# 钙铁榴石(Andradite)

$N=1.811\sim1.895$(单折射率)

$H_m=7, D=3.72\sim3.83$

$Ca_3Fe_2[SiO_4]_3$,等轴晶系

【化学组成】化学式为 $Ca_3Fe_2[SiO_4]_3$,岛状结构硅酸盐矿物,是含铁量最高的一种石榴石,钙铁榴石与钙铝榴石可以形成连续的完全类质同象系列。成分中常含较多的 Ti 元素,富含 Ti 元素的钙铁榴石称为黑榴石或钛榴石。黑榴石(Melanite)是指 $TiO_2$ 含量为 $2\%\sim8\%$ 的钙铁榴石;钛榴石(Schorlomite)是富含 $TiO_2$ 的钙铁榴石变种,$TiO_2$ 含量为 $10\%\sim16\%$,最高可达 $20\%$ 左右。

【形态】常呈菱形十二面体及四角三八面体单形,或两者的聚形。矿物薄片中常具有完好的多边形晶形,并常有明显的环带结构。

【光学性质】钙铁榴石常见黑色、褐红色、黄绿色等颜色,矿物薄片中颜色较深,为黄色、红色、褐色等,较其他石榴石颜色深。无解理,正极高突起,正交偏光镜下全消光,有时可见异常干涉色,可达Ⅰ级灰干涉色(图 6-20、图 6-21)。常具环带结构、砂钟构造和双晶。

图 6-20 钙铁榴石在正交偏光镜下为全消光(正交偏光)

图 6-21 个别钙铁榴石呈异常干涉色(Ⅰ级灰)和砂钟构造(正交偏光)

【矿物变化】钙铁榴石可变为绿泥石、绿帘石、蛇纹石、褐铁矿、方解石和长石等矿物(图 6-22、图 6-23)。风化作用可使钙铁榴石变为绿脱石。

【鉴定特征】钙铁榴石以其较深的颜色、较大的折射率、光性异常明显、常有环带构造和双晶及产状与其他石榴石进行区分。

【产状】钙铁榴石多产于矽卡岩中,常与透辉石、钙铁辉石共生,在矽卡岩晚期可以被绿帘石、阳起石所交代。也产于碳酸盐岩经变质作用形成的大理岩中。黑榴石多产于碱性岩中。

图 6-22 大理岩中的钙铁榴石
（蚀变现象严重,常蚀变为绿帘石或绿泥石）
（单偏光）

图 6-23 高级变质岩中的钙铁榴石
（And,浑圆状,沿裂理发生蚀变）
（正交偏光）

【变种】

(1) 黑榴石(Melanite)。化学式为 $Ca_3(Fe,Ti)_2[SiO_4]_3$,是指 $TiO_2$ 含量为 $2\%\sim8\%$ 的钙铁榴石变种,因钙铁榴石中 $Fe_2O_3$ 被 $Ti_2O_3$ 部分代换而形成。黑榴石呈暗褐—黑色,矿物薄片中呈深褐—深红褐色,甚至不透明。常有规则晶形,并常有环带构造。正极高突起,折射率高于一般的钙铁榴石,$N=1.872\sim1.940$,$H_m=6.5\sim7$,$D=3.50\sim4.10$。产出于碱性火成岩、火山岩(霞石正长岩、霓霞岩、响岩、霞石岩等)、矽卡岩(与长石、符山石、榍石等矿物共生)、中粗粒黑榴石磷霞岩(与霞石、榍石、霓石、长石、凤凰石等矿物共生)中。

(2) 钛榴石(Schorlomite)。化学式为 $Ca_3(Fe,Ti)_2(Si,Ti)_3O_{12}$,是富含 $TiO_2$ 的钙铁榴石变种,$TiO_2$ 含量为 $10\%\sim16\%$,最高可达 $20\%$ 左右。钛榴石常见黑色,矿物薄片中呈褐红色。正极高突起,$N=1.935\sim2.010$,$H_m=6\sim7$,$D=3.700\sim3.785$。产于碱性火成岩、火山岩以及矽卡岩中。

(3) 黄榴石(Topazolite)。是钙铁榴石的蜜黄色变种,$N=1.887$,$D=3.826$,产于蛇纹岩、绿泥石片岩中。

(4) 翠榴石(Demantoid)。化学式为 $Ca_3(Fe,Cr)_2[SiO_4]_3$,等轴晶系,岛状结构硅酸盐矿物,是钙铁榴石的一个变种,含有少量的铬元素。翠榴石具有典型的翠绿色,有时呈明亮的金绿色(铬元素引起),以其翠绿色、火彩、产量稀少而成为高档宝石。玻璃光泽至亚金刚光泽,条痕色为白色。色散值为 0.057,比钻石的色散值还高,具有强烈的火彩。高折射率,$N=1.888$,$H_m=6.5\sim7$,$D=3.84$。翠榴石具有非常特征的"马尾丝状"包裹体,由纤维状石棉构成,此外还可见平直色带、黄铁矿包裹体以及两组相交的生长纹理。极个别的翠榴石具有变色效应,在日光下呈黄绿色,在白炽灯下呈橙红色。品质较好的翠榴石产于俄罗斯的乌拉尔山脉。研究表明,我国新疆翠榴石的形成过程为:自变质作用使橄榄岩类岩石蛇纹岩化,后期的岩浆热液沿岩体裂隙交代、淋滤蛇纹石形成翠榴石。

# 钙铬榴石（Uvarovite）

$N=1.870$

$H_m=6.5\sim 7.5, D=3.50\sim 3.77$

$Ca_3Cr_2[SiO_4]_3$，等轴晶系

【化学组成】化学式为 $Ca_3Cr_2[SiO_4]_3$，岛状结构硅酸盐矿物，钙铬榴石与钙铝榴石可以形成连续的完全类质同象系列矿物，有时含少量钙铁榴石成分。

【形态】常呈菱形十二面体及四角三八面体单形，或两者的聚形。矿物薄片中的切面常为多边形。

【光学性质】常见深翠绿色、鲜绿色、暗绿色，矿物薄片中呈绿色，正极高突起，常有光性异常现象，可见环带结构。

【矿物变化】钙铬榴石可蚀变为含铬的绿泥石。

【鉴定特征】钙铬榴石以其典型的绿色（标本和矿物薄片均为绿色），切面为六边形或其他多边形，常有光性异常，与其他石榴石加以区分。镁铁尖晶石的断面为三角形、四边形，无光性异常，可与钙铬榴石相区分。

【产状】钙铬榴石主要产于蛇纹岩（与铬铁矿、蛇纹石等矿物共生）中，有时产于某些接触变质石灰岩和矽卡岩中，或与铬绿帘石伴生。

【变种】锆榴石（Kimzeyite）：化学式为 $Ca_3(Zr,Gr)_2[(Al,Fe,Si)O_4]_3$，等轴晶系，岛状结构硅酸盐矿物，是指 $ZrO_2$ 含量近 30% 的钙铬榴石变种。一般呈深棕色，$N=1.950$，$H_m=7$，$D=4.00$。主要产于碳酸盐岩中，与钙镁橄榄石、磁铁矿、钙钛矿、磷灰石等矿物共生。

# 闪锌矿（Sphalerite）

$N=2.370$

$H_m=3.5\sim 4, D=3.90\sim 4.10$

ZnS，等轴晶系

【化学组成】化学式为 ZnS，硫化物，成分中含一定量的 Fe，含量可高达 28.2%，含铁量大于 10% 的称为铁闪锌矿。还含有 Cd、In、Ge、Ga、Tl 等稀有元素，并含有少量的 Cu、Pb、Sn、Au、Ag 等杂质元素。

【形态】闪锌矿的形态常呈四面体以及菱形十二面体、立方体，见粒状及致密块状，有时呈葡萄状或同心圆状等结构，{110} 解理完全，具不平坦状断口。

【光学性质】手标本中闪锌矿常为黄色、棕褐色、黑色等颜色（含铁致色），纯闪锌矿近于无色，随含铁量增加由无色至浅黄色、褐色至黑色。金刚光泽、树脂光泽至半金属光泽。矿物薄片中为灰色、黄色、褐色，颜色不均匀，见多组解理，呈环带分布，正极高突起，正交偏光镜下全暗，均质性，有时可见微弱的异常双折射现象（应力作用所致）（图 6-24）。在反射光下具有金刚光泽。

图 6-24　闪锌矿(黄褐色,菱面体解理)与方铅矿(不透明矿物)

(左:单偏光;右:正交偏光)

【鉴定特征】以其颜色、正极高突起、均质性、菱形十二面体完全解理及光泽为鉴定特征。

【产状】闪锌矿主要产于热液矿床(与方铅矿共生)和矽卡岩矿床(常与毒砂、黄铁矿、黄铜矿、方铅矿等矿物共生)中。

## 方钠石族(Sodalite group)

方钠石族矿物都是钠的铝硅酸盐,其化学成分类似霞石和钙霞石,但方钠石族矿物的成分中含有 $Cl^-$、$SO_4^{2-}$ 离子或络阴离子,且都是等轴晶系,具架状构造。

本族矿物有方钠石、蓝方石、青金石以及黝方石等。

方钠石族矿物一般和霞石、白榴石产在霞石正长岩、响岩以及其他碱性饱和的火成岩中。除青金石外,方钠石、蓝方石、黝方石都是碱性岩的特征矿物。有时可能在接触变质的石灰岩中发现青金石或方钠石。

本族矿物的主要光性特征是均质性(偶见有弱的非均质性),折射率低,负突起。颜色变化很大,依次为无色或白—灰色、黄色、绿色、褐色、粉色或典型的蓝色。在紫外光下,方钠石族矿物显橙红色的荧光。

方钠石族矿物与其他均质性矿物的区别在于它们的折射率低于加拿大树胶,显负突起。而在这方面与该类矿物相似的有火山玻璃、萤石、白榴石、方沸石等矿物。与萤石的区别是,方钠石族矿物易被酸类分解。可根据折射率和双晶将方钠石族矿物与白榴石进行区分。根据解理缝的交角和定性的显微化学反应,可与方沸石区分。

本族矿物的变化产物常为钠沸石或其他沸石,以及水铝石、水铝氧石、绢云母等。

## 方钠石(Sodalite)

$N = 1.483 \sim 1.487$(单折射率)

$H_m = 5.5 \sim 6$,$D = 2.27 \sim 2.33$

$Na_4[AlSiO_4]_3Cl$ 或 $3NaAlSiO_4 \cdot NaCl$,等轴晶系

【化学组成】化学式为 $Na_4[AlSiO_4]_3Cl$ 或 $3NaAlSiO_4 \cdot NaCl$,是似长石类矿物中的一

种,是含氯化物的钠铝硅酸盐矿物,成分中含少量 $K_2O$ 或 $CaO$,有时 Al 可被少量的 $Fe^{3+}$ 替换。有时成分中含水。含钼的方钠石中 $MoO_3$ 含量可达 2.87%。

【形态】方钠石的晶形常呈菱形十二面体或立方体,通常为不规则的圆形粒状。

【光学性质】方钠石可呈无色或弱浅黄色、浅粉色、浅褐色、浅蓝色与绿色,通常呈蓝色;矿物薄片中为无色,或浅粉色、浅黄色、蓝色,负低突起(图 6-25)。{110}中等解理。在包裹体附近可见到微弱干涉色,但罕见。有时具有尖晶石律双晶(即沿八面体双晶),但很少见。中等色散。条痕色为白色或近白色。

图 6-25 方钠石正长岩
[不规则粒状方钠石(Sdl,无色、负低突起)分布在条纹长石
(Pth,无色、负低突起)间(单偏光)]

【矿物变化】方钠石分解时可转变为纤维状的沸石(多为钠沸石)、绢云母、水铝氧石、水铝石以及钙霞石和石榴石、方解石和褐铁矿。

【鉴定特征】以蓝色、低折射率、均质性和明显的负低突起为主要特征。

与萤石的区别:萤石的折射率较之更低,解理更完全,且为{111}或{001}完全解理,而方钠石的解理为{110}中等解理。

与白榴石的区别:白榴石折射率较高,常有{110}聚片双晶,并且常有包裹体(经常含有辉石类矿物霓石、霓辉石,以及磁铁矿和玻璃质包裹体,可见橄榄石、尖晶石、磷灰石等矿物包裹体),而方钠石一般无包裹体;方钠石有{110}中等解理,而白榴石无解理;白榴石常出现微弱干涉色,方钠石则极为少见。

方钠石在颜色上与青金石较相似,但根据结构可将两者区分开。方钠石为粗晶质结构,青金石多为粒状结构。方钠石常见白色或淡粉红色脉纹,青金石中的白色方解石常呈不规则的斑块状,方钠石内极少见到黄铁矿包裹体,而青金石正好相反。方钠石有时可见解理,青金石不具有解理,方钠石的透明度比青金石高。方钠石的相对密度(2.15~2.35)明显低于青金石(2.7~2.9)。

【产状】方钠石产于富含钠的侵入岩中,如方钠霞石正长岩、方钠霓辉岩等。常与霞石、钙霞石、黄长石、萤石等矿物伴生,而绝不同石英共生。有时也是霞石蚀变的产物,在与碱性岩浆岩接触变质的石灰岩中也可见到。有时也见于碱性火山岩中。

【变种】紫方钠石（Hackmanite），新鲜断面上显粉红色，在阳光下曝露可褪色，是方钠石中有荧光的变种。

【知识链接】似长石（Feldspathoid），又称副长石，化学组成与长石相似，金属阳离子为钾、钠或钙元素，是 Si/Al 比值小于 3 的一些无水架状结构铝硅酸盐矿物的总称，包括霞石、白榴石、方钠石、方柱石、钙霞石等矿物。它们都产出在富含碱质而贫于硅的条件下，不与石英共生。其中霞石和白榴石最为重要，是碱性岩石的主要造岩矿物。

# 蓝方石（Haüyne）

$N = 1.496 \sim 1.504$（单折射率）

$H_m = 5.5 \sim 6, D = 2.44 \sim 2.50$

$Na_6Ca_2[AlSiO_4]_6(SO_4)_2$，等轴晶系

【化学组成】化学式为 $Na_6Ca_2[AlSiO_4]_6(SO_4)_2$，属于方钠石族矿物，含硫酸根的钠钙铝硅酸盐，也是似长石类矿物中的一种。蓝方石的成分中常含有少量 K、Cl 以及少量的 $H_2O$。同黝方石（$Na_8[AlSiO_4]_6(SO_4) \cdot H_2O$）不同之处在于，Ca 含量比例较高且硫酸盐原子团较富聚。

【形态】呈菱形十二面体或八面体，通常见粒状集合体。晶粒内常含有对称分布的包裹体，包裹体成分同黝方石（常有气体、液体、玻璃态、晶粒等包裹体，可成环带排列，有时沿一定的轴向排列；常见的矿物包裹体有磁铁矿、钛铁矿、赤铁矿、褐铁矿、黄铁矿和霓辉石等）。斑晶常呈自形，切面呈六边形。

【光学性质】蓝方石通常呈深蓝色、蓝色、绿色，受到风化作用则呈黄色、棕色。矿物薄片中有时无色，但多为明显的蔚蓝色。负低突起（在方钠石族矿物中折射率较高）。平行菱形十二面体{110}较完全解理。在包裹体附近可有光性异常的弱干涉色，一般为全消光。双晶面平行{111}，矿物薄片中一般不见双晶。

【鉴定特征】矿物薄片中呈蓝色、负突起、解理较完全是蓝方石主要的鉴定特征。方钠石颜色较浅，而蓝方石颜色较深，可以区分。浅色的蓝方石需用显微化学分析方法才能区分：将样品置于载玻片上，加少许硝酸，缓缓蒸发后，方钠石可出现石盐晶体，而蓝方石则出现针状石膏晶体。

【产状】蓝方石产于碱性火山岩（蓝方石响岩、蓝方榴辉白榴岩、蓝方碳酸黄斑岩和蓝方黑云霞橄玄岩等）、接触变质灰岩中。常见伴生矿物有白榴石、石榴石、黄长石、钙镁橄榄石及黑云母、磷灰石、金云母等。

# 青金石（Lazurite）

$N = 1.500$

$H_m = 5 \sim 5.5, D = 2.38 \sim 2.42$

$Na_8[AlSiO_4]_6(SO_4)$，等轴晶系

【化学组成】化学式为 $Na_8[AlSiO_4]_6(SO_4)$，属于方钠石族矿物，是含硫酸根的碱性铝硅酸盐矿物，可以认为青金石是蓝方石的富硫变体。成分中常含少量的 $K_2O$、$MgO$、$SrO$、$Fe_2O_3$、$CO_2$ 和 $H_2O$ 等。青金石玉石中除了青金石矿物外，还含有黄铁矿($FeS_2$)、透辉石($CaMgSi_2O_6$)、方解石($CaCO_3$)等矿物，其他矿物的含量可超过玉石中的青金石矿物的含量。

【形态】青金石晶体为菱形十二面体，通常为粒状、致密块状产出，常含有黄色的黄铁矿斑点、白色的方解石斑点或团块。

【光学性质】青金石的颜色常见的有天蓝色、深蓝色、紫蓝色、绿蓝色，矿物薄片中为明显的青蓝色或蓝色。负低突起，较为显著。具不完全的菱形十二面体解理或无解理。正交偏光镜下全消光，均质体。

【鉴定特征】青金石以其晶形、颜色、显著的负低突起、产状和共生矿物等特征与其他矿物相区分。加硝酸于青金石上，会析出硫化氢，可使白银变黑。

【产状】青金石产出于镁质矽卡岩(如阿富汗巴达赫尚青金石矿床)和钙质矽卡岩(如智利科金博省青金石矿床)中，与透辉石、方柱石、黄铁矿、白云母、方解石等矿物共生，非常少见。青金石可作为宝玉石材料，也可用于制作贵重的工艺品并可作为蓝色颜料(群青)使用。

# 褐铁矿(Limonite)

$N=2.000\sim2.100$(单折射率)

$H_m=1\sim4$，$D=2.70\sim4.30$

$FeO(OH)\cdot nH_2O$，非晶质(隐晶质)

【化学组成】化学式为 $FeO(OH)\cdot nH_2O$，褐铁矿不是单一的矿物，而是一种含水氧化铁的混合物的总称，主要成分是针铁矿和纤铁矿，同时还混入有赤铁矿、细粒石英、锰的氧化物及黏土物质。它的成分中不仅有吸附水(含水量可达 12%～14%)，还有 Si、Al、Ca、Cu、Pb、Mn、Ni、Co、P 等元素。

【形态】褐铁矿主要为隐晶质的针铁矿、纤铁矿，它们均属斜方晶系。通常所见的褐铁矿则为致密或疏松的土状、鲕状、肾状、钟乳状、葡萄状、结核状、皮壳状、块状等，并常成为黄铁矿或白铁矿、菱铁矿、磁铁矿等铁质矿物的假象存在。一般无特定的形态。

【光学性质】褐铁矿的颜色为黄褐—暗褐色，为多种色调的褐色，有时为黑色，条痕为黄褐色，呈半金属光泽。矿物薄片中为不透明或半透明，细而薄的颗粒能透光，显褐色、红褐色、黄褐色；反射光下呈褐色(图 6-26、图 6-27)。无解理。褐铁矿为非晶质，均质性，但有时可有异常双折射现象(异常双折射率可达 0.040)，这是由超显微状态的针铁矿所致。

【矿物变化】褐铁矿经过结晶作用可以生成较粗粒的针铁矿或纤铁矿。

【鉴定特征】褐铁矿很难同某些微细粒的土状赤铁矿区分，在矿物薄片中可根据其特征的褐黄色进行识别。

【产状】褐铁矿是一种十分常见的次生矿物，岩浆岩、变质岩中的许多铁镁质矿物遭受风化作用后均可形成褐铁矿。在沉积岩中分布较广，可在沼泽、湖泊及热泉中沉淀出来，也在"铁帽"中产出而成为残积铁矿的重要组分。褐铁矿还可成为砂岩的胶结物，并伴生赤铁矿和氧化锰矿物。褐铁矿是氧化条件下极为普遍的次生矿物,在硫化矿床氧化带中常构成红色的"铁帽",可作为寻找铁矿的标志。

图 6-26  砂岩中的褐铁矿

(透射光下半透明红褐色,反射光下呈褐色)(左:单偏光;右:反射光)

图 6-27  铁质石英砂岩中的褐红色褐铁矿与自生针铁矿

(单偏光;左:100μm;右:50μm)

# 铬铁矿(Chromite)

$N=2.080\sim2.160$(单折射率)

$H_m=5.5, D=4.50\sim4.80$

$FeCr_2O_4$,等轴晶系

【化学组成】化学式为 $FeCr_2O_4$,铁、铬的氧化物矿物,也属于尖晶石结构矿物,铬铁矿的理论成分为 FeO(32.09%)、$Cr_2O_3$(67.91%)。铬铁矿存在着广泛的类质同象替换,常含有 Mg、Ni、Fe、Al 等元素。镁铬铁矿[Magnesiochromite,$(Mg,Fe)Cr_2O_4$]为铬铁矿的镁的完全类质同象替换产物。

【形态】铬铁矿的晶体为八面体,但极为少见,常见粒状、致密块状集合体。矿石中还可见铬铁矿呈扁豆状、囊状或空心皮壳状集合体。

【光学性质】铁黑—褐黑色,矿物薄片中几乎不透明,晶粒边缘或极薄的晶粒则呈微透明,显红色、褐红色。反射光下呈暗黑色,带有褐色色调。半金属光泽,无解理,条痕色为深棕色。正交偏光镜下呈全消光,显示均质性(图6-28、图6-29)。

【鉴定特征】铬铁矿以其边缘微透明、显褐红色、弱磁性等特征可同磁铁矿相区分。同其他尖晶石类矿物相比,铬铁矿的透明程度明显较低,可以此进行区分。

 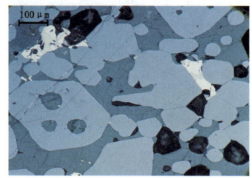

图6-28 云英岩中的铬铁矿呈全消光（正交偏光）　　图6-29 铬铁矿在反射光下呈暗黑色、褐色色调

【产状】铬铁矿是岩浆作用的产物,主要产于超基性岩如橄榄岩(与橄榄石共生)、金伯利岩、蛇纹岩及辉岩中,在基性火成岩中比较少见。由于化学性质稳定,在距上述岩石附近的砂矿中可富集产出。在超基性岩体以外几百米的围岩(混合花岗片麻岩)破碎带中也找到了富集的铬铁矿。

【知识链接】铬铁矿作为提炼金属铬,生产铬铁合金、不锈钢,制造重铬酸盐的原材料,一般不用于制造珠宝玉石饰品,但是很多珠宝玉石品种都和铬铁矿存在着千丝万缕的联系。

首先,铬铁矿可以作为次要矿物成分,加入珠宝玉石的矿物组成之中。

(1)翡翠主要由硬玉或者其他钠质(钠铬辉石)和钠钙质辉石(绿辉石)组成,可含有铬铁矿、角闪石、长石和褐铁矿等矿物。翡翠中的黑点一般是铬铁矿,或者是铬铁矿被硬玉交代后的残余、假象,在强光的透射下往往呈绿色,反射光下呈黑色。铬铁矿含量的多少影响着翡翠的整体美观程度。

(2)台湾软玉(丰田玉)是产于我国台湾省东部花莲县丰田和玉里一带的软玉,其主要矿物成分是透闪石(铁阳起石含量在10%左右),另含少量的铬铁矿、铬尖晶石、磁铁矿、石榴石和绿泥石,铬铁矿使之形成黑色的斑点或条纹。

(3)俄罗斯碧玉主要由闪石族矿物组成,颜色较浅的碧玉的主要矿物为透闪石,随着颜色加深,矿物过渡为阳起石。俄罗斯碧玉中常见的黑色点状矿物包裹体为铬铁矿,俄罗斯碧玉的绿色主要是由于含铁所致。黑色的铬铁矿点状矿物包裹体是俄罗斯碧玉区别于其他产地碧玉的主要鉴别特征之一。

(4)绿色东陵石(铬云母石英岩)的主要成分是石英和铬云母片,其中大量的铬云母呈小片状分布于石英岩中,其他的内含物还有少量金红石、锆石、铬铁矿、黄铁矿等矿物。铬铁矿常常呈黑色不透明,多呈自形晶或细小黑点状分布于铬云母中,形成时间早于铬云母,常被铬云母交代。当铬铁矿较多时,可以影响东陵石整体美观程度。

(5) 绿色的水钙铝榴石中常常包裹黑色的点状铬铁矿,所以黑色斑点也是鉴定水钙铝榴石的重要特征之一。

(6) 蛇纹石玉的主要组成矿物为蛇纹石,铬铁矿是其中的次要矿物之一,次要矿物的含量变化很大,对蛇纹石玉的质量有着明显的影响。其中,台湾蛇纹石玉(台湾墨玉)中因常含有铬铁矿、铬尖晶石、磁铁矿、石榴石、绿泥石等矿物包裹体而使玉石呈现黑点或黑色的条纹;美国宾州的"威廉玉"中含斑点状铬铁矿,使得玉石呈深绿色,半透明。

其次,铬铁矿作为包裹体存在于宝石晶体之中,可以成为重要的鉴定特征之一。天然钻石中的矿物包裹体常见有橄榄石、辉石(透辉石、绿辉石)、石榴石、尖晶石类矿物(铬铁矿、铬尖晶石)等,因此如果钻石中是否含有铬铁矿,可以作为鉴定该钻石是否为天然钻石的重要依据。石榴石、橄榄石、尖晶石、水晶等宝石晶体中可能含有的黑色的铬铁矿包裹体,是鉴定宝石的重要依据之一。

# 磁铁矿(Magnetite)

$N=2.420$

$H_m=5.5\sim6.5, D=4.90\sim5.20$

$Fe_3O_4$,等轴晶系

【化学组成】化学式为 $Fe_3O_4$,是一种具有磁性的氧化铁矿物,磁铁矿也属于尖晶石族矿物,常含有 Mn、Mg、Zn、Al、V 和 Ti 等杂质元素。$TiO_2$ 含量可达 10%,称为钛磁铁矿(Titanomagnetite)。钒磁铁矿(Coulsonite),化学式为 $(Fe,V)_3O_4$,钒含量可达 4.84%。

【形态】磁铁矿常呈八面体或菱形十二面体,常见晶面条纹。通常为不规则粒状或致密块状,有时呈骸晶产出。矿物薄片中则多为呈自形的四方形或粒状。

【光学性质】磁铁矿呈铁黑色,或具暗蓝靛色,不透明,在反射光下为钢灰色(图 6-30)。条痕色为黑色,半金属光泽。无解理,有时可见平行{111}的裂理,具不平坦状断口。正交偏光镜下呈全消光,显示均质性。

图 6-30 橄榄玄武岩
(磁铁矿充填于斜长石格架中,反射光下磁铁矿呈钢灰色)

【矿物变化】磁铁矿氧化后可以变为赤铁矿或褐铁矿,是炼铁的主要原料之一。

【鉴定特征】磁铁矿在矿物薄片中可根据晶形、磁性以及铁矿的变化产物——白钛矿(Leucoxene)经常覆在它的表面或生长在边部等特征与钛铁矿加以区分。白钛矿呈不透明的白色絮状物产出。但磁铁矿中 Ti 含量较高时也可能有变化的白钛矿产出,且不易与钛铁矿进行区分。磁铁矿与赤铁矿、铬铁矿也容易混淆,可根据赤铁矿在反射光下常呈半透明的红色,铬铁矿的边缘可有半透明的棕色、褐色这两个特征进行区分。

【产状】磁铁矿是深成条件下最为常见的矿物之一,分布较为广泛,成因类型也比较多。

# 黄铁矿(Pyrite)

$N=3.080$

$H_m=6\sim6.5, D=4.90\sim5.20$

$FeS_2$,等轴晶系

【化学组成】化学式为 $FeS_2$,硫化亚铁矿物,成分中常常含有 Co、Ni、Cu、Au、Ag、As 和 Se 等杂质元素。

【形态】黄铁矿常呈立方体、五角十二面体或两者的聚形。立方体相邻晶面上的条纹相互垂直,即黄铁矿的晶面常见三组互相垂直的聚形条纹,是黄铁矿重要的鉴定特征。黄铁矿常呈不规则的浸染粒状、致密块状及结核状,有时呈细脉状,有时呈骸晶产出(图 6-31)。有脆性,尤其是在富含自然金包裹体时则更易碎裂。在矿物薄片中常呈正方形、长方形、三角形和五角形断面或片形的粒状。

【光学性质】黄铁矿常为浅黄铜色,表面常具有黄褐色、锖色;条痕为绿黑色或褐黑色。在矿物薄片中不透明,反射光下显强金属光泽,浅黄铜色,矿物边缘常因氧化形成褐铁矿、针铁矿而呈红色或褐色,有时矿物边缘还有水绿矾(Melanterite,$Fe(SO_4)\cdot7H_2O$)产生。无解理,或{100}和{111}极不完全解理。黄铁矿中可出现贯穿双晶,依(110)形成的穿插双晶即所谓的"铁十字"双晶,但矿物薄片中不常见。黄铁矿在应力作用下,晶体的垂直受力方向上有时出现"压力影"。正交偏光镜下呈全消光,显示均质性(图 6-32~图 6-35)。

图 6-31 黄铁矿呈骸晶产出
(单偏光)

图 6-32 砂岩中的胶结物
[黄铁矿(Py)反射光下呈黄色]

图 6-33 熔结凝灰岩
(含黄铁矿副矿物及黑云母晶屑)(左:单偏光;右:反射光)

图 6-34 绢云千枚岩
[黄铁矿(Py)平行片理两端有不对称石英的压力影,正交偏光]

图 6-35 绢云长英质千枚岩
(黄铁矿晶体一端有拉长石英和黑云母的压力影)(正交偏光)

【矿物变化】黄铁矿在氧化带不稳定,易分解形成氢氧化铁,如针铁矿、纤铁矿等,经脱水作用,可形成稳定的褐铁矿,且往往依黄铁矿形成假象。这种作用常在金属矿床氧化带的地表露头部分形成褐铁矿或针铁矿、纤铁矿等覆盖于矿体之上,故称为"铁帽"。在氧化带酸度较强的条件下,黄铁矿可形成黄钾铁矾。

【鉴定特征】黄铁矿在反射光下呈黄色,可同磁铁矿等黑色不透明矿物进行区分。黄铜矿在反射光下颜色较深,磁黄铁矿带有古铜色,可以同黄铁矿进行区分。

【产状】黄铁矿是分布最为广泛的硫化物矿物,常见于各种不同成因条件下形成的岩石中。黄铁矿可在火成岩中产出,多呈浸染状,伴有硅化、绢云母化、绿泥石化、碳酸盐化等现象产出,属于一种蚀变矿物,和黄铜矿、方铅矿等矿物共生于热液矿脉中。一般认为高温或低温条件下的黄铁矿晶形较差,主要为立方体、八面体;而在中温和中深的情况下,黄铁矿的晶形最好,可生长至10cm。黄铁矿也可在表生条件下产出,沉积岩中的黄铁矿结核是在还原条件下形成的,沉积环境中还可有黄铁矿的隐晶质变种——胶黄铁矿(Melnikovite,等轴硫铁矿)生成。黄铁矿有时还作为砂岩的胶结物产出。绿泥片岩和千枚岩中还常有黄铁矿的变斑晶出现。玉石原料青金石、观赏石"铁胆石"中常含有黄铁矿包裹体。

## 方铅矿(Galena)

$N=4.300$

$H_m=2.5\sim2.7, D=7.40\sim7.60$

PbS,等轴晶系

【化学组成】化学式为 PbS,方铅矿族矿物,化学组成中 Pb 占比 86.6%,S 占比 13.4%,通常混入有 Ag、Bi、Sb、As、Cu、Zn、Se、Te、Fe、Sn 等元素。在温度大于 350℃的条件下,Ag 和 Bi 以硫银铋矿(Matildite,$AgBiS_2$)同 PbS 一起组成固溶体混溶。当温度在210℃以下时,则硫银铋矿从方铅矿中析出。Se 代替 S,可以形成方铅矿—硒铅矿的完全类质同象系列。

【形态】方铅矿常呈立方体,有时为立方体和八面体的聚形,通常见他形粒状、块状集合体产出,也可呈方铅矿的骸晶产出。

【光学性质】方铅矿为铅灰色,矿物薄片中不透明;条痕色为灰黑色;金属光泽。反射光下为白色(图 6-36)。方铅矿有平行{100}的三组完全解理(三组互相垂直的解理),当含有 Bi 的包裹体时可导致产生沿{111}的裂理,有时因变形作用还可产生柱状劈理或羽状劈理。方铅矿常依(111)呈接触双晶,依(441)呈聚片双晶。

【矿物变化】在外生条件下,方铅矿可变化为铅矾($PbSO_4$)、白铅矿($PbCO_3$)和各种不同的矿物(如氧化物、盐类、磷酸盐、钒酸盐、硅酸盐、砷酸盐等)。

【鉴定特征】矿物薄片中不透明,反射光下为白色,具有完全解理为其鉴定特征。

【产状】在热液矿脉(总和闪锌矿共生)及接触交代矿床中均有方铅矿产出,伴生矿物有闪锌矿、黄铜矿、黄铁矿、黝铜矿以及方解石、石英、重晶石、萤石等。在外生条件下也见于碳酸盐岩、磷块岩、砂岩和煤等沉积岩石中。

图 6-36 铅锌矿中闪锌矿(Sp)和方铅矿(Gn)矿物共生
(左:单偏光;右:反射光)

# 琥珀（Amber）

$N=1.540$

$H_m=2\sim2.5, D=1.05\sim1.09$

$C_{10}H_{16}O$，非晶质

【化学组成】化学分子式为 $C_{10}H_{16}O$，是一种透明的生物化石，是松柏科、云实科、南洋杉科等植物的树脂化石。含少量的 $H_2S$，以及 Al、Mg、Ca、Si 等微量元素。琥珀主要含树脂、挥发油，以及含琥珀氧松香酸（Succoxyabietic acid）、琥珀松香酸（Succinoabietinolic acid）、琥珀银松酸（Succinosilvic acid）、琥珀脂醇（Succinoresinol）、琥珀松香醇（Succinoabietol）、琥珀酸（Succinic acid）等。

【形态】非晶质，常以不规则块状、结核状、瘤状、小滴状等产出，有的可含有动物遗体、植物碎片等，如树木的年轮，呈放射状纹理。琥珀的硬度低，质地轻、温润，有宝石般的光泽与晶莹度。琥珀的另一个特征是含有特别丰富的内含物，如昆虫、植物、矿物、气泡、裂纹、漩涡纹等包裹体或流纹构造等。

【光学性质】琥珀的颜色十分丰富，有黄色、蜜黄色、黄棕色、棕色、浅红棕色、血红色、淡红色、淡绿色、褐色等。条痕色为白色或淡黄色。透明、微透明，树脂光泽。在正交偏光镜下呈全消光，均质性，有时可见异常消光现象。一般情况下，琥珀在长波紫外线下发蓝色及浅黄色、浅绿色荧光。无解理，贝壳状断口。密度：一般为 $1.08g/cm^3$，在饱和的食盐溶液中上浮（图6-37～图6-40）。

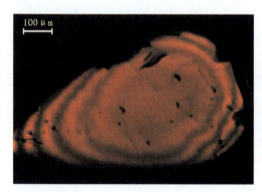

图6-37 抚顺琥珀的波状异常消光
（正交偏光）

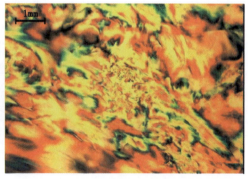

图6-38 多米尼加蓝珀似糖浆状流动纹
（正交偏光）

【鉴定特征】偏光镜下，琥珀呈浅黄色；折射率 $N\approx1.54$，几乎见不到糙面；风化后，折射率降低，$N\approx1.51$ 或 1.49。煤珀呈蜡黄色，质地较杂，折射率 $N\approx1.54$。两者在正交偏光镜下全黑，为均质体。

【产状】琥珀是中生代白垩纪至新生代第三纪（古近纪＋新近纪）松柏科、云实科、南洋杉科等植物的树脂，经地质作用而形成的有机混合物。琥珀的形成一般有三个阶段：第一阶段是树脂从柏松树等植物上分泌出来;第二阶段是树脂被深埋,并发生了石化作用,树脂的成分、结构和特征都发生了明显变化;第三阶段是石化树脂被冲刷、搬运、沉积和发生成岩作用,从而形成了琥珀。琥珀主要分布于白垩纪和第三纪(古近纪+新近纪)的砂砾岩、煤层的沉积物中。

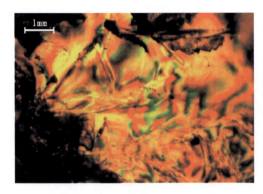 

图6-39 多米尼加蓝珀的跳色区域　　　　图6-40 再造琥珀的碎块状结构
　　　　（正交偏光）　　　　　　　　　　　　　（正交偏光）

【知识链接】

常见琥珀的种类有金珀、金蓝珀、茶珀、绿茶珀、红茶珀、血珀、翳珀、花珀、骨珀、棕红珀、蓝珀、绿珀、虫珀、香珀、蜜蜡、珀根、缅甸根珀等。

(注:图6-38、图6-39、图6-40来源于中国地质大学(武汉)珠宝检测中心)

# 模块七 一轴晶矿物的光性矿物学特征

## 学习目标

**知识目标**：了解主要的几种一轴晶矿物的光性矿物学特征，特别是要理解和掌握这几种一轴晶矿物的基本特征、光学性质、光性常数、鉴定特征及产状等内容。

**能力目标**：了解主要的几种一轴晶矿物的一般特征，熟悉这几种一轴晶矿物的化学组成、形态、光学性质、矿物变化、鉴定特征及其产状，重点掌握每种一轴晶矿物的鉴定特征及其与相似矿物的区别。

## 霞石族（Nepheline group）

霞石族矿物为 $R^+[AlSiO_4]$ 型的铝硅酸盐，其中 R 为 Li、Na、K、Ca 等元素，在高温时可形成 $Na[AlSiO_4]$—$K[AlSiO_4]$ 连续的完全类质同象系列。主要端元矿物为 $Na[AlSiO_4]$：霞石分子（Ne）；$K[AlSiO_4]$：钾霞石分子（Ks）。

霞石族矿物通常为六方晶系，一轴晶矿物，主要的矿物种类包括霞石、六方钾霞石（六方钾霞石的同质多晶变种包括钾霞石、三型钾霞石、四型钾霞石）、钙霞石[钙霞石的类质同象变种有硫酸钙霞石（硫碱钙霞石，成分中富（$SO_4$））、碱钾钙霞石（微碱钙霞石，成分中富 Cl 和 K）、钾钙霞石、硫钙霞石]等矿物。

纯 $Na[AlSiO_4]$ 在常温至 900℃ 时稳定为低温霞石（六方晶系），在 900℃ 时转变为高温霞石（斜方晶系），在 1254℃ 时则转变为高温多形三斜霞石。

纯 $K[AlSiO_4]$ 在常温下为六方钾霞石（六方晶系），在 850℃ 以上时则转变为斜方钾霞石。

## 霞石（Nepheline）

$N_o=1.529\sim1.549$，$N_e=1.526\sim1.543$，$(-)N_o-N_e=0.003\sim0.005$

$H_m=5\sim6$，$D=2.60$

$(Na,K)[AlSiO_4]$，六方晶系

【化学组成】化学式为 $(Na,K)[AlSiO_4]$，是一种含有铝和钠的硅酸盐，为架状结构的硅酸盐矿物，也是最主要的似长石矿物，成分中含有少量 Ca、Li、Be 元素。霞石和钾霞石在高温时形成连续的类质同象系列，低温时则为有限混溶。天然产出的霞石通常含有 5%～20%

的 $K[AlSiO_4]$ 和过量的 $SiO_2$（5％～10％）。

【形态】架状结构，晶体呈六方柱状、短柱状、厚板状（图7-1），常见粒状、致密块状集合体。

【光学性质】霞石呈无色、灰白色，玻璃光泽。矿物薄片中为无色透明，常因风化而呈浑浊的浅灰色。具$\{10\bar{1}0\}$柱面解理和$\{0001\}$底面一组不完全解理，矿物薄片中常见无规则方向的裂纹。贝壳状断口，断口具典型的油脂光泽。正低突起或负低突起（根据切面不同），因与树胶的折射率相近，几乎见不到突起和糙面。正交偏光镜下，干涉色低，为Ⅰ级灰白（不超过），一轴晶负光性（图7-2）。柱状切面具平行消光，六边形底面为全消光。

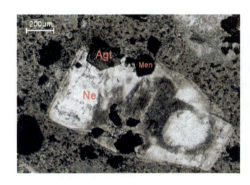 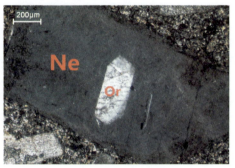

图7-1 霓辉霞石正长斑岩　　　　　图7-2 霓辉霞石正长斑岩
［柱状霞石（Ne）斑晶被霓辉石（Agt）　　［霞石（Ne）斑晶包含正长石（Or）包裹体
和黑榴石（Men）交代（单偏光）］　　　　　　　（正交偏光）］

【矿物变化】霞石不稳定，易变为沸石、白云母、白霞石、钙霞石、方解石、方钠石、高岭土、绿霞石、水霞石、石榴石、胶体矿物等。

【鉴定特征】霞石以其低突起、无解理或解理不完全、无双晶、一轴晶与碱性长石相区分，同时以光性特征、产状与堇青石相区分。石英则以正低突起、无解理、显著高于霞石的Ⅰ级黄白干涉色、一轴晶正光性、表面干净等特征与霞石区分。

【产状】霞石多产于富钠少硅的碱性岩浆岩中，与碱性长石、碱性暗色矿物共生（图7-3）。霞石不与石英共生，是碱性岩的特征矿物。

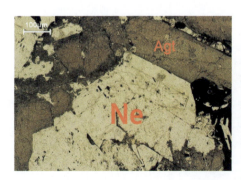 

图7-3 霓霞岩
［霞石（Ne）与霓辉石（Agt）共生；左：单偏光；右：正交偏光］

# 石英族(Quartz group)

石英族矿物在自然界分布广泛,它们都是由氧化硅组成,主要有石英、鳞石英(Tridymite)、方英石(Cristobalite)、柯石英(Coesite)和斯石英(Stishovite,又称超石英)。蛋白石是含水的非晶质氧化硅($SiO_2 \cdot nH_2O$),焦石英是一种少见的硅酸玻璃,也是非晶质体。玉髓为氧化硅的隐晶质集合体。自然界以石英、蛋白石和玉髓最为常见。石英族矿物的光性特征如表7-1所示。

表7-1 石英族矿物的光性特征表

| 矿物名称 | 晶系 | $N_o/N_p$ | $N_m$ | $N_e/N_g$ | $N_e-N_o/$ $N_g-N_p$ | 轴性、光性 | 延性 | 备注 |
|---|---|---|---|---|---|---|---|---|
| α-石英 | 三方晶系 | 1.544 | | 1.553 | 0.009 | 一轴(+) | 正 | 低温变体 |
| β-石英 | 六方晶系 | 1.538 | | 1.546 | 0.008 | 一轴(+) | 正 | 高温变体 |
| 玉髓 | 隐晶质集合体 | 1.530～1.533 | | 1.538～1.543 | 0.008～0.01 | 一轴(+) | 负 | 纤维状变体 |
| 蛋白石 | 非晶质 | $N=1.406$～$1.460$(单折射率) | | | 0 | 均质体 | | 产于沉积岩 |
| 鳞石英 | 斜方(假六方) | 1.471～1.479 | 1.472～1.48 | 1.474～1.483 | 0.003～0.004 | 二轴(+) | 负 | 火山岩矿物 |
| 方英石 | 四方(假等轴) | 1.487 | | 1.484 | 0.003 | 一轴(-) | 正 | 火山岩矿物 |
| 焦石英 | 非晶质 | $N=1.462$～$1.545$(单折射率) | | | 0 | 均质体 | | 熔化石英 |
| 柯石英 | 单斜(假六方) | 1.594 | 1.595 | 1.597 | 0.003 | 二轴(+) | | 陨石坑产出 |
| 斯石英 | 四方晶系 | 1.799 | | 1.826 | 0.027 | 一轴(+) | | 陨石坑产出 |
| 热液石英 | 四方晶系 | 1.522 | | 1.513 | 0.009 | 一轴(-) | | 人造变种 |

# 石英(水晶,Quartz)

$N_o=1.544(\alpha), 1.538(\beta)$

$N_e=1.553(\alpha), 1.546(\beta)$

$(+)N_e-N_o=0.009(\alpha), 0.008(\beta)$

$H_m=7, D=2.65$

$SiO_2$,低温α-石英为三方晶系,高温β-石英为六方晶系,转变温度573℃

【化学组成】化学式为$SiO_2$,氧化物矿物,部分矿物成分纯净,$SiO_2$含量可达100%。经常含有一些机械混入物,如金红石、电气石、阳起石、云母、绿泥石、矽线石、磷灰石、石榴石、锆英石、磁铁矿、赤铁矿、针铁矿等,这些混入物可作为矿物包裹体存在(矿物包裹体的存在可以形成特殊的水晶,如发晶、"钛晶"、"绿幽灵"、"红兔毛"等)。此外,石英还常含有$CO_2$、$H_2O$、$NaCl$、$KCl$、$CaCO_3$等气态、液态和固态包裹体。

【形态】架状结构。结晶完美的水晶晶体属三方晶系($\alpha$-石英),常呈六棱柱状晶体,以及正负菱面体聚形,长柱状,柱面横纹发育,柱体为一头尖或两头尖,多条长柱体联结在一块构成水晶晶簇。除了常见的长柱状外,还有似宝剑状、板状、短柱状、双锥状等。$\beta$-石英一般为柱面很短的六方双锥,多呈他形粒状或致密块状(图7-4)。高温变体常呈自形晶,并有溶蚀现象;自然界中$\beta$-石英全部转变为$\alpha$-石英,并保留了$\beta$-石英的假象(图7-5)。

图7-4 石英呈他形粒状集合体
(正交偏光)

图7-5 自形石英呈晶粒镶嵌状充填孔隙
(正交偏光)

【光学性质】无色、乳白色,因含杂质元素而呈紫色、黄色、绿色、黑色等。无色透明者称为水晶,黄色者称为黄晶,紫色者称为紫晶,而浅红色者称为蔷薇石英或芙蓉石,烟黄—褐色者称为烟晶或茶晶。玻璃光泽,贝壳状断口,断口为油脂光泽。矿物薄片中为无色透明,表面光滑;无解理,有时见裂纹。矿物薄片中不见双晶或极少见双晶。正低突起,折射率略高于树胶。正交偏光镜下,最高干涉色为Ⅰ级黄白,一般为Ⅰ级灰白。一轴晶正光性。柱状轮廓为平行消光,应力作用下,石英可因压溶出现砂钟构造、波状消光、不同类型的变形纹、变形带等(图7-6～图7-9)。柱状晶体为正延性,$2V = 8° \sim 12°$。

图7-6 石英呈波状消光
(正交偏光)

图7-7 变质岩中多晶石英呈不均匀消光
(正交偏光)

图 7-8　石英具有两组变形纹
（正交偏光）

图 7-9　石英具黑白相间的变形条带
（正交偏光）

【矿物变化】石英的性质较稳定，矿物薄片中不见任何风化产物，仅在极少数情况下能被钠长石、磁铁矿、黄铁矿等矿物所代替。但是石英交代其他矿物的现象较常见，称为硅化现象（图 7-10）。常见方解石、橄榄石、重晶石等被石英集合体取代所构成的假象。

图 7-10　帘石类矿物几乎硅化为石英且仅剩少量矿物残余
（左：单偏光；右：正交偏光）

【鉴定特征】石英以其无解理、表面干净光滑、矿物薄片中无双晶、正低突起、Ⅰ级黄白—灰白干涉色、无风化物、无糙面、一轴晶正光性等特征区分于其他矿物。

【产状】石英在地壳中是一种分布很广的矿物，仅次于长石矿物，是岩浆岩、沉积岩、变质岩的常见组分（图 7-11～图 7-16）。除超基性岩和部分基性岩外，几乎其他的结晶岩和沉积岩中都有石英产出。另外，石英还是热液脉的主要矿物。

当二氧化硅结晶完美时，就形成水晶；结晶不完美的就形成石英。二氧化硅胶化脱水后就形成玛瑙，二氧化硅含水的胶体凝固后就形成蛋白石。二氧化硅晶粒小于几微米时，就形成玉髓、燧石、次生石英岩等矿物或岩石。

在更长环斑花岗岩中，含有高温石英，但均已变为低温石英，且保留 $\beta$-石英的假象。

图7-11 花岗岩中的石英，颗粒间呈齿状接触，无明显压扁、拉长现象
（正交偏光）

图7-12 鲕状硅质岩中充填孔隙的自生晶粒状石英
（正交偏光）

图7-13 片岩中的石英
（定向分布的石英组成片状构造，含少量鳞片状云母矿物）（正交偏光）

图7-14 石英岩中石英颗粒呈镶嵌粒状，三个颗粒矿物构成三边平衡结构
（正交偏光）

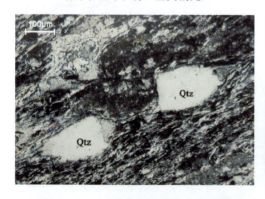

图7-15 片岩中石英斑晶呈布丁构造
（正交偏光）

图7-16 碎屑石英普遍具自生加大边
（正交偏光）

在伟晶岩及其晶洞中，石英可以生长成很大的晶体或聚合为晶簇状，并且岩石中的石英和钾长石（通常为微斜长石或微纹长石）有规则共生，这两种矿物互结成楔形连晶，似楔形文

字,即文象结构(图7-17)。

在花岗质岩石中,还常见石英和酸性斜长石交互生长的情况,石英通常在钾长石或斜长石的交界处穿插生长在斜长石中,呈蠕虫状、乳滴状或花瓣状,故称"蠕英石",这种结构称为蠕虫结构(图7-18)。蠕虫结构是指岩石中斜长石交代钾长石后,由剩余的二氧化硅形成的蠕虫状石英,镶嵌在斜长石的边部,而与斜长石形成连晶的一种结构。

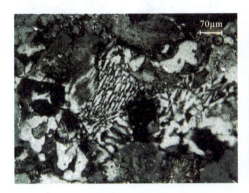
图7-17 石英和钾长石构成的文象结构
（正交偏光）

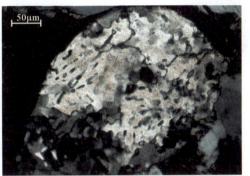
图7-18 石英和斜长石构成蠕虫结构
（正交偏光）

## 玉髓（玛瑙,Chalcedony）

$N_o=1.531\sim1.533$, $N_e=1.538\sim1.543$, $(+)N_e-N_o=0.008\sim0.010$

$H_m=6\sim6.5$, $D=2.60$

$SiO_2$,三方晶系,隐晶质集合体

【化学组成】化学式为 $SiO_2$,氧化物矿物,常含氧化铁、有机质等机械混入物,并含有不定量的水。

【形态】常呈隐晶质,是石英的微细纤维的变体(图7-19、图7-20),为隐晶质集合体或纤维状集合体,放射状、球粒状集合体,或呈致密块状,以及皮壳状、钟乳状。部分玉髓呈球粒状充填杏仁体或鲕粒。具有纹带状、条带状构造的隐晶质石英就是玛瑙,没有条带状构造、颜色均一的隐晶质石英为玉髓。

【光学性质】玉髓常呈白色、灰色、褐色,甚至为黑色,蜡状光泽,无解理。矿物薄片中常为无色透明,或者黄色和浅褐色(氧化铁所致)。负低突起,糙面不明显。正交偏光镜下干涉色低,为Ⅰ级灰白。平行消光,有时具斜消光。延性符号可正可负,一轴晶正光性,有时可为二轴晶,$(+)2V=0\sim25°$。

【鉴定特征】以其纤维状集合体、低突起、平行消光特征与纤维状沸石相区分。

【产状】玉髓形成于低温和低压条件下,出现在喷出岩的空洞、热液脉、温泉沉积物、碎屑沉积物及风化壳中。火山岩的玻璃物质发生脱玻化时可形成玉髓。有的玉髓结核内会含有水和气泡。

图 7-19 火山岩气孔中的玉髓隐晶质纤
维状、放射状集合体
（正交偏光）

图 7-20 硅质鲕粒
（纤维状玉髓充填鲕粒和充当胶结物）
（正交偏光）
注：据贺静网络图片。

# 磷灰石（Apatite）

$N_o=1.629\sim1.667$，$N_e=1.624\sim1.666$，$(-)N_o-N_e=0.001\sim0.007$
$H_m=5$，$D=2.90\sim3.50$
$Ca_5[PO_4]_3(F,Cl,OH)$，六方晶系

【化学组成】化学式为 $Ca_5[PO_4]_3(F,Cl,OH)$，磷灰石是一系列磷酸盐矿物的总称。天然磷灰石的化学成分近于 $Ca_5[PO_4]_3F$，但变化很大，部分 Ca 可被 Mn、Sr、Na、Ba、K 等元素代替，部分 $PO_4$ 可被 $AsO_4$、$SiO_4$、$SO_4$ 等代替。磷灰石中含有少量的 U 和其他放射性元素。

磷灰石的通式为：$A_5[XO_4]_3(F,Cl,OH)$，其中 A=Ca、Sr、Ba、Pb、Na、Ce、Y，X=S、P、As、V、Si。根据化学成分不同，磷灰石类矿物主要有四个理想的端元矿物：氟磷灰石 $Ca_5[PO_4]_3F$、氯磷灰石 $Ca_5[PO_4]_3Cl$、羟磷灰石 $Ca_5[PO_4]_3(OH)$、碳磷灰石 $Ca_5[PO_4,CO_3]_3F$，其中氟磷灰石和羟磷灰石可以以任意比例形成类质同象矿物，因此自然界最常见的是氟-羟磷灰石。

【形态】晶体呈六方柱状，常见粒状、致密块状、结核状集合体。在岩浆岩和变质岩中，常为较大的柱状或六边形的自形晶，以及细微粒状、长柱状、针状的微小副矿物；在沉积岩中，多见鲕状、球状、肾状、皮壳状等集合体（图 7-23）。

【光学性质】呈灰白色、淡绿色、蓝绿色、黄色、褐色等。矿物薄片中一般为无色透明，常见自形晶，柱状，横切面呈正六边形（图 7-21、图 7-22）。具多色性，吸收性 $N_e>N_o$，偶见 $N_o<N_e$，颜色多与 Mn 含量及其氧化程度，以及放射性元素的辐射有关。玻璃光泽，不平坦状断口，断口呈油脂光泽。解理不发育，具 {0001} 不完全解理（垂直于延伸方向，即所谓的"竹节状解理"）。见不到双晶。正中突起。干涉色低于 I 级灰，随着 $CO_3$ 和 OH 含量的增加，干涉色有所增高。柱状切面呈平行消光，横切面（自形六边形）呈全消光。延性一般为负延性，柱状晶体有可能为正延性。一轴晶负光性，有时可为二轴晶，$2V>10°$，其中氯磷灰石的 $2V$ 可达 $20°\sim25°$，富含 $CO_2$ 的磷灰石的光性异常表现得更强烈。

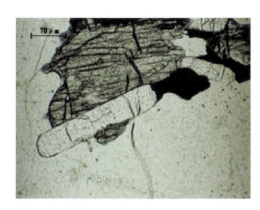

图 7-21 花岗岩中的磷灰石
（柱状晶形，低干涉色）（左：单偏光；右：正交偏光）

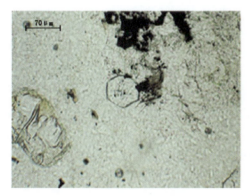

图 7-22 片麻岩中的磷灰石
（六边形切面，比周围石英的突起较高）（单偏光）

图 7-23 陇县寒武系磷矿层中的胶磷质鲕粒
（鲕粒、核心和胶结物中均有胶磷矿）（单偏光）
注：据贺静网络图片。

【矿物变化】磷灰石不易变化，外貌较新鲜。

【鉴定特征】磷灰石以其完好的六边形自形晶形、明显柱状、正中突起、Ⅰ级灰干涉色、平行消光、一轴晶负光性等鉴定特征与其他矿物加以区分。

【产状】磷灰石在火成岩中常见，变质岩中作为一种气成矿物存在，而在沉积岩中是构成磷块岩的主要成分。也常见于陆源碎屑沉积物中。

【变种】一般认为，磷灰石类矿物主要有四个理想的端元矿物：氟磷灰石、氯磷灰石、羟磷灰石、碳磷灰石，但自然界绝对纯的氟磷灰石、氯磷灰石和羟磷灰石是很少见的；而碳磷灰石经常与氟磷灰石或羟磷灰石共同产出。一般作为宝石原料的磷灰石是氟磷灰石及其类质同象系列矿物。

根据不同元素的代换，磷灰石类矿物有多种变种，包括氟磷灰石、氯磷灰石、羟磷灰石、碳（酸）磷灰石、细晶磷灰石、碳羟磷灰石、胶磷矿、硅磷灰石、羟硅磷灰石、铈磷灰石、凤凰石（钍铈磷灰石）、碱磷灰石、钾羟磷灰石等变种。

# 电气石族(碧玺,Tourmaline group)

电气石(Tourmaline)是电气石族矿物的总称,化学成分较为复杂,是以含硼为特征的铝、钠、铁、镁、锂的具双层六方环状结构的硅酸盐矿物。电气石的化学式表述为:$(Na,Ca)(Mg,Fe,Mn,Li,Al)_3Al_6[Si_6O_{18}][BO_3]_3(OH,F)_4$,属三方晶系矿物。由于类质同象较为普遍,因此成分较为复杂,常见的电气石主要有黑电气石、镁电气石、锂电气石、钠锰电气石等。其中,黑电气石与镁电气石、黑电气石与锂电气石之间可以形成完全的类质同象系列,而镁电气石与锂电气石间为不完全的类质同象系列。电气石可作为宝石材料,宝石级电气石称为碧玺。

电气石晶体常呈短柱状、长柱状、六方柱和三方柱组成的聚形、针状(图7-24)。柱面上有纵纹,柱状晶体两端的晶面发育不对称,横断面为球面三角形(图7-26)。集合体呈放射状、树枝状、纤维状,以及粒状。硬度大,$H_m=7\sim7.5$,$D=2.90\sim3.27$。

电气石的颜色随成分而异,不同变种的颜色差异很大,部分碧玺可具猫眼效应或变色效应。一般来说,电气石中含铁多则相对密度大,颜色深;含锂多则相对密度小,颜色较浅或呈无色。富含 Fe 的电气石呈黑色。富含 Li、Mn 和 Cs 的电气石呈玫瑰色,亦呈淡蓝色。富含 Mg 的电气石常呈褐色和黄色。富含 Cr 的电气石呈深绿色。$Mn^{2+}$ 可产生黄色,$Mn^{3+}$ 或 $Mn^{2+}$ 可产生粉红色。某些电气石晶体中含有石英、钠长石、白云母、氧化铁等矿物包裹体,并可构成同心环带(图7-25)。颜色在电气石单晶中也可以形成带状排列,有的核心为红色,外部为绿色(如"西瓜碧玺");有的柱状晶体的一端为红色,另一端为绿色(如"二色碧玺""三色碧玺")。

图7-24 片岩中的电气石　　　　图7-25 片岩中的电气石
(柱状晶形和切面)(单偏光)　　　　(明显的色带)(单偏光)

电气石的多色性、吸收性明显,尤其是富铁的变种(主要指黑电气石)更为突出。当柱面的长轴方向(即 $N_e$ 方向)平行于下偏光镜振动方向时,吸收性最弱,颜色最浅;转动90°后,则吸收性最强(即 $N_o>N_e$),即垂直下偏光镜时颜色最深。其吸收性公式为:$N_o>N_e$,是电气石的一个重要特征(图7-26)。

图 7-26 砂岩中的电气石

(横断面呈球面三角形,发育横断裂理;左边:单偏光,电气石的 $c$ 轴与下偏光振动方向垂直,颜色深;右边:单偏光,$c$ 轴与下偏光振动方向平行,颜色最浅)

电气石的另外一个特点是:没有解理,但是矿物薄片中几乎总是出现横向的裂纹(裂理),这种裂纹与柱面长轴近于垂直,即有时可见近于垂直 $c$ 轴方向的裂理(图 7-26),这些裂理不如解理那样表现规则。

中—高正突起,糙面明显。折射率为:$N_o=1.630\sim 1.690$,$N_e=1.610\sim 1.660$,$(-)N_o-N_e=0.021\sim 0.045$,折射率和双折射率均随着铁含量增加而增高。一轴晶负光性,有时可见到 $2V=10°$ 的二轴晶。柱状切面呈平行消光,为负延性。最高干涉色可达Ⅱ~Ⅲ级,但常因矿物本身颜色难以辨认,有时可见异常的干涉色。

电气石的最重要的鉴定特征为柱状晶形、横断面呈球面三角形、无解理、具有横断裂理、多色性强、特征的反吸收性($N_o>N_e$)、平行消光、负延性等。

电气石是伟晶岩和气成热液矿床的指示矿物,是在硼元素的积极活动下形成的。黑电气石形成于较高的温度下,晶形较好;绿色电气石(约 290℃)和粉红色电气石(约 150℃)则是在较低温度下生成的,晶形较差。黑电气石产出于正常的未交代的伟晶岩;镁电气石多见于变质交代岩中;蓝色和绿色电气石产出于钠长石化伟晶岩中;粉色和红色电气石是含锂伟晶岩的典型矿物。

电气石的性质一般较稳定,在碎屑沉积物中常见不规则状或浑圆状的黑电气石产出,在沉积岩中可见自生的晶形完好的电气石产出。另外,电气石蚀变后可变成白云母、黑云母、绿泥石、锂绿泥石、锂云母等矿物。

# 黑电气石(Schorl)

$N_o=1.625\sim 1.698$,$N_e=1.628\sim 1.658$,$(-)N_o-N_e=0.022\sim 0.040$

$H_m=7\sim 7.5$,$D=3.10\sim 3.25$

$NaFe_3Al_6[Si_6O_{18}][BO_3]_3(OH)_4$,三方晶系

【化学组成】化学式为 $NaFe_3Al_6[Si_6O_{18}][BO_3]_3(OH)_4$,是含硼的铝、钠、铁硅酸盐矿物,也称为黑碧玺。黑碧玺是电气石中富铁的端元矿物,成分中 Na 可被 Ca 代换。

【形态】环状结构；晶体呈短柱状、长柱状，常见柱状或放射状集合体。

【光学性质】黑电气石为黑色，矿物薄片中可显灰色、灰褐色、肉色、蓝色、蓝绿色、橄榄绿色、紫色或黑色等，有时呈同心状分布的颜色环带。其多色性一般很显著：$N_e$=浅黄色、红色、褐色、浅绿色、淡紫色等；$N_o$=褐色、黑色、暗绿色、蓝色、黄色等；$N_o > N_e$。中—高正突起，糙面明显。无解理，但有垂直 $c$ 轴的横裂理。干涉色最高可达Ⅱ～Ⅲ级，有时可见异常干涉色。平行消光，很少见双晶，负延性，一轴晶负光性。

【鉴定特征】黑电气石可以以柱状晶形、柱面纵纹、横断面为球面三角形、吸收性、无解理与其他相似矿物黑云母（解理、多色性、正吸收性）、角闪石（两组解理、斜消光）区分开来。

【产状】黑电气石是一种与酸性岩浆有关的典型的高温气成矿物，产于花岗伟晶岩（黑电气石与云母、石英、叶钠长石伴生）、伟晶岩、花岗岩、高温热液石英脉、云英岩（高温蚀变产物，同黄玉、锡石、萤石伴生）、片岩、片麻岩、千枚岩中，也可出现于砂岩中。

# 镁电气石（Dravite）

$N_o = 1.635 \sim 1.661, N_e = 1.610 \sim 1.632, (-) N_o - N_e = 0.021 \sim 0.026$

$H_m = 7 \sim 7.5, D = 3.03 \sim 3.15$

$NaMg_3[Al_6[Si_6O_{18}][BO_3]_3(OH)_4$，三方晶系

【化学组成】化学式为 $NaMg_3Al_6[Si_6O_{18}][BO_3]_3(OH)_4$，是含硼的铝、钠、镁硅酸盐矿物。镁电气石是富镁的电气石变种，在某些褐色的电气石中，Ca 可以代替 Na。

【形态】环状结构；晶体为三方柱和六方柱的聚形，柱状或锥状的自形晶，也可呈较粗大的半自形晶或等向粒状晶体。

【光学性质】镁电气石为无色、褐色、黑色，矿物薄片中常呈肉色、黄色或无色，有时见颜色环带（图 7-27）。具有多色性：$N_e$=淡黄色、无色；$N_o$=褐黄色、淡黄色；$N_o > N_e$。正中突起。无解理，但有垂直 $c$ 轴的横裂理。干涉色为Ⅰ级顶部至Ⅱ级中部，平行消光，偶见双晶，延性为负延性，一轴晶负光性。

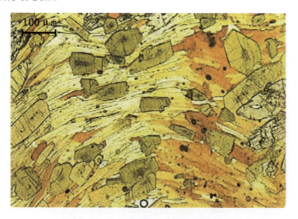

图 7-27 变质岩中的镁电气石
（呈柱状自形晶，矿物薄片中呈黄色）（单偏光）

【鉴定特征】以其折射率和双折射率低、多色性与吸收性不及黑电气石强等,与其他电气石区分。另外,以其产状、突起、干涉色低与黑电气石进行区分。

【产状】产于变质的白云质石灰岩和镁质结晶片岩中。

## 锂电气石(Elbaite)

$N_o=1.635\sim1.655, N_e=1.615\sim1.629, (-)N_o-N_e=0.015\sim0.023$

$H_m=7\sim7.5, D=3.03\sim3.10$

$Na(Li,Al)_3Al_6[Si_6O_{18}][BO_3]_3(OH)_4$,三方晶系

【化学组成】化学式为 $Na(Li,Al)_3Al_6[Si_6O_{18}][BO_3]_3(OH)_4$,是含硼的铝、钠、锂硅酸盐矿物。锂电气石成分中含有较多的 Li,$Li_2O$ 含量可达 2%,同时 Al 含量高,Mg 含量低,$Fe^{2+}$ 的含量有所变化,一般偏低,甚至没有 $Fe^{3+}$。锂电气石与黑电气石可以形成完全的类质同象系列。

【形态】环状结构;晶体为三方柱和六方柱组成的聚形,或为平行排列的柱状、放射状、针状集合体。

【光学性质】锂电气石呈无色、淡黄色、玫瑰色、红色、绿色。矿物薄片中为无色或具极淡的色调,有时见颜色环带,"西瓜碧玺"和"多色碧玺"常为锂电气石。具有多色性:$N_e$ 为无色;$N_o$ 为淡红色、淡蓝色;$N_o>N_e$。同其他电气石比较,锂电气石的颜色最浅,多色性最弱。正中突起。无解理,但有垂直 $c$ 轴的横裂理。干涉色为Ⅰ级顶部至Ⅱ级底部,平行消光,延性为负延性,一轴晶负光性。

【鉴定特征】根据其晶形、颜色浅、特别的多色性不难识别出锂电气石。锂电气石有时与磷灰石相似,可根据磷灰石的干涉色低(一般为低于Ⅰ级灰),而锂电气石的干涉色总是高于Ⅰ级顶部进行区分。

【产状】锂电气石产于气热交代的花岗伟晶岩中,发育于伟晶岩晚期,与含锂的矿物(锂辉石、锂绿泥石、锂云母)、石英、叶钠长石、碱性绿柱石等矿物共生。

【变种】锂电气石因其不同的颜色可有无色电气石(Achroite,白碧玺)、红色电气石(Rubellite,红碧玺)、绿色电气石(Verdelite,绿碧玺)、蓝色电气石(Indicolite,蓝碧玺)、紫电气石(Siberite,紫碧玺)等变种。

## 刚玉(Corundum)

$N_o=1.767\sim1.772, N_e=1.759\sim1.763, (-)N_o-N_e=0.008\sim0.009$

$H_m=9, D=4.0\pm$

$Al_2O_3$,三方晶系

【化学组成】化学式为 $Al_2O_3$,是铝的氧化物矿物。常含少量 Fe、Mn、Cr、Ti 等杂质元素。

【形态】刚玉的晶体为六方双锥与底面的聚形,常呈桶状、柱状、锥状,少数有平行{0001}

方向的板状。晶面常见斜纹或横纹。

【光学性质】无色或呈白色、红色、灰蓝色、灰黄色等多种颜色；矿物薄片中为无色透明，或呈其他颜色。具有二色性：$N_o$ 为靛蓝色、蓝色、深紫色，$N_e$ 为淡蓝色、黄绿色、淡黄色；其吸收性公式为：$N_o > N_e$。无解理，常见菱形裂理。正高突起，糙面显著。刚玉呈Ⅰ级淡黄干涉色（图7-28），因厚度的影响有时呈Ⅱ级蓝干涉色。可见 $\{10\bar{1}1\}$ 为双晶面的聚片双晶，较为普遍。平行消光。柱状晶体负延性，板状晶体正延性。一轴晶负光性。

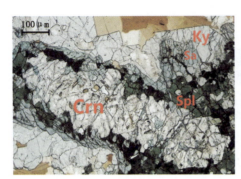 

图7-28 铝金云母片麻岩

［刚玉(Crn)呈Ⅰ级淡黄干涉色，与尖晶石(Spl，各向同性，为刚玉矿物的反应边)、蓝色蓝宝石(Sa)、蓝晶石(Ky，灰色干涉色)共生；左：单偏光；右：正交偏光］

【矿物变化】刚玉能蚀变为白云母、尖晶石、蓝晶石、矽线石等矿物。

【鉴定特征】常以其特殊的晶形、正高突起、Ⅰ～Ⅱ级干涉色、很高的硬度等特征与其他矿物加以区分。

【产状】产于高温富铝贫硅的变质岩中，作为副矿物出现，有时也见于次生石英岩化的酸性火山岩中。在碱性玄武岩中，刚玉以巨晶形式产出。

【变种】由于离子替换，刚玉有呈现各种颜色的变种。

红宝石(Ruby)：是一种 $Cr_2O_3$ 含量为 2‰～3‰ 的红色刚玉。

蓝宝石(Sapphire)：红宝石之外的各色的宝石级刚玉都称为蓝宝石。

## 锆石(Zircon)

$N_o = 1.923 \sim 1.960$，$N_e = 1.968 \sim 2.015$，$(+)$ $N_e - N_o = 0.045 \sim 0.055$

$H_m = 6.5 \sim 7.5$，$D = 3.80 \sim 4.70$

$Zr[SiO_4]$，四方晶系

【化学组成】化学式为 $Zr[SiO_4]$，是岛状结构硅酸盐矿物。成分中常含 Fe、U、Th、Hf、Nb、Ta 和 $H_2O$ 等杂质。

【形态】锆石的晶体一般呈短四方柱状或长柱状，或四方双锥与复四方双锥的聚形，横切面为四边形或八边形（图7-29）。矿物薄片中常为自形、半自形的粒状、柱状。

【光学性质】无色或呈褐色、红色、浅红褐色、黄灰色、绿色等颜色，矿物薄片中多为无色，或极淡的色调,有时见颜色成环带状分布(图7-29、图7-30)。矿物薄片中锆石具有二色性,吸收性公式为:$N_o < N_e$。{110}柱面解理不完全,只有大的晶体中才见解理。正极高突起。最高干涉色达很鲜艳的Ⅲ～Ⅳ级的红色、绿色、蓝色的干涉色(图7-30)。平行消光,正延性,一轴晶正光性,有时显二轴晶,2V角可达10°(放射性使矿物非晶质化)。

图7-29 砂岩中的锆石
(横切面为四边形,见环带结构)(左:单偏光;右:正交偏光)

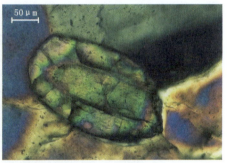

图7-30 变粒岩中的锆石
(具环带结构,干涉色高,弱的多色晕)(左:单偏光;右:正交偏光)

【矿物变化】锆石不易风化和破碎,但在富含放射性物质的锆石中有自分解现象,使之变为均质体,折射率为1.700～1.800。出现带状结构,在周围矿物中产生放射状裂隙,即为"锆石晕"现象。在黑云母、辉石、绿泥石、红柱石、电气石、堇青石、角闪石以及含稀土元素的矿物(独居石、磷钇矿、褐帘石等)中,经常含有锆石的细微颗粒,锆石中放射性元素产生的微裂隙,使得矿物周围形成浓而色深的"锆石晕",还可称为"多色晕"(图7-30)。

【鉴定特征】锆石以晶形、横切面为四边形或八边形、正极高突起、Ⅲ～Ⅳ级鲜艳干涉色、一轴晶正光性等特征与其他矿物加以区分。

【产状】锆石可产于酸性火成岩、碎屑沉积岩、变质岩、砂岩中。在碱性橄榄玄武岩中,锆石可以巨晶状产出,质好者可做宝石。

【变种】根据颜色和类质同象代换的不同,锆石有如下的变种:变水锆石(Malacom, $ZrO_2 \cdot SiO_2 \cdot nH_2O$,锆石的蚀变产物)、曲晶石(Cyrtolite,是含有稀土和铀钍元素的变种,晶形常弯曲)、红锆石(锆石的红色、褐色变种)等。

# 锡石（Cassiterite）

$N_o=1.996, N_e=2.093, (+) N_e-N_o=0.097$

$H_m=6\sim7, D=6.80\sim7.00$

$SnO_2$，四方晶系

【化学组成】化学式为$SnO_2$，是具金红石型结构的氧化物矿物，常含少量的Fe、Nb、Ta、Mn、Sc等杂质元素。

【形态】锡石的晶形呈双锥状和双锥柱状，常呈粒状。

【光学性质】锡石呈金刚光泽，颜色为无色、赭黄色、红色、棕—沥青黑色，在矿物薄片中多为无色至淡黄色、粉红色和褐色，颜色呈带状分布。深色变种有中到强的多色性：$N_o$为浅绿黄色、黄色至铁灰色、无色、淡绿色，$N_e$为深粉褐色、黄褐色至黑色、肉红色、红色。其吸收性公式为：$N_o<N_e$。解理不完全。正极高突起，突起和糙面十分明显。最高干涉色为高级白。平行消光，双晶面为斜消光。常见膝状双晶或聚片双晶（图7-31）。正延性，一轴晶正光性。

图7-31 单偏光镜下锡石的颜色和膝状双晶
（单偏光）

【矿物变化】可以呈其他矿物的假象存在，如赤铁矿、正长石或其他矿物。

【鉴定特征】以其高折射率、膝状双晶等与其他矿物区分。

【产状】锡石多产于酸性火成岩中，如花岗岩、花岗伟晶岩、石英脉中，是典型气成作用产物。锡石有时也与硫化物共生，也是沉积物中常见的重砂矿物。

# 碳酸盐类矿物（Carbonate group mineral）

碳酸盐类矿物是钙、镁、铁、锰、锌、铅、锶、钡等的碳酸盐，变种达60种之多。常见碳酸盐类矿物大部分属于三方晶系，较重要的有方解石、白云石、菱镁矿、菱铁矿、菱锰矿、菱锌矿等矿物；少数属斜方晶系，常见的矿物有霰石（文石）、菱锶矿、毒重石、白铅矿；还有较少见的六方晶系的球霰石（六方球方解石）。

其中，方解石、霰石（文石）、球霰石（六方球方解石）为同质三相矿物，它们的化学组成都是 $CaCO_3$，其中方解石为三方晶系，产出广泛；球霰石为六方晶系，极少见；霰石（文石）属斜方晶系，在生物贝壳中及湖相沉积矿床、火山岩孔洞中产出。

碳酸盐类矿物主要有四个类质同象系列：①方解石—菱锰矿（$CaCO_3$—$MnCO_3$）；②白云石—铁白云石[$CaMg(CO_3)_2$—$Ca(Mg,Fe)(CO_3)_2$]；③菱镁矿—菱铁矿（$MgCO_3$—$FeCO_3$）；④菱锰矿—菱铁矿（$MnCO_3$—$FeCO_3$）。

属三方晶系的碳酸盐类矿物，多数结晶成菱面体和偏三角面体，具有特征的菱形$\{10\bar{1}1\}$完全解理，常见聚片双晶，均系一轴晶负光性，几乎都有特征的闪突起现象。双折射率很大，$N_o-N_e=0.172\sim0.242$，显高级白干涉色，并且表面常常有珍珠状的晕彩。因此，单偏光镜下的闪突起（假吸收）和正交偏光镜下的高级白干涉色就是多数碳酸盐矿物的极为明显的鉴定特征。碳酸盐类矿物的光性特征总结如表 7-2 所示。

表 7-2  碳酸盐类矿物的光性特征

| 矿物名称 | 化学成分 | 晶系 | $N_o(N_g)$ | $N_m$ | $N_e(N_p)$ | 2V 角 | 光性特征 |
|---|---|---|---|---|---|---|---|
| 方解石 | $CaCO_3$ | 三方 | 1.658 | | 1.486 | | 一轴（-） |
| 白云石 | $CaMg(CO_3)_2$ | 三方 | 1.680 | | 1.500 | | 一轴（-） |
| 菱镁矿 | $MgCO_3$ | 三方 | 1.700 | | 1.509 | | 一轴（-） |
| 菱铁矿 | $FeCO_3$ | 三方 | 1.875 | | 1.633 | | 一轴（-） |
| 菱锰矿 | $MnCO_3$ | 三方 | 1.816 | | 1.597 | | 一轴（-） |
| 菱锌矿 | $ZnCO_3$ | 三方 | 1.850 | | 1.625 | | 一轴（-） |
| 球霰石 | $CaCO_3$ | 六方 | 1.550 | | 1.650 | | 一轴（+） |
| 霰石（文石） | $CaCO_3$ | 斜方 | 1.686 | 1.680 | 1.530 | 18° | 二轴（-） |
| 菱锶矿 | $SrCO_3$ | 斜方 | 1.667 | 1.665 | 1.518 | 8° | 二轴（-） |
| 毒重石 | $BaCO_3$ | 斜方 | 1.677 | 1.676 | 1.529 | 16° | 二轴（-） |

# 方解石（Calcite）

$N_o=1.658, N_e=1.486, (-)N_o-N_e=0.172$

$H_m=3, D=2.71$

$CaCO_3$，三方晶系

【化学组成】化学式为 $CaCO_3$，是碳酸钙矿物，含少量 Mg、Fe、Mn、Pb 和 Zn 等杂质元素。

【形态】晶体常呈菱面体，或复三方偏三角面体和菱面体的聚形，常见不规则粒状、鲕状、钟乳状、放射状及土状集合体。矿物薄片中很少见方解石的自形晶,多以粒状产出。

【光学性质】方解石为无色、白色,矿物薄片中为无色透明。$N_o$为正中—正高突起,$N_e$为负低突起,所以方解石的闪突起非常明显(图7-32)。有带珍珠晕彩的高级白干涉色(图7-33)。沿解理方向对称消光,夹角75°～105°。具三组菱形$\{10\bar{1}1\}$完全解理(菱面体解理完全)。常具有沿菱形面$\{01\bar{1}2\}$的聚片双晶,该聚片双晶大多属于机械双晶,$\{0001\}$接触双晶也常见,矿物薄片中双晶纹平行于菱形解理的长对角线(图7-34、图7-35)。负延性。一轴晶负光性,有时可见方解石显二轴晶负光性,$2V=4°\sim14°$。

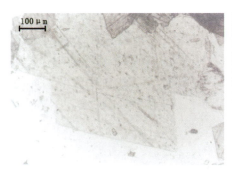

图7-32 方解石的闪突起现象
(单偏光,需要将矿物薄片转动90°才能观察到)

图7-33 大理岩中的方解石
(具高级白干涉色)(左:单偏光;右:正交偏光)

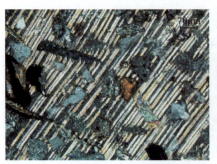
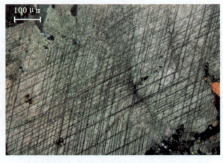

图7-34 沉积岩中的方解石　　　　图7-35 大理岩中的方解石
(双晶纹发育)(正交偏光)　　　　(具聚片双晶)(正交偏光)

【矿物变化】通常条件下,方解石为 $CaCO_3$ 的稳定状态,文石为方解石的同质多象变体;温度较高时(450°),文石可转变为方解石。

【鉴定特征】方解石以无色透明、菱面体完全解理、明显的闪突起、高级白干涉色、一轴晶负光性等特征和其他矿物进行区分。

【产状】方解石在三大岩类中均有产出,是分布很广、较为常见的造岩矿物之一。在岩浆岩的岩浆后期,方解石呈星点浸染状产出,可交代长石、辉石、角闪石,成为这些矿物的假象。方解石是沉积岩的重要矿物,是石灰岩、白云岩的主要组分,鲕粒灰岩中的鲕粒主要由方解石构成(图7-36、图7-37),白云岩空洞、裂隙中常有放射状和环带状的方解石。冰洲石是方解石的透明晶质变种。

图7-36　方解石质圆形正常鲕
(具同心圈层,填隙物为粉晶粒状亮晶方解石)
(单偏光)

图7-37　圆形与椭圆形单晶鲕
(见方解石的聚片双晶和双晶纹)
(正交偏光)

【知识链接】

(1)汉白玉(大理石)。汉白玉就是纯白色的大理石,是一种石灰石形态,内含闪光的晶体,主要由 $CaCO_3$、$MgCO_3$ 和 $SiO_2$ 组成,包含少量 $Al_2O_3$、$Fe_2O_3$ 等成分。从古代起,中国就用这种石料制作宫殿中的石阶和护栏,所谓"玉砌朱栏",华丽如玉,所以称作"汉白玉"。

(2)阿富汗玉(碳酸盐质玉、方解石玉)。阿富汗玉又叫碳酸盐质玉,主要成分为方解石,因此也叫方解石玉。阿富汗玉通常是一种彩色碳酸盐质玉石的总称,玉器行内简称"阿料",是一种比较常见的玉料。阿富汗玉产自欧亚大陆的大山之中(阿富汗、土耳其、伊朗境内),由碳酸盐岩经区域变质作用或接触变质作用形成,主要由方解石和白云石组成,此外含有硅灰石、滑石、透闪石、透辉石、斜长石、石英、方镁石等矿物。其中,阿富汗白玉由精美的方解石和透闪石等成分组成,玉质细腻均匀,光泽油润,硬度略低,具粒状变晶结构。

(3)绿纹石。绿纹石是阿富汗玉的一个绿色变种,即绿色的方解石。绿纹石主要成分就是碳酸钙,绿色的纹理是铁、锌、镍共同作用的结果,属于杂质元素,其致色原因应该是铁元素,内含层状分布的绿泥石矿物。主要产地是阿富汗。绿纹石属于淡绿色系列,间有乳白色条纹,非常美丽鲜艳,玻璃光泽,$H_m=3\sim5$。

(4)蓝田玉。蓝田玉因产于陕西省西安市的蓝田山而得名。现代开采的蓝田玉矿床位于蓝田县玉川镇红门寺村一带,含矿岩层为太古宙黑云母片岩、角闪片麻岩等。蓝田玉矿物主要构成有蛇纹石化的大理石、透闪石、橄榄石及绿松石、绿辉石、水镁石等形成的沉积岩。蓝田玉呈白色、米黄色、黄绿色、苹果绿色、绿白色等,显玻璃光泽、油脂光泽,微透明至半透明。呈块状、条带状、斑花状,质地致密细腻坚韧。摩氏硬度为 2～6,密度约 2.7g/cm³。

(5)"金田黄"。"金田黄"主要是指产于印度尼西亚的方解石,是含镁和锰较多的方解石,学名是"镁锰方解石"或者"镁菱锰矿",颜色艳丽,有红色、橙色或者黄色等不同色调,红色、橙色或者黄色"金田黄"是因方解石中锰元素致色。

(6)蜜蜡黄玉。蜜蜡黄玉是一种米黄色白云岩质岩石的美称,产于新疆哈密地区,为震旦系铁矿层的顶板围岩。因受铁质污染的程度不同而有深米黄色和浅米黄—黄白色两个品种,一般色泽均匀且无斑点。微晶或细晶结构,块状构造,不透明,蜡状光泽,摩氏硬度为 4.3～4.5,相对密度为 2.6～3.1。几乎全由白云石组成,含量可达 98％～99％,另有微量方解石和石英。

(7)西川玉。中国四川丹巴产出的白云石含铬云母的白云岩,俗称西川玉,呈翠绿色,致密块状,质地细腻,含少量阳起石、透闪石、绿泥石、黄铁矿。

其他可做珠宝玉石原材料的碳酸盐岩矿物(或岩石)有冰洲石(方解石)、红纹石(菱锰矿)、菱镁矿、菱铁矿、白云石、菱锌矿、灵碧玉、百鹤玉、木纹玉等。

# 菱镁矿(Magnesite)

$N_o = 1.700, N_e = 1.509, (-) N_o - N_e = 0.191$

$H_m = 4 \sim 4.5, D = 2.90 \sim 3.50$

$MgCO_3$,三方晶系

【化学组成】化学式为 $MgCO_3$,是碳酸镁矿物,含少量 Ca、Mn、Co、Ni 等杂质元素。菱镁矿和菱铁矿之间可以形成完全类质同象系列。

【形态】晶体呈菱面体,常见柱状、板状、粒状、致密块状、土状、纤维状集合体,矿物薄片中无较好晶形,常呈细粒状集合体产出。

【光学性质】无色或呈白色、浅灰色、浅黄色、黄褐色(含铁元素),矿物薄片中为无色透明。多色性极少见,有色变种具有吸收性。闪突起显著:$N_o$ 为正高—正极高突起,$N_e$ 为正低突起。具高级白干涉色(图 7-38)。菱面体 $\{10\bar{1}1\}$ 解理完全,沿解理纹呈对称消光。无双晶,负延性,一轴晶负光性。

【矿物变化】菱镁矿常蚀变形成滑石菱镁片岩。

【鉴定特征】以高折射率、无聚片双晶、突起更高、与冷的稀盐酸不起泡等特征区别于方解石和白云石矿物。

【产状】菱镁矿多为富镁的岩浆岩和变质岩的蚀变产物,通常是橄榄岩、蛇纹岩、绿泥石滑石片岩的蚀变产物。在镁质变质岩、白云岩、白云质灰岩和一些沉积岩中也有菱镁矿产出。

图7-38 菱镁矿滑石岩(交代橄榄岩)中的菱镁矿
(左:单偏光;右:正交偏光)

# 白云石(Dolomite)

$N_o=1.680$,$N_e=1.500$,$(-)N_o-N_e=0.180$

$H_m=3.5\sim4$,$D=2.87$

$CaMg[CO_3]_2$,三方晶系

【化学组成】化学式为 $CaMg[CO_3]_2$,是碳酸盐矿物,常含 Fe、Mn、Pb、Zn 等杂质元素。通常白云石有少量 $Fe^{2+}$ 代替 Mg,当 Mg∶Fe≈1∶1 时,称为铁白云石(Ankerite)。白云石中 Mn 可以连续代替 Mg,形成含锰的白云石变种,称为锰白云石(Kutnahorite)。

【形态】晶体常呈简单的菱面体,晶面常常弯曲如马鞍状。矿物薄片中常有呈自形的菱形切面(图7-39)。因含铁量变化,常见环带状构造。

图7-39 热液石英脉
[绿泥石(Chl)构成微裂隙,中间充填白云石(Dol),具定向构造,石英脉由白云石(Dol)
(半自形粒状,菱形切面)和石英(Qtz)组成(左:单偏光;右:正交偏光)]

【光学性质】白云石常呈无色、灰白色、浅绿色、浅红色,矿物薄片中为无色透明,有时呈浑浊的灰色,富铁变种可呈褐色。闪突起显著:$N_o$ 为正高突起,$N_e$ 为负低突起,但是平行 $\{0001\}$ 的切面均为高突起。具三组菱形 $\{10\bar{1}1\}$ 完全解理(菱面体解理完全),常见两组交叉的解理纹,可见裂理。高级白干涉色,在矿物薄片边缘有时见Ⅳ～Ⅴ级干涉色。对称消光,弯曲晶体为波状消光。可见聚片双晶,双晶纹平行于菱形的短对角线(图7-40)。负延性,一轴晶负光性。

【鉴定特征】白云石以自形的菱形切面、环带构造、聚片双晶少见、双晶常弯曲、双晶纹平行于菱面体的短对角线等特征与其他矿物(如方解石)进行区分。

图7-40 片岩中的白云石
(菱形切面,双晶纹平行菱形短对角线)(左:单偏光;右:正交偏光)

【产状】多产于白云岩、白云质灰岩、白云质大理岩中,白云石是沉积岩特征矿物(图7-41、图7-42)。在碱性侵入岩和某些热液中也有白云石产出。

图7-41 白云岩中的白云石
(半自形粒状,菱形切面,可见聚片双晶)
(单偏光)

图7-42 沉积岩中晶粒状白云石(Dol)孔隙式胶结充填石英(Qtz)颗粒间隙
(正交偏光)

# 菱锰矿(Rhodochrosite)

$N_o = 1.816, N_e = 1.597, (-) N_o - N_e = 0.219$

$H_m = 3.5 \sim 4.0, D = 3.70$

$MnCO_3$,三方晶系

【化学组成】化学式为 $MnCO_3$，是碳酸盐矿物。纯的 $MnCO_3$ 相对较少见，Mn 可被 $Fe^{2+}$、Ca、Mg、Co、Cd、Zn 等少量杂质元素代替。含 $FeCO_3$ 20％左右的变种称为铁菱锰矿，Mn 和 Fe 含量相近时则称为菱锰铁矿（或锰质菱铁矿）。锰白云石属白云石类矿物，是菱锰矿同白云石、铁白云石构成的类质同象系列矿物。

【形态】菱面体，晶体少见，常见粒状、柱状、板状、块状、土状、皮壳状、肾状、带状、层状、结核状集合体。

【光学性质】菱锰矿常为玫瑰红色、红色、褐色、褐黄色。矿物薄片中为无色或浅粉红色、青灰色。菱锰矿的单晶可呈环带状。随着 $Fe^{2+}$ 代替 Mn 可增加颜色的深度。红色变种可显弱多色性，吸收性公式：$N_o > N_e$。闪突起显著：$N_o$ 为正高突起，$N_e$ 为正低突起，折射率随 Ca 的增加而明显降低，而随 $Fe^{2+}$、Zn 的增加而增大。具环带的菱锰矿，颜色深的部分折射率较高。具有 $\{10\bar{1}1\}$ 菱形完全解理，有时可见裂理。具聚片双晶，但少见。高级白干涉色，负延性，一轴晶负光性。

【矿物变化】菱锰矿极易变成软锰矿。沿解理或菱面常蚀变成褐—黑色的锰的氧化物，经常同含锰的矿物共生。

【鉴定特征】菱锰矿同其他三方的碳酸盐矿物的不同在于：呈典型的浅粉红色，常蚀变成褐色或黑色的锰的氧化物。通过折射率、相对密度与菱铁矿、菱镁矿相区分。

【产状】菱锰矿成因方式有热液成因和沉积成因两种。热液成因的菱锰矿产于高温交代矿床，同蔷薇辉石、石榴石、褐锰矿、锰橄榄石及其他锰矿物共生，也作为原生矿物在中低温热液脉中产出。

红纹石是一种呈玫瑰红色、红色的菱锰矿类宝石品种，其间经常有灰白色的条纹出现。

## 菱铁矿（Siderite）

$N_o = 1.875, N_e = 1.633, (-) N_o - N_e = 0.242$

$H_m = 4 \sim 4.5, D = 3.50 \sim 3.96$

$FeCO_3$，三方晶系

【化学组成】化学式为 $FeCO_3$，是碳酸盐矿物。纯的 $FeCO_3$ 矿物少见，通常 Fe 可被其他金属离子替换，主要是 Mn、Mg 以及少量的 Zn、Co、Ca 元素。菱铁矿和菱锰矿、菱镁矿可形成完全的类质同象系列。菱铁矿的富锰变种称为锰菱铁矿，或称为菱锰铁矿。

【形态】晶形为菱面体，通常呈粒状、细粒状、纤维状、柱状、板状，有时见鲕状和球粒状、葡萄状集合体（图 7-43～图 7-47）。

【光学性质】菱铁矿常为浅黄褐色、褐色、深褐色等，矿物薄片中为无色、青灰色或浅黄褐色，在矿物边缘和解理缝附近有因风化作用而产生的黄色锈斑。其吸收性为 $N_o > N_e$。闪突起不显著：菱形的长对角线（$N_o$）平行下偏光振动方向时，为正极高突起；短对角线（$N_e$）与之平行时，为正中突起。平行于 $\{10\bar{1}1\}$ 菱形完全解理。高级白干涉色，矿物薄片边缘可呈现较鲜艳的色彩。沿解理线呈对称消光。有时见聚片双晶，双晶纹同菱形解理的长对角线平行。负延性，一轴晶负光性。

【矿物变化】暴露在空气中,易变为褐铁矿、针铁矿、赤铁矿,甚至磁铁矿。

图7-43 泥岩中的球粒状菱铁矿集合体
[个别球粒具放射状、同心纹层
(单偏光)]

图7-44 砂岩中由"连心状"双球粒菱铁矿
构成"眼球状"菱铁矿集合体,核部为铁质
(单偏光)

图7-45 沉积岩中呈鲕粒的菱铁矿
(单偏光)

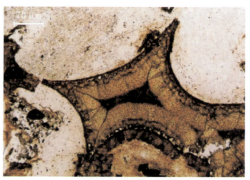

图7-46 菱铁矿沿孔壁呈栉壳状胶结
(单偏光)

【鉴定特征】呈不规则颗粒状晶形,有时具自形的菱形切面,矿物薄片中为无色或带浅褐色,具有聚片双晶。菱铁矿可通过这些特征与菱镁矿进行区分。与其他碳酸盐矿物区别:菱铁矿有由氧化铁所形成的外壳,或在裂纹和晶粒边缘常见褐黑色的蚀变物,闪突起不明显,不溶于冷盐酸;而方解石和白云石则折射率低,$N_e$为负突起,闪突起较显著,溶于冷盐酸。

【产状】菱铁矿通常产在层状沉积岩中,是各类含铁沉积物的常见组分(图7-48)。在黏土铁质岩中作为主要矿物,可用于铁矿石开采。常形成庞大的集合粒状堆积体、颗粒集合体,或呈放射状,与鲕绿泥石、氢氧化铁等矿物共生,成为菱铁矿-鲕绿泥石泥质岩和菱铁矿灰岩等。呈纤维状或菱面体的次生菱铁矿常产出于安山岩、玄武岩的空洞内。在热液金属矿脉中也可出现菱铁矿,常与某些磷酸盐沉积物共生。在铝土矿中可有菱铁矿,菱铁矿还可成为砂岩的胶结物。菱铁矿同玉髓、铁蛇纹石、铁滑石和黑硬绿泥石等一起形成条带状燧石铁质碳酸盐岩。高品质的单晶体菱铁矿产出极少,是一种美丽而稀有的宝石。

图 7-47 黑云母的菱铁矿化膨胀现象
（体积会发生膨胀）（单偏光）

图 7-48 晶粒状菱铁矿（Sd）孔隙充填与硬石
膏（Anh）连晶充填石英（Qtz）颗粒
（正交偏光）

# 菱锌矿（Smithsonite）

$N_o=1.850$，$N_e=1.625$，$(-)N_o-N_e=0.225$

$H_m=4.4\sim4.5$，$D=4.398$

$ZnCO_3$，三方晶系

【化学组成】化学式为 $ZnCO_3$，是碳酸盐矿物。菱锌矿中的 Zn 可被 Fe、Mn、Cu 等元素代替，$FeCO_3$ 含量达 50％时称为铁菱锌矿（Monheimite）。

【形态】菱面体或葡萄状、肾状、钟乳状、块状、土状集合体。

【光学性质】菱锌矿常为无色、灰白色、暗灰色、白色、绿色、蓝绿色、浅棕色，或蓝色、蓝灰色。矿物薄片中为无色。$N_o$ 为正极高突起，$N_e$ 为正中突起，折射率、双折射率因成分变化稍有改变。$\{10\bar{1}1\}$ 解理较差，无双晶，高级白干涉色，一轴晶负光性。

【矿物变化】菱锌矿可以变为异极矿或部分变为褐铁矿。

【鉴定特征】在碳酸盐类矿物中，菱锌矿的相对密度较大，摩氏硬度较大，菱面体解理较不完全。

【产状】菱锌矿经常产于金属矿脉中，是矿床氧化带的次生矿物，与方铅矿、闪锌矿以及各种铜、铁矿物如孔雀石、蓝铜矿等共生。黄纹石是指宝石级的黄色系列的菱锌矿矿物。

# 绿柱石（Beryl）

$N_o=1.568\sim1.608$，$N_e=1.564\sim1.600$，$(-)N_o-N_e=0.004\sim0.008$

$H_m=7.5\sim8$，$D=2.63\sim2.91$

$Be_3Al_2Si_6O_{18}$，六方晶系

【化学组成】化学式为 $Be_3Al_2Si_6O_{18}$，是铍铝硅酸盐矿物。绿柱石内常含有 Na、Li、Cs、K 以及 Rb、Ca、Sn、He 等杂质元素。某些绿柱石变种中含碱类微量元素的总量可达 5％～

7%。含 $H_2O^+$ 达相当数量的绿柱石往往可称作宝石。另外，可见 $Fe^{3+}$ 代替 Al，一定量的 Ca、Mg 代替 Be。鲜绿色的变种绿柱石（祖母绿）的 $Cr_2O_3$ 含量达 0.12%～0.25%。

【形态】环状结构。常呈六方柱状、纤维状及块状，也常呈不规则粒状或致密块状。柱面常有纵纹。含有气液两相包裹体或其他矿物包裹体，并沿晶体轴线排布成同心环带状，使其轮廓显得十分清楚。矿物包裹体有钠长石、石英、白云母、阳起石、磷灰石、透闪石、绿柱石、石榴石等（图 7-49）。

图 7-49 津巴布韦祖母绿中常见的阳起石、镁铁闪石包裹体
（正交偏光）

【光学性质】绿柱石常为无色，或绿色、白色、浅蓝色、玫瑰色等。矿物薄片中为无色，多数透明，玻璃光泽。在较厚的切片中有时有微弱的多色性，随颜色而异，如绿色的绿柱石：$N_o$ 为绿色，$N_e$ 为浅绿色；蓝色绿柱石：$N_o$ 为绿蓝色至无色，$N_e$ 为蓝。绿柱石为正低—正中突起。底面{0001}不完全解理。干涉色一般为灰白色，最高干涉色为Ⅰ级淡黄。平行消光。负延性，但板状晶体为正延性。一轴晶负光性。在垂直柱面的切面上，常见环带构造，其中部为一轴晶而边部常为二轴晶，$(-)2V = 0°～6°$。

【矿物变化】绿柱石最常见的蚀变产物是高岭石，有时产生白云母。绿柱石可蚀变为硬羟钙铍石，最终蚀变为羟硅铍石。在另外一些情况下（如伟晶岩中），羟硅铍石和石英可直接代替绿柱石。

【鉴定特征】绿柱石常以浅绿色、玻璃光泽、正低—正中突起、一轴晶负光性、负延性等为其主要鉴定特征。绿柱石同石英容易混淆，常以绿柱石的突起稍高、干涉色较低、负光性、负延性等特征加以区分。

【产状】绿柱石产于花岗伟晶岩、花岗岩、云英岩、高温热液矿脉中，其共生矿物有石英、长石、白云母、锂云母、黄玉、锂辉石、锡石、铌铁矿、钽铁矿、铌钇矿、褐钇铌矿、锂磷铝石、电气石、细晶石、黑钨矿、辉钼矿等。绿柱石是主要含铍矿物，大量出现时可作为矿石使用。绿柱石在霞石正长岩、云母片岩和大理岩中也有产出，但绿柱石很少在沉积岩的碎屑矿物中出现。

**【变种】**绿柱石因其成分、颜色不同而有不少的变种。主要有：

(1) 祖母绿(Emerald)。深草绿色、亮绿色、翠绿色的绿柱石变种，可作为宝石。柱状晶形。$N_o=1.578$，$N_e=1.573$。具有多色性：$N_o$ 为浅黄绿色，$N_e$ 为浅海绿色，$N_o>N_e$。某些合成祖母绿变种的多色性很强，从浅黄绿色至深蓝绿色。

(2) 海蓝宝石(Aquamarine，无碱绿柱石)。浅蓝绿色、蓝色、天蓝色、淡蓝色的绿柱石变种，清彻透明，可作为宝石。长柱状晶形。$N_o=1.573$，$N_e=1.568$，$N_o-N_e=0.005$。具多色性：$N_o$ 为浅蓝色或无色，$N_e$ 为浅蓝色，$N_o<N_e$。或：$N_o$ 为绿蓝色到无色，$N_e$ 为蓝色，$N_o<N_e$。

(3) 金绿柱石(Heliodor，或称黄透绿柱石)。琥珀色或金黄色的绿柱石变种，可作宝石。

(4) 铯绿柱石(Vorobievite，或称摩根石)。粉红色或浅玫瑰黄色，是富铯、锰的绿柱石变种，$Cs_2O$ 含量可达 $4.13\%$。短柱状、板状或不规则状。$N_o=1.592$，$N_e=1.586$，$N_o-N_e=0.006$。产于花岗伟晶岩。

(5) 钪绿柱石(Bazzite)。是富 Sc 的绿柱石变种，Sc 含量可达 $3\%$，具鲜艳的铜蓝色。长柱状、针状。$N_o=1.626$，$N_e=1.605$，$N_o-N_e=0.021$。多色性强：$N_o$ 为浅绿黄色，$N_e$ 为鲜艳的天蓝色。产于花岗岩脉及伟晶岩的晶洞中，钪绿柱石可以作为石英和萤石中的包裹体，并与云母、萤石一起交代微斜长石。其重要鉴定特征是较其他绿柱石变种有较高的折射率，多色性强，相对密度大($D=2.80$)。

# 方柱石(Scapolite)

$N_o=1.535\sim1.607$，$N_e=1.533\sim1.568$，$(-)N_o-N_e=0.002\sim0.039$

$H_m=5\sim6$，$D=2.50\sim2.78$

$(Na,Ca,K)_4[Al(Si,Al)Si_2O_8]_3(Cl,F,OH,CO_3,SO_4)$，四方晶系

**【化学组成】**化学式为 $(Na,Ca,K)_4[Al(Si,Al)Si_2O_8]_3(Cl,F,OH,CO_3,SO_4)$，方柱石属于方柱石族系列矿物，架状结构硅酸盐矿物，也是似长石矿物中的一种。方柱石是以钠柱石 $(Na_4[Al(Si,Al)Si_2O_8]_3(Cl,F,OH,CO_3,SO_4))$ 和钙柱石 $(Ca_4[Al(Si,Al)Si_2O_8]_3(Cl,F,OH,CO_3,SO_4))$ 为端元组分所构成的完全的类质同象系列矿物。方柱石是这一系列矿物的总称。

根据钠柱石分子数和钙柱石分子数的不同比例，可以形成不同的方柱石变种：钠柱石、针柱石、中柱石、钙柱石等。在自然界，尚未发现纯的钠柱石和钙柱石，钠柱石或钙柱石含量达 $80\%$ 以上的方柱石也很少见，自然界多为中间成分的变种。

**【形态】**架状结构，晶体呈柱状(图 7-50)，通常见不规则的粒状、块状或柱状集合体，晶体较大。晶面常有纵纹。方柱石中常有大量包裹体。矿物薄片中常见柱状或叶片状集合体。

**【光学性质】**方柱石有无色、灰色、白色、蓝灰色、浅绿黄色、黄色、粉红色、紫色、褐色、橙黄褐色等，矿物薄片中为无色。正低—正中突起，突起与成分有关：较纯的钠柱石为正低突起，钙柱石则为正中突起。具有沿{100}柱面的中等解理、{110}柱面的不完全解理，但前者更显著；{110}和{1$\bar{1}$0}的交角为 $90°$；沿柱面{100}和{110}解理呈数量众多的细小裂隙。富含钙柱石成分的方柱石呈Ⅱ～Ⅲ级干涉色，有时可见特别细小的斑点状干涉色，而富含钠柱

图 7-50　方柱石矽卡岩中的方柱石矿物
(柱状,单偏光)

石成分的方柱石的干涉色极低。方柱石平行柱面之断面为平行消光。无双晶,延性为负延性,一轴晶负光性。

【矿物变化】方柱石风化后常变为白云母的鳞片状或纤维状集合体,有时则可变为方解石、斜长石、绢云母和菱沸石、辉沸石,或成为绿帘石、斜长石和符山石的集合体。方柱石经过重结晶作用可变为镁橄榄石和尖晶石。辉长岩中的斜长石变质后可形成方柱石,称为"方柱石化",是高温气成交代作用的产物。

【鉴定特征】方柱石与其相似的斜长石、堇青石的区别是:方柱石具有一轴晶、无双晶、平行消光、解理夹角不同、富钙的方柱石双折射率较大等特征。方柱石与石英的区别是:方柱石多具鲜艳的干涉色、负光性且有解理。方柱石与磷灰石的区别是:方柱石的折射率低及形态不同。

紫色、浅紫色方柱石一般含钠多含钙少,折射率低(1.530～1.540),双折射率低(0.004～0.009),相对密度低($D=2.50\pm$),二色性明显,为浅紫—深紫色,一轴晶负光性。与紫晶的区别是:紫晶为一轴晶正光性,相对密度较高($D=2.65\pm$)。而无色、黄色方柱石一般含钠少含钙多,折射率较高(1.540～1.580),双折射率较高(0.009～0.037),相对密度较高($D=2.50\sim2.74$)。

【产状】方柱石是广泛产出的矿物之一,产于接触变质岩,尤其是矽卡岩中,与石榴石、透辉石、符山石及其他含钙的矿物共生。在区域变质的大理岩、变粒岩、绿色片岩以及钙质片麻岩中也可产出,伴生矿物有葡萄石、片沸石、绿泥石、榍石、磷灰石、绿帘石等。另外,方柱石也可产出在火山喷出集块和火山带中。

【变种】根据钠柱石和钙柱石所占成分比例的不同,方柱石有如下变种:

(1)钠柱石(Marialite)。钠柱石成分占100%～80%,钙柱石成分占0%～20%。$N_o=1.549$,$N_e=1.541$,$(-)N_o-N_e=0.008$。$H_m=5\sim6$,$D=2.619$。

(2)针柱石(Dipyre,或称钙钠柱石)。钠柱石成分占80%～50%,钙柱石成分占20%～50%。$N_o=1.552\sim1.565$,$N_e=1.541\sim1.545$,$(-)N_o-N_e=0.011\sim0.020$。$H_m=5\sim6$,

$D=2.57\sim2.61$。一般呈灰色、灰黄色、灰绿色、浅黄绿色、紫色等。一般宝石级的无色、紫色、黄色方柱石主要属于针柱石。

(3)中柱石(Mizzonite,或称钠钙柱石)。钠柱石成分占 50%～20%,钙柱石成分占 50%～80%。$N_o=1.532\sim1.587$,$N_e=1.522\sim1.564$,$(-)N_o-N_e=0.010\sim0.023$。$H_m=6$,$D=2.61\sim2.72$。

(4)钙柱石(Meionite)。钠柱石成分占 20%～0%,钙柱石成分占 80%～100%。$N_o=1.585\sim1.607$,$N_e=1.545\sim1.571$,$(-)N_o-N_e=0.036\sim0.040$。$H_m=5\sim6$,$D=2.69\sim2.78$。

# 符山石(Idocrase,Vesuvianite)

$N_o=1.705\sim1.738$,$N_e=1.701\sim1.732$,$(-)N_o-N_e=0.004\sim0.006$

$H_m=6.5$,$D=3.33\sim3.45$

$Ca_{10}(Mg,Fe)_2Al_4[Si_2O_7]_2[SiO_4]_5(OH,F)$,四方晶系

【化学组成】化学式为 $Ca_{10}(Mg,Fe)_2Al_4[Si_2O_7]_2[SiO_4]_5(OH,F)$,属于岛状结构硅酸盐矿物。成分中常含有 Fe、Mg、Ti、Be、B、Mn、Na、K、Cr、Zn 等杂质元素。

【形态】岛状结构,常呈带四方双锥的柱状晶体,横切面常呈正方形,常见不规则粒状、棒状或放射状、纤维状集合体,柱面上有不连续的纵纹。

【光学性质】符山石常为黄绿色、褐色,红色和蓝色很少见。矿物薄片中为无色、浅绿色、浅棕色,有时为玫瑰色和浅紫色。颜色主要同铁的氧化程度有关。有色变种可显弱多色性:浅褐黄—浅黄褐色,褐—灰褐色,黄绿—无色,或红褐—灰色。吸收性:$N_o>N_e$。正高突起,糙面显著(图 7-51)。解理{110}不完全,解理{001}极不完全。干涉色为Ⅰ级灰,但干涉色极不均匀,有时可有异常的干涉色,呈黄褐色、深蓝色、靛蓝色、浅褐色、灰褐色、锈褐色、浅紫色或混浊白色等异常干涉色(图 7-52)。平行消光,负延性,通常为一轴晶负光性,较少情况下为一轴晶正光性。还因光性异常而呈二轴晶,$2V=17°\sim33°$。具环带状构造的符山石,其中心呈粉红色部位是一轴晶负光性,而外部黄色带则为二轴晶正光性,$2V$ 角可达 $63°\sim65°$。

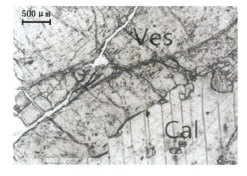

图 7-51 绿帘石石榴石符山石矽卡岩中的符山石(Ves)和方解石(Cal)
(单偏光)

图 7-52 尖晶绿脆云母符山岩
(符山石的靛蓝色、灰褐色异常干涉色及环带构造)(正交偏光)

【矿物变化】在热液作用下，符山石可被绿泥石、滑石、云母替代。

【鉴定特征】横切面常呈正方形或有颜色的带状、正高突起、双折射率低、一轴晶负光性—正光性，是符山石的鉴别特征。同绿帘石的区别在于：绿帘石的双折射率高（$N_g-N_p=0.015\sim0.049$）。光性异常的符山石与黝帘石、斜黝帘石较难区分，但是符山石无解理，异常时$2V=0°$或较小，而黝帘石的$\{010\}$解理完全。

【产状】符山石主要产于接触变质的石灰岩中，为矽卡岩矿物之一。常与石榴石、透辉石、硅灰石、方解石、绿帘石、榍石以及磁铁矿、萤石、绿泥石等矿物共生。结晶片岩中较少见到有符山石。由于含钙的变质作用，符山石也产出于同基性、超基性岩有关的岩脉中。色泽美丽透明的符山石可作为宝石材料，作为宝石的符山石又称为"符山石玉""符山玉""加州玉""金翠玉"等。

# 白钨矿（Scheelite）

$N_o=1.918, N_e=1.934, (+)N_e-N_o=0.016$

$H_m=4.5\sim5, D=5.80\sim6.20$

$CaWO_4$，四方晶系

【化学组成】化学式为$CaWO_4$，是一种钨酸钙矿物，成分中可含有少量的$MoO_3$和$CuO$。

【形态】常见四方双锥状或板状晶体，呈致密块状、不规则粒状。

【光学性质】白钨矿常为无色、灰白色、灰色、浅黄色、浅褐色等，矿物薄片中为无色。条痕色为黄绿色。油脂光泽或金刚光泽。正极高突起，折射率值随$CaMoO_4$含量增加而增高。解理沿$\{111\}$完全，沿$\{101\}$不完全。最高干涉色为Ⅰ级顶部。具有沿$\{100\}$或$\{110\}$的双晶。一轴晶正光性。

【矿物变化】白钨矿常常变成黑钨矿。

【鉴定特征】白钨矿与钨铅矿、钼铅矿的区别在于：钨铅矿和钼铅矿为负光性，且白钨矿的双折射率小得多。白钨矿在短波紫外光、X射线、阴极射线下发明亮的蓝白色荧光。

【产状】白钨矿产于伟晶岩，同锡石、黄玉、沸石、黑钨矿、辉钼矿等矿物伴生。在热液矿脉中，同石英、锡石、电气石、黄玉、磷灰石、萤石以及金矿共生。白钨矿也产于矽卡岩中，同石榴石、透辉石、透闪石、普通角闪石、绿帘石、符山石、硅灰石、榍石、斧石、辉钼矿、萤石等矿物共生。

# 金红石（Rutile）

$N_o=2.616, N_e=2.903, (+)N_e-N_o=0.387$

$H_m=6\sim6.5, D=4.2\sim5.5$

$TiO_2$，四方晶系

【化学组成】化学式为$TiO_2$，是一种含钛的氧化物矿物，属于金红石族矿物，含有少量$Fe_2O_3$（1%～3%）混入物，以及少量的$Cr$、$V$、$Sn$、$Mn$等杂质元素。

【形态】金红石常具完好的四方柱状或针状,晶体为长柱状、针状及纤维状、毛发状、细粒状。金红石显微针状、毛发状晶体常被包裹于石英、金云母、刚玉等晶体中,尤其在刚玉中呈六射星线分布,形成星光红宝石和星光蓝宝石。

【光学性质】金红石呈特有的浅红褐色或黑色、紫色、黄色以及绿色,矿物薄片中大多为浅红色、淡黄色、紫色。具有多色性,但不显著:$N_o$ 为黄—褐黄色,$N_e$ 为褐黄—黄绿色;在较厚矿物薄片中,$N_o$ 为褐红色,$N_e$ 为深血红—黑色;吸收性公式为 $N_o < N_e$。正极高突起。具平行{110}柱面和{100}延伸方向的完全解理。具高级白干涉色,常混淆有矿物本身的颜色。而针状金红石由于厚度极小,呈现鲜艳的蓝色、红色、紫色干涉色(图 7-53)。反射光下具金刚光泽。平行消光。针状金红石常呈网状的连生双晶,有时还能看到三连晶和环状六连晶,以及应力作用下可有{011}聚片双晶。针状、柱状晶体为正延性,一轴晶正光性。因双晶或应力变形可产生异常的二轴晶。

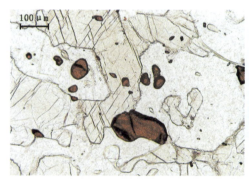
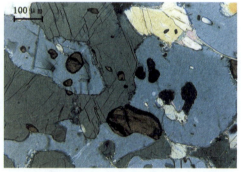

图 7-53 堇青石-铝直闪石片麻岩中的金红石
(具特征的红褐色,极高突起,干涉色为本身颜色所掩盖)(左:单偏光;右:正交偏光)

【矿物变化】一般金红石是很稳定的矿物。有时金红石被破坏转变成白钛石、钛铁矿(钛铁矿沿金红石边缘、解理面形成)、榍石等矿物。这种作用是可逆的,在表生条件下,钛铁矿可以向金红石转变。

【鉴定特征】金红石以红褐色、极高的突起、反射光具金刚光泽、极大的双折射率、柱状完全解理等为其主要鉴别特征。

【产状】金红石在各种变质岩中分布很广,常为分散、细小的晶体,见于角闪岩、榴辉岩、片岩、片麻岩以及变质石灰岩中,粗大的晶体则主要分布于花岗伟晶岩中。在酸性岩浆岩中,常以发状晶体包裹在石英和黑云母中。

# 模块八　二轴晶矿物的光性矿物学特征

## 学习目标

**知识目标**：了解主要的几种二轴晶矿物的光性矿物学特征，特别是要理解和掌握这几种二轴晶矿物的基本特征、光学性质、光性常数、鉴定特征及产状等内容。能够总结常见的二轴晶矿物的光性特征。

**能力目标**：了解主要的几种二轴晶矿物的一般特征，熟悉这几种二轴晶矿物的化学组成、形态、光学性质、矿物变化、鉴定特征及其产状，重点掌握每种二轴晶矿物的鉴定特征及其与相似矿物的区别。

## 橄榄石族（Olivine group）

橄榄石族矿物属于岛状结构硅酸盐，具有典型的孤立硅氧四面体结构，其晶体化学式通式为 $R_2[SiO_4]$，$R=Mg$、$Fe^{2+}$、$Mn$、$Ca$、$Zn$ 等二价阳离子。橄榄石族矿物可构成三个类质同象系列：

(1) 镁橄榄石 $Mg_2[SiO_4]$—铁橄榄石 $Fe_2[SiO_4]$ 系列；

(2) 锰橄榄石 $Mn_2[SiO_4]$—铁橄榄石 $Fe_2[SiO_4]$ 系列；

(3) 钙镁橄榄石 $CaMg[SiO_4]$—钙铁橄榄石 $CaFe[SiO_4]$ 系列。

在自然界分布最广的是镁橄榄石—铁橄榄石系列，可形成完全类质同象，按其中的镁橄榄石和铁橄榄石含量不同，该系列可划分为几个亚种（表 8-1）。

表 8-1　橄榄石的亚种

| 橄榄石亚种 | 镁橄榄石分子占比/% | 铁橄榄石分子占比/% |
| --- | --- | --- |
| 镁橄榄石（Forsterite） | 100～90 | 0～10 |
| 贵橄榄石（Chrysolite） | 90～70 | 10～30 |
| 透铁橄榄石（Hyalosiderite） | 70～50 | 30～50 |
| 镁铁橄榄石（Hortonolite） | 50～30 | 50～70 |
| 铁镁铁橄榄石（Ferrohortonolite） | 30～10 | 70～90 |
| 铁橄榄石（Fayalite） | 10～0 | 90～100 |

橄榄石族矿物的光性特征除了与本身成分有关外,还同矿物的生成温度等条件有关,如某些喷出岩中的橄榄石斑晶的光轴角常常小于侵入岩中同成分橄榄石的光轴角。

自然界中,铁橄榄石、镁铁橄榄石、铁镁铁橄榄石较为少见,而最为常见的是镁橄榄石、贵橄榄石和透铁橄榄石,其具有共同的鉴定特征如下。

本族矿物均为斜方晶系。晶体常呈等轴粒状、厚板状或短柱状,仅以喷出岩斑晶产出时才具有较好的晶形。解理不发育,仅见{010}不完全解理,常见不规则的裂纹。矿物薄片中常为无色,Fe含量高时略呈淡黄色、黄绿色。正高—正极高突起,边缘粗黑,糙面显著。折射率值随着Fe含量增高而增大,最大双折射率随Fe含量增高而增大,为0.035～0.046。最高干涉色为Ⅱ级橙至Ⅲ级蓝绿(图8-1～图8-3)。平行消光。不发育双晶。光轴面$AP$∥(001),光轴角较大,为75°～90°。由镁橄榄石至铁橄榄石,光性由二轴晶正光性转变为二轴晶负光性,即镁橄榄石为二轴晶正光性,铁橄榄石为二轴晶负光性,而贵橄榄石为二轴晶可正可负。橄榄石可以蚀变为蛇纹石、绿泥石、伊丁石、皂石等矿物(图8-4～图8-10)。橄榄石为$SiO_2$不饱和矿物,不与石英共生,常见产于超基性岩和接触变质的白云质灰岩中,是重要的和常见的造岩矿物之一(图8-11～图8-14)。

矿物薄片中,据光性特征不难鉴定出橄榄石,但要准确定出属于哪种亚种则需要用油浸法测定折射率,用旋转台准确测定$2V$角值。

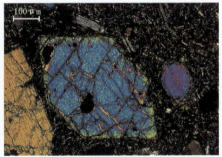

图8-1 晶形完好的橄榄石
(正高突起,干涉色为Ⅲ级蓝绿)(左:单偏光;右:正交偏光)

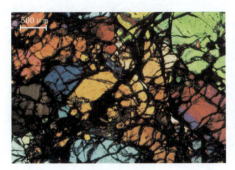
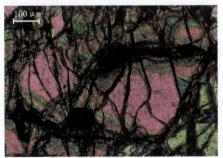

图8-2 橄榄石的解理不完全,常见裂纹,中间充填其他矿物
(正交偏光)

图8-3 橄榄石在正交偏光下显示"楔形边"现象
(正交偏光)

图8-4　橄榄石大理岩
（橄榄石被蛇纹石交代蚕食，形成孤岛状残余）（单偏光）

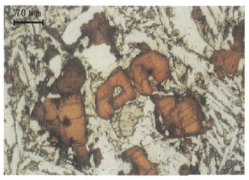

图8-5　玄武岩中的橄榄石斑晶完全伊丁石
（褐红色）化
（单偏光）

图8-6　玄武岩中橄榄石斑晶蚀变形成皂石
（皂石具橄榄石假象，中间已被熔蚀，具溶蚀结构，皂石的干涉色可达Ⅱ级蓝）
（左：单偏光；右：正交偏光）

图8-7　纯橄榄岩中橄榄石具三联点结构和橄榄石的扭折带现象
（正交偏光）

图8-8　纯橄榄岩中橄榄石呈粒状镶嵌结构
（正交偏光）

图8-9 橄榄石置换尖晶石呈文象结构
（单偏光）

图8-10 橄榄石中辉石出溶现象
（正交偏光）

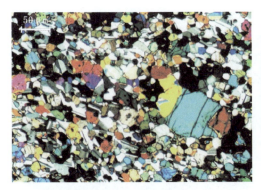

图8-11 苦橄岩
（由橄榄石和辉石组成的喷出岩，还含
少量斜长石）（正交偏光）

图8-12 二辉橄榄岩
（具包含结构，橄榄石被普通辉石和
古铜辉石包裹）（正交偏光）

图8-13 变质碎屑岩中橄榄石碎屑
受剪切作用发生拉伸
（正交偏光）

图8-14 球粒陨石中炉条状的
橄榄石球粒
（正交偏光）

# 镁橄榄石（Forsterite）

$N_p=1.635\sim1.640$，$N_m=1.651\sim1.660$，$N_g=1.670\sim1.680$

$N_g-N_p=0.035\sim0.040$；（+）$2V=82°\sim90°$

$N_g /\!/ a$，$N_p /\!/ b$，$N_m /\!/ c$，光轴面 $AP /\!/ (001)$

$H_m=6\sim7$，$D=3.22\sim3.33$

$Mg_2[SiO_4]$，斜方晶系

【化学组成】化学式为 $Mg_2[SiO_4]$，岛状结构硅酸盐矿物。成分中可含铁橄榄石 $Fe_2[SiO_4]$ 为 $0\sim10\%$，以及少量的 $Na_2O$、$K_2O$ 和 $Al_2O_3$ 等杂质。

【形态】镁橄榄石晶体呈短柱状或沿 $c$ 轴延伸的长柱状，有时呈 $/\!/(100)$ 的厚板状。切面常呈他形等轴粒状。镁橄榄石中可见带状结构（变形叶理），常常是核心部位富镁质，边缘部位富铁质，并且环带不同部位的 $2V$ 角（光轴角）和双折射率也有所不同。

【光学性质】镁橄榄石一般为无色、白色、淡黄色、柠檬黄色或淡绿色，矿物薄片中呈无色透明，常见不规则裂纹。正高突起，糙面明显。有时见 $\{010\}$ 不完全解理。最高干涉色达 Ⅱ 级顶部（图 8-15、图 8-16）。平行消光，延性符号可正可负，双晶少见，二轴晶正光性。

图 8-15　橄榄石大理岩中的镁橄榄石

（左：单偏光；右：正交偏光）

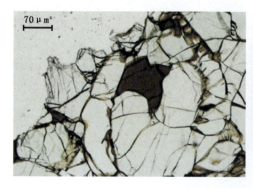

图 8-16　地幔橄榄岩中的镁橄榄石

［无色透明，中间矿物为尖晶石（全消光）（左：单偏光；右：正交偏光）］

【矿物变化】镁橄榄石容易经过热液蚀变作用转变为叶蛇纹石,但不含氧化铁(磁铁矿)的析出物。次生蚀变矿物最开始沿着橄榄石的边缘或裂隙进行,进而全部交代橄榄石而呈橄榄石的假象。

【鉴定特征】镁橄榄石与其他橄榄石的区别是折射率较低,与斜方辉石的区别是突起较高、解理不发育、干涉色高。

【产状】镁橄榄石产于接触变质或区域变质的白云岩或白云质大理岩中,常与金云母、石榴石、方解石等矿物共生。金伯利岩、纯橄榄岩-斜方辉橄岩和玄武岩中的橄榄石包裹体成分也富含镁橄榄石。镁橄榄石也见于陨石中。镁橄榄石是某些耐火砖的主要组分,也是宝石级橄榄石的主要种属。

## 贵橄榄石(Chrysolite)

$N_p = 1.657 \sim 1.694, N_m = 1.674 \sim 1.715, N_g = 1.692 \sim 1.732$

$N_g - N_p = 0.037 \sim 0.044; (\pm)2V = -83° \sim +88°$

$N_g // a, N_p // b, N_m // c$,光轴面 $AP // (001)$

$H_m = 6.5 \sim 7, D = 3.20 \sim 3.50$

$(Mg, Fe)_2[SiO_4]$,斜方晶系

【化学组成】化学式为$(Mg,Fe)_2[SiO_4]$,岛状结构硅酸盐矿物。通常所说的橄榄石就是指贵橄榄石,它是镁橄榄石和铁橄榄石构成的类质同象混合矿物。通常镁橄榄石分子含量(90%~70%)超过铁橄榄石分子含量(10%~30%),成分中有时还含有 NiO、MnO、$Cr_2O_3$、$TiO_2$ 等杂质。

【形态】贵橄榄石的晶体常呈沿 $c$ 轴的短柱状,常为不规则粒状颗粒,作为火山岩或煌斑岩中的橄榄石斑晶自形程度较高。橄榄石常具有环带构造,核部富镁质,边部富铁质。常见反应边结构,往往中心是橄榄石矿物,而其边缘则为斜方辉石、单斜辉石、角闪石、黑云母等矿物(图 8-17)。

【光学性质】颜色为橄榄绿色,遭受蚀变后呈黄色、褐色或红色,矿物薄片中为无色、浅绿色。正高突起,糙面显著。橄榄石斑晶熔蚀后常呈双凸透镜状的轮廓,为贵橄榄石的鉴别特征之一(图 8-18,图 8-19)。在科马提岩或科马提质玄武岩中,橄榄石常呈薄板状或叶片状,无序或近于平行排列镶嵌于极细的基质中,形成快速冷凝后特殊的鬣刺结构(图 8-20)。有时见{010}不完全解理。常具有不规则的裂理,侵入岩中橄榄石常发育不规则裂纹,其中充填蛇纹石、磁铁矿等矿物。干涉色为Ⅱ级顶部至Ⅲ级底部。平行消光,延性符号可正可负,二轴晶可正可负。光性符号与铁含量有关,含铁少(FeO 含量<13%)时为正光性,随着铁含量的递增,2V 角可到达 90°;铁含量继续增加,光性符号转变为负光性,2V 角很大(近于90°),当干涉图处于 45°位置时,消光影近似于直臂状。

【矿物变化】橄榄石极不稳定,容易蚀变为蛇纹石,蛇纹石常呈网格状贯穿整个切面形成网状构造,并且伴随有磁铁矿的析出(图 8-21、图 8-22)。橄榄石也可转变为透闪石、滑石、黑云母和菱铁矿等矿物(图 8-23)。在火山岩中橄榄石易蚀变为伊丁石,并且橄榄石的外部

常常被氧化铁的薄膜所包围。

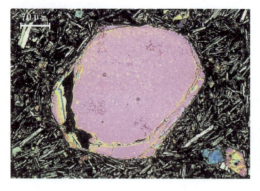

图 8-17 玄武岩中橄榄石反应边结构
（单偏光）

图 8-18 贵橄榄石的干涉色
（正交偏光）

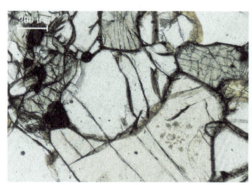

图 8-19 贵橄榄石
（正高突起，干涉色Ⅱ级顶部至Ⅲ级底部）（左：单偏光；右：正交偏光）

图 8-20 科马提岩的鬣刺结构
（橄榄石呈细长锯齿状、针状晶体）
（正交偏光）

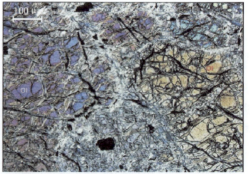

图 8-21 贵橄榄石常蚀变形成蛇纹石并
析出不透明的磁铁矿颗粒
（正交偏光）

图 8-22　纯橄榄岩中橄榄石被　　　　图 8-23　橄榄石斑晶透闪石化且蚀变后
　　　　强烈蛇纹石化　　　　　　　　　　　　析出大量磁铁矿
　　　　（正交偏光）　　　　　　　　　　　　　（单偏光）

【鉴定特征】橄榄石与普通辉石的区别：普通辉石带淡绿色或淡褐色的色调，具有两组完全解理，斜消光，干涉色相对较低，$AP/\!/$解理纹，2V 角大小中等；而橄榄石呈无色，具有一组不完全解理，平行消光，干涉色相对较高，$AP\perp$解理纹，2V 角较大。

橄榄石与斜方辉石的区别：橄榄石解理不发育，常见不规则的粗黑裂缝；而斜方辉石则具辉石式完全解理。橄榄石在矿物薄片中为无色，斜方辉石有时具有多色性。橄榄石的双折射率大于斜方辉石的双折射率，干涉色可达Ⅲ级底部，斜方辉石的干涉色不超过Ⅰ级。橄榄石如果出现解理缝，则总是平行消光；而当解理与矿物薄片切面斜交时，斜方辉石常表现为斜消光。橄榄石延性符号可正可负，而斜方辉石是正延性。

【产状】产于 $SiO_2$ 不饱和的基性岩和超基性岩（辉长岩、苏长岩、橄榄岩、玄武岩、碧玄岩、苦橄岩、玻基辉橄岩、金伯利岩等）中。橄榄石性质不稳定，一般不与石英同时出现，变质岩和沉积岩中橄榄石易蚀变为其他矿物。

## 铁橄榄石（Fayalite）

$N_p=1.805\sim1.835, N_m=1.838\sim1.877, N_g=1.847\sim1.886$

$N_g-N_p=0.042\sim0.051;(-)2V=47°\sim54°$

$N_g/\!/a, N_p/\!/b, N_m/\!/c$，光轴面 $AP/\!/(001)$

$H_m=6.5, D=4.32\sim4.39$

$Fe_2[SiO_4]$，斜方晶系

【化学组成】化学式为 $Fe_2[SiO_4]$，岛状结构硅酸盐矿物。铁橄榄石成分中往往含有一定数量的 MgO 和少量的 MnO，可与锰橄榄石 $Mn_2[SiO_4]$ 形成类质同象系列矿物。

【形态】铁橄榄石的晶形呈短柱状或$/\!/(100)$的板状，颗粒较细。

【光学性质】铁橄榄石的颜色为黄绿色，当其中的铁被氧化后，呈红褐—黑色。矿物薄片中通常呈无色，有时呈淡黄色。铁橄榄石具有多色性：$N_p$ 为黄色，$N_m$ 为橙黄色，$N_g$ 为浅黄色；其吸收性公式为：$N_m > N_p > N_g$。正极高突起。沿{010}不完全解理。干涉色可达Ⅲ级顶部（图8-24）。平行消光，延性符号可正可负，双晶少见，二轴晶负光性。

【矿物变化】铁橄榄石可以蚀变为叶蛇纹石、赤铁矿、褐铁矿、伊丁石、绿泥石等矿物，也可被铁闪石置换。

【鉴定特征】与贵橄榄石比较，铁橄榄石的折射率和双折射率较高，光轴角较小，光性特征只存在负光性。同浅色的辉石的区别是：铁橄榄石的双折射率较高，平行消光，解理不发育。绿帘石具有黄—绿色的多色性、较大的光轴角、斜消光等特征，可以和铁橄榄石进行区分。

【产状】铁橄榄石产于流纹岩、酸性玻璃、花岗岩、富铁石英辉长岩、铁矿石中。铁橄榄石是一种较为罕见的矿物，也作为高温变质矿物见于榴辉铁橄岩中。

图8-24 镁橄榄石和铁橄榄石
［矿物薄片中镁橄榄石呈无色透明，铁橄榄石呈淡黄色、黄绿色，均为自形晶、半自形晶，正高突起，明显糙面，Ⅱ级—Ⅲ级干涉色（左：单偏光；右：正交偏光）］

# 锰橄榄石（Tephroite）

$N_p = 1.759 \sim 1.788, N_m = 1.786 \sim 1.810, N_g = 1.797 \sim 1.825$

$N_g - N_p = 0.037 \sim 0.038;(-)2V = 60° \sim 71°$

$N_g // a, N_p // b, N_m // c$，光轴面 $AP // (001)$

$H_m = 6 \sim 6.5, D = 4.10$

$Mn_2[SiO_4]$，斜方晶系

【化学组成】化学式为 $Mn_2[SiO_4]$，岛状结构硅酸盐矿物。成分中含有少量的 $Al_2O_3$ 及微量的 Ca、Mg、$Fe^{2+}$、$Fe^{3+}$、Ti 等杂质元素。

【形态】锰橄榄石大多数为粒状集合体。

【光学性质】锰橄榄石常为橄榄绿色、淡蓝色、绿色、灰色等，矿物薄片中几乎为无色或淡绿色。可具有弱多色性：$N_p$ 为褐色、褐红色，$N_m$ 为浅红色、红色，$N_g$ 为蓝绿色。其吸收性公式为：$N_p > N_g > N_m$。正高突起。折射率随着 $Fe^{2+}$ 含量增加而增高，随着 Mg 含量增加而降低。沿{010}完全解理，{100}不完全解理。最高干涉色至Ⅲ级底部。平行消光，双晶少见，延性符号可正可负，二轴晶负光性。

【鉴定特征】锰橄榄石同贵橄榄石很难区分,需要用 X 粉晶衍射分析或 X 射线光谱检测元素进行分析、判定。锰橄榄石经常与富 Mn 的矿物共生是其一个重要特征。

【产状】锰橄榄石产于铁锰矿床及有关的矽卡岩中,也见于锰沉积物形成的变质岩中,其共生矿物有蔷薇辉石、锰方解石、钙蔷薇辉石等。

# 钙镁橄榄石(Monticellite)

$N_p=1.641\sim1.651, N_m=1.646\sim1.662, N_g=1.655\sim1.669$

$N_g-N_p=0.014\sim0.018;(-)2V=70°\sim82°$

$N_g // a, N_p // b, N_m // c$,光轴面 $AP // (001)$

$H_m=5\sim5.5, D=3.20$

$CaMg[SiO_4]$,斜方晶系

【化学组成】化学式为 $CaMg[SiO_4]$,岛状结构硅酸盐矿物。成分中常含少量的 MnO 和 FeO,是由 Mn、$Fe^{2+}$ 代换 Mg 而进入晶格中。还含有少量或微量的 $Fe^{3+}$、Al 等元素。钙镁橄榄石可同钙铁橄榄石构成连续的类质同象系列。

【形态】常呈短柱状、厚板状,通常为不规则粒状。

【光学性质】钙镁橄榄石常为无色或灰色,矿物薄片中为无色透明。正中—正高突起。折射率和双折射率随 $Fe^{2+}$、Mn 的含量变化,若 $Fe^{2+}$ 的含量大于 Mn 的含量,则折射率略增,而双折射率略减。具有 {010} 不完全解理。最高干涉色至 I 级顶部(图 8-25)。平行消光。可依 {031} 构成三连晶的双晶(图 8-26)。延性符号可正可负,其中沿解理方向的切面为正延性。二轴晶负光性。光轴角 2V 角较大,随着 $Fe^{2+}$、Mn 含量的增加而减小。纯的钙镁橄榄石的 $2V=90°$。

图 8-25 绿脆云母钙镁橄榄矽卡岩
[无色粒状钙镁橄榄石(Mtc)与碳酸盐矿物(Cb)共生(单偏光)]

图 8-26 钙镁橄榄石(Mtc)三连晶的双晶和 I 级干涉色
(正交偏光)

【矿物变化】钙镁橄榄石可变为蛇纹石、辉石,而且可被符山石代换。

【鉴定特征】钙镁橄榄石与镁橄榄石、贵橄榄石很相似,区别为:钙镁橄榄石的折射率与双折射率较低;镁橄榄石为正光性,贵橄榄石的光性可正可负,钙镁橄榄石只有负光性。

【产状】钙镁橄榄石作为硅质白云岩的进变质产物，或产出于橄榄辉长岩与石灰岩的接触带，或产于花岗岩与白云质灰岩接触带所交代的矽卡岩中。钙镁橄榄石的共生矿物有钙铝黄长石、尖晶石、符山石、透辉石、硅灰石，以及较少见的粒硅钙石、枪晶石、灰硅钙石、镁硅钙石、斜硅钙石、硅硫磷灰石、柯里斯摩石和绿脆云母等。有时也见于黄长煌斑岩、黄长透辉石岩和霞石玄武岩中，与黑云母、橄榄石、黄长石、辉石、钙钛矿、磷灰石、钠柱石及钛磁铁矿共生。

# 绿帘石族（Epidote group）

绿帘石族矿物主要是由 Ca、Fe、Mn 等元素构成的铝硅酸盐，化学式通式为 $A_2B_3[SiO_4][Si_2O_7]O(OH)$，式中 $A=Ca、Ce、Sr、Pb$ 等元素，$B=Al^{3+}、Fe^{3+}、Mn^{3+}、V^{3+}、Cr^{3+}$ 等元素。

本族矿物主要包括黝帘石、锰黝帘石、铅黝帘石、斜黝帘石、红帘石、绿帘石、褐帘石等。绿帘石和斜黝帘石可构成连续的类质同象系列，绿帘石和褐帘石不形成连续的类质同象系列，黝帘石和斜黝帘石为同质二象矿物。

本族矿物除黝帘石、锰黝帘石为斜方晶系外，其余矿物均为单斜晶系。晶体结构十分复杂，其基本特点为孤立的 $[SiO_4]$ 单四面体和 $[Si_2O_7]$ 双四面体构成混合型的岛状结构。晶体常沿 $b$ 轴延伸呈柱状，横断面为假六边形，常具有数组轴面解理。手标本中颜色为灰白—黑色，随含铁量增加而颜色加深。折射率较高，矿物薄片中为正高突起，糙面显著。除黝帘石偶见光轴面 $AP/\!/(100)$ 外，其余矿物的光轴面均平行 $(010)$，垂直于晶体延长方向。绿帘石族常具异常干涉色，平行 $b$ 轴切面平行消光，$N_g \wedge c = 0°\sim12°$。锥光镜下出现较强的色散是本族矿物的鉴别特征之一。

# 绿帘石（Epidote）

$N_p=1.715\sim1.751, N_m=1.725\sim1.784, N_g=1.734\sim1.797$

$N_g-N_p=0.019\sim0.046;(-)2V=64°\sim90°$

$N_g \wedge a=25°\sim30°, N_m/\!/b, N_p \wedge c=0°\sim5°$，光轴面 $AP/\!/(010)$

$H_m=6\sim6.5, D=3.37\sim3.50$

$Ca_2(Al,Fe)_3[SiO_4][Si_2O_7]O(OH)$，单斜晶系

【化学组成】化学式为 $Ca_2(Al,Fe)_3[SiO_4][Si_2O_7]O(OH)$，岛状结构硅酸盐矿物。绿帘石与斜黝帘石形成连续的类质同象系列。成分中尚含少量的 $MgO$、$MnO$、$SrO$ 和 $Na_2O$ 等杂质。随着 $Al^{3+}$ 被 $Mn^{3+}$、$Fe^{3+}$ 替代，绿帘石向红帘石转变。

【形态】晶体常呈沿 $b$ 轴伸长的柱状、纤维状或厚板状（图 8-27），断面近六边形，见粒状和放射状集合体。

【光学性质】绿帘石的颜色通常为黄绿色、黄色和灰色，常分布不均匀；矿物薄片中呈淡黄、黄绿色、无色。多色性显著：$N_g$ 为无色—柠檬黄色，$N_m$ 为黄绿色、褐色，$N_p$ 为无色、淡黄色、浅绿色。其吸收性公式为：$N_m>N_g>N_p$。正高—正极高突起，糙面显著。具有 $\{001\}$ 轴面完全解理，$\{100\}$ 不完全解理。干涉色鲜艳而明亮，一般为Ⅱ级～Ⅲ级的鲜艳干涉色，即

使在同一切面上,常出现干涉色分布不均匀的现象(图8-28~图8-31)。双折射率随Fe含量增加而增大。柱状切面具平行消光,其他切面为斜消光。延性符号可正可负。由于光轴面 $AP/\!/(010)$,因此(010)面中的消光角具有鉴定意义。二轴晶负光性。

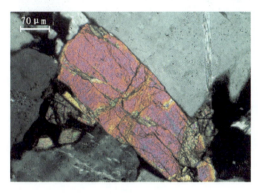

图8-27 砂岩中的绿帘石
(呈长柱状自形晶,具发育解理和鲜艳
干涉色)(正交偏光)

图8-28 变质岩屑
(由长石、石英组成,绿帘石化明显,帘石
具异常干涉色)(正交偏光)

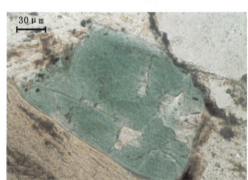

图8-29 砂岩中的绿帘石
(呈绿色,自形的柱状晶体,正高突起,Ⅱ~Ⅲ级的鲜艳干涉色,出现干涉色不均匀的现象)
(左:单偏光;右:正交偏光)

图8-30 大理岩中的绿帘石
(左:单偏光;右:正交偏光)

图 8-31 绿帘石石榴石矽卡岩

(粒状、柱状变晶结构,主要成分为绿帘石、石榴石和方解石)(左:单偏光;右:正交偏光)

【鉴定特征】绿帘石具有正高—正极高突起、多色性显著、平行消光、具有较小消光角的斜消光、较高干涉色、光轴面垂直延长方向、负光性等鉴定特征。

绿帘石与斜黝帘石的区别:矿物薄片中绿帘石呈黄绿色,斜黝帘石为无色;绿帘石的多色性显著,而斜黝帘石基本无多色性;绿帘石的双折射率大于斜黝帘石的双折射率;绿帘石具鲜艳干涉色,可见分布不均匀现象,而斜黝帘石为灰—灰白干涉色,可见靛蓝的异常干涉色;绿帘石为负光性,而斜黝帘石为正光性。绿帘石与透辉石或普通辉石的区别:矿物薄片中绿帘石总是带有黄色色调,而辉石带褐色或绿色的色调;辉石的解理夹角为87°或93°,而绿帘石的解理夹角为65°;纵切面辉石具斜消光,而绿帘石为平行消光;绿帘石具有辉石所没有的异常干涉色;绿帘石为负光性,而单斜辉石为正光性。

【产状】绿帘石是典型的岩浆期后矿物,广泛分布于接触变质或热液蚀变岩中。火成岩中辉石、角闪石、黑云母、斜长石经过蚀变均能形成绿帘石。绿帘石也见于结晶片岩、千枚岩、板岩、片麻岩、富铝石灰岩、角页岩、绿帘闪石岩、钠长石化玄武岩、花岗岩、正长岩中。绿帘石也是阳起石绿片岩中常见的矿物。在玄武岩中,绿帘石产于气孔中,与辉石、阳起石、钙铝榴石、榍石共生。

# 褐帘石(Allanite)

$N_p=1.690\sim1.791, N_m=1.700\sim1.815, N_g=1.706\sim1.828$

$N_g-N_p=0.013\sim0.036; (-)2V=40°\sim80°$

$N_g \wedge a=60°, N_m // b, N_p \wedge c=35°$,光轴面 $AP // (010)$

$H_m=5.5\sim6.5, D=3.50\sim4.20$

$(Ca,Ce)_2(Fe^{2+},Fe^{3+})Al_2[SiO_4][Si_2O_7]O(OH)$,单斜晶系

【化学组成】化学式为$(Ca,Ce)_2(Fe^{2+},Fe^{3+})Al_2[SiO_4][Si_2O_7]O(OH)$,岛状结构硅酸盐矿物。成分较为复杂,除含 Ce 外,还可含 Dy、La 及少量钇族元素,故多数褐帘石有弱放射性并含 $K_2O$、$Na_2O$、$MgO$ 等。在绿帘石族矿物中,褐帘石是唯一富 $Fe^{2+}$ 的矿物。

【形态】晶体沿(100)呈厚板状或沿 $b$ 轴伸长呈柱状、针状,也常呈粒状集合体产出。褐帘石的周围常有绿帘石的镶边,常与绿帘石、斜黝帘石、黝帘石、红帘石形成平行连生。

【光学性质】颜色为褐色、红褐色至沥青黑色,矿物薄片中呈褐色、褐黄色,常呈带状分布。多色性明显:$N_g$ 为褐黑色、深褐色、褐黄色、褐绿色,$N_m$ 为黄褐色、红褐色、淡绿色,$N_p$ 为红褐色、褐红色、绿褐色、浅黄色、无色。其吸收性公式为:$N_g > N_m > N_p$ 或 $N_m \geqslant N_g > N_p$。正高—正极高突起。沿{001}轴面完全解理,{100}、{110}不完全解理。干涉色为Ⅱ级,但常常被矿物本身颜色掩盖而带褐色。若含水,颗粒部分非晶质化变成均质体,并随含水量增加其折射率降低,$N=1.530 \sim 1.720$。褐帘石常见环带构造,一般外部折射率较低,颜色较浅;内部的折射率较高,颜色较深。光轴面 $AP /\!/ (010)$,为二轴晶负光性;有的褐帘石 $OA \perp (010)$,为正光性,$2V$ 角比较大。有时具有{100}或{001}的双晶。

【矿物变化】褐帘石具有放射性,常出现非晶质化。黑云母中的褐帘石细粒周围常有多色晕。

【鉴定特征】根据颜色、非晶质化的特征与其他绿帘石族矿物进行区分。与褐色角闪石区别:褐帘石的柱面上平行消光,仅具一组完全解理,并常有绿帘石的镶边;而褐色角闪石则具有两组完全的闪石式解理,解理夹角为 56°或 124°。

【产状】褐帘石主要作为副矿物产于花岗岩、伟晶岩、正长岩、碱性岩及其相应的火山岩和花岗伟晶岩、花岗片麻岩中,与黑云母、钛铁矿、锆石等共生。

## 红帘石(Piedmontite)

$N_p = 1.730 \sim 1.756, N_m = 1.747 \sim 1.789, N_g = 1.765 \sim 1.829$

$N_g - N_p = 0.035 \sim 0.073;(\pm)2V = 70° \sim 90°$(富 $Fe^{3+}$ 为二轴晶负光性,富 $Mn^{3+}$ 为二轴晶正光性)

$N_g \wedge a = 29° \sim 33°, N_m /\!/ b, N_p \wedge c = 4° \sim 7°$,光轴面 $AP /\!/ (010)$

$H_m = 6 \sim 6.5, D = 3.40 \sim 3.50$

$Ca_2(Al, Mn^{3+}, Fe^{3+})_3[SiO_4][Si_2O_7]O(OH)$,单斜晶系

【化学组成】化学式为 $Ca_2(Al, Mn^{3+}, Fe^{3+})_3[SiO_4][Si_2O_7]O(OH)$,岛状结构硅酸盐矿物。成分中 $Mn_2O_3$ 含量可高达 15%,有时含少量的 MgO。

【形态】晶体沿 $b$ 轴伸长呈柱状、厚板状,常见粒状或放射状集合体(图 8-32)。晶形类似绿帘石,但发育程度较差。有时有环带构造,核部为粉红色的红帘石,四周为无色的斜黝帘石。

【光学性质】颜色呈红褐色、红黑色至黑色,随其中锰含量的增加而颜色变深;矿物薄片中呈紫色或粉红色。多色性明显:$N_g$ 为鲜红色或褐红色,$N_m$ 为淡紫色或玫瑰红色,$N_p$ 为浅黄色、橙黄色。吸收性公式:$N_g > N_m > N_p$ 或 $N_g > N_p > N_m$。正高突起。具{001}完全解理,{100}、{010}不完全解理。干涉色极高,可达Ⅳ级以上,但常被本身颜色所干扰(图 8-33、图 8-34)。柱面上为斜消光。不常见双晶{100}。延性符号可正可负,富 $Fe^{3+}$ 为二轴晶负光性,富 $Mn^{3+}$ 为二轴晶正光性。

图 8-32 柱状自形、半自形具有鲜红色和橙黄色多色性的红帘石
（单偏光）

图 8-33 红帘石具极高的干涉色且干涉色受本身颜色所影响
（正交偏光）

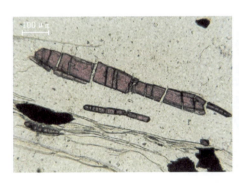

图 8-34 含锰的变燧石中的红帘石
（正高突起，极高干涉色）（左：单偏光；右：正交偏光）

【鉴定特征】红帘石以其特征的多色性、吸收性可以与绝大多数矿物相区分。锰黝帘石的折射率较小，双折射率较小，光轴角较小，平行消光；锰蔷薇辉石为斜消光；蓝线石呈蓝色或蓝紫色、蓝绿色，绝不显黄色；蓝闪石的折射率及双折射率较小，均可同红帘石相区分。

【产状】产于低级至中级区域变质的各种片岩如绢云母片岩、石英白云母红帘石片岩中，与无色电气石、金红石、磷灰石、锰铝榴石等矿物共生。也可见于某些自变质的脉岩中，与石英、云母或蓝闪石等矿物共生。也常见于变质的锰矿中。在蚀变的火山岩中作为一种热液蚀变矿物出现，通常以针状晶簇或球粒状集合体形式产出。

## 黝帘石（Zoisite）

$N_p = 1.695 \sim 1.701$, $N_m = 1.695 \sim 1.702$, $N_g = 1.702 \sim 1.707$

$N_g - N_p = 0.006 \sim 0.007$；(+)$2V = 0° \sim 50°$

$a$-黝帘石：$N_m // a$, $N_p // b$, $N_g // c$，光轴面 $AP // (100)$

$\beta$-黝帘石：$N_p // a$, $N_m // b$, $N_g // c$，光轴面 $AP // (010)$

$H_m = 6$, $D = 3.25 \sim 3.37$

Ca$_2$Al$_3$[SiO$_4$][Si$_2$O$_7$]O(OH)，斜方晶系

【化学组成】化学式为 Ca$_2$Al$_3$[SiO$_4$][Si$_2$O$_7$]O(OH)，岛状结构硅酸盐矿物。成分中常含少量的 Fe，当 Fe$_2$O$_3$ 含量小于 5% 或不含 Fe 时，为 $\alpha$-黝帘石；当 Fe$_2$O$_3$ 含量大于 5% 时，为 $\beta$-黝帘石。此外还含微量的 MnO、MgO、Na$_2$O、Cr$_2$O$_3$ 和 BaO，还可有 Sr 代换 Ca 元素。黝帘石和斜黝帘石为同质二象矿物。变种有锰黝帘石和铅黝帘石。

【形态】晶体沿 $b$ 轴呈柱状，晶面上可有纵条纹，横断面近于六边形，或为粒状集合体。

【光学性质】颜色呈灰色、浅绿色、绿色、褐色等，矿物薄片中为无色，厚矿物薄片则呈灰色、灰绿色。富锰变种具有多色性。正高突起。具有{100}完全解理，{001}不完全解理。干涉色很低，为Ⅰ级灰—灰白，但 $\alpha$-黝帘石常具有异常的靛蓝色、锈褐色的干涉色，$\beta$-黝帘石为Ⅰ级灰白—黄白。平行消光（图 8-35、图 8-36），无双晶，延性符号为可正可负。$\alpha$-黝帘石的 $2V = 20° \sim 50°$，折射率较高（$N_p = 1.701$，$N_m = 1.702$，$N_g = 1.707$，$N_g - N_p = 0.006$），负延性，二轴晶正光性；$\beta$-黝帘石的 $2V = 0° \sim 30°$，$2V$ 随着 Fe$^{3+}$ 含量增加而减小至 0°，折射率较低（$N_p = 1.695$，$N_m = 1.695$，$N_g = 1.702$，$N_g - N_p = 0.007$），具有一轴晶的特点。黝帘石常具环带构造，其中心部位颜色较深，为深红色，向边部则渐变为淡红色或无色，其内带和外带的干涉色和 $2V$ 角均有所不同。

图 8-35　片麻岩中的黝帘石
[具靛蓝色异常干涉色和斜黝帘石（Czo）窄边（左：单偏光；右：正交偏光）]

图 8-36　变质岩中的黝帘石变斑晶具完全解理和靛蓝色异常干涉色
（正交偏光）

【鉴定特征】正高突起、平行消光、低干涉色、强色散是黝帘石的主要鉴定特征。磷灰石的折射率低,不具异常干涉色,一轴晶负光性;符山石也为一轴晶负光性;矽线石的干涉色较高,可以与黝帘石进行区分。因为斜黝帘石平行 $b$ 轴的纵切面也可为平行消光,也可有异常蓝色的干涉色,所以黝帘石最易和斜黝帘石混淆,可根据准确测量 $2V$ 角(斜黝帘石的 $2V=65°\sim90°$,黝帘石的 $2V<60°$)以及斜黝帘石其他切面为斜消光进行区分。

【产状】黝帘石为典型的岩浆期后矿物,是中—基性岩浆岩中钙长石经钠黝帘石化的产物。共生矿物有斜长石、阳起石、绿泥石、绢云母、绿帘石、石榴石、葡萄石、方柱石、榍石、沸石等。含泥灰质组分的砂岩经区域变质作用也可有黝帘石产出,与角闪石等矿物共生。一般来说,黝帘石远远少于绿帘石、斜黝帘石,而不含铁的 $\alpha$-黝帘石较 $\beta$-黝帘石更为常见。

# 斜黝帘石(Clinozoisite)

$N_p=1.697\sim1.714$,$N_m=1.679\sim1.722$,$N_g=1.702\sim1.729$
$N_g-N_p=0.005\sim0.015$;$(+)2V=65°\sim90°$
$N_g\wedge a=13°\sim25°$,$N_m/\!/b$,$N_p\wedge c=0°\sim12°$,光轴面 $AP/\!/(010)$
$H_m=6.5$,$D=3.35\sim3.38$
$Ca_2Al_3[SiO_4][Si_2O_7]O(OH)$,单斜晶系

【化学组成】化学式为 $Ca_2Al_3[SiO_4][Si_2O_7]O(OH)$,岛状结构硅酸盐矿物。斜黝帘石与绿帘石可构成连续的类质同象系列。随着 $Fe^{3+}$ 代换 Al 的增加,逐渐变为绿帘石。成分中还可含少量的 Mg、Ti 等元素的氧化物。

【形态】晶体呈柱状,沿 $b$ 轴延长,横断面近六边形,或见粒状集合体。

【光学性质】斜黝帘石为无色、淡黄色、灰色或绿色;矿物薄片中为无色,但含 $Fe^{2+}$ 较多的斜黝帘石呈浅黄色、粉红色、淡绿色。正高突起,糙面显著。具有{001}完全解理,{100}不完全解理。最高干涉色不超过Ⅰ级黄,但可以出现靛蓝色异常干涉色(图 8-37、图 8-38)。沿 $b$ 轴方

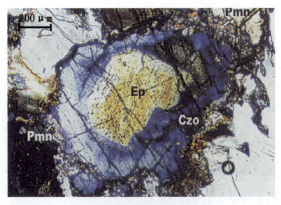

图 8-37 绿帘石和斜黝帘石
[异常干涉色呈环带分布,中心为黄色的绿帘石(Ep),外围为蓝色的
斜黝帘石(Czo)和灰褐色、灰白色的红帘石(Pmn)(正交偏光)]

向为平行消光,其他切面上为斜消光。具{100}聚片双晶,不常见。延性符号可正可负。斜黝帘石有时具有环带构造,由于Fe含量不同,核部和边部的折射率、消光角、光轴角都不同。

图8-38 变斑晶的斜黝帘石显示分区双折射
(核心富铁)(左:单偏光;右:正交偏光)

【矿物变化】斜黝帘石十分稳定,不易变化。

【鉴定特征】与黝帘石相似,其区别在于斜黝帘石的光轴角较大、斜消光。与绿帘石的区别在于绿帘石具有多色性,双折射率较高,2V角较小,为负光性,色散也不同。

【产状】斜黝帘石分布广泛,为典型的岩浆期后矿物,常为基性或中性岩浆岩中斜长石、辉石、角闪石的蚀变产物,与绿帘石、绢云母、次闪石等矿物共生,见于结晶片岩、片麻岩及接触变质岩中,与绿帘石形成一系列过渡产物。

# 蓝晶石(Kyanite, Cyanite)

$N_p=1.706\sim1.718, N_m=1.714\sim1.723, N_g=1.719\sim1.734$

$N_g-N_p=0.012\sim0.016; (-)2V=82°\sim83°$

$N_g \wedge c=30°, N_m \wedge b=30°, N_p // a$,光轴面$AP$近于垂直(100)

$H_m=4\sim4.5(//c)$或$5\sim7(\perp c)$(硬度各向异性),$D=3.53\sim3.65$

$Al_2[SiO_4]O$,三斜晶系

【化学组成】化学式为$Al_2[SiO_4]O$,岛状结构硅酸盐矿物。蓝晶石与红柱石、矽线石属于同质多象变体。成分中常含少量$Fe_2O_3$、$Cr_2O_3$、CaO、MgO、FeO和$TiO_2$。

【形态】晶体沿$c$轴呈柱状,沿(100)呈板状,见放射状集合体(图8-39～图8-41)。常有金红石、白云母、辉石、石榴石等包裹体(图8-42)。

【光学性质】蓝晶石的颜色为蓝色、青色、蓝白色,颜色分布常不均匀,矿物薄片中为无色;当矿物薄片较厚时,可呈淡蓝色,并具有弱多色性:$N_g$为淡青色、浅靛蓝色,$N_m$为淡蓝色、浅紫蓝色,$N_p$为无色。正高突起。具有沿{100}完全解理,沿{010}中等解理,具有沿{001}的裂理。最高干涉色为Ⅰ级黄～Ⅱ级蓝,但多数切面只具有黄白色、橙黄色、灰白色等干涉色(图8-43、图8-44)。在平行$c$轴的沿(100)的板状切面上呈斜消光,消光角为0°～

30°；在(001)面上，沿{100}解理呈近于平行消光。延性为正延性。常见简单双晶或聚片双晶，接合面沿(001)面的复合双晶是由应力作用形成的。二轴晶负光性。

【矿物变化】蓝晶石的性质比较稳定，有时可蚀变为白云母、叶蜡石。在温度、压力条件改变时，可转变为矽线石、红柱石。

图 8-39　片岩中柱状蓝晶石晶体
发生部分蚀变
（单偏光）

图 8-40　放射状蓝晶石
（纵切面具有Ⅰ级黄干涉色和一组解理）
（正交偏光）

图 8-41　板状蓝晶石晶体
（具有完全解理和裂理，Ⅱ级蓝干涉色）
（正交偏光）

图 8-42　柱状蓝晶石晶体
Ⅰ级黄干涉色，含一颗斜辉石包体，右下为
透长石）（正交偏光）

图 8-43　片岩中蓝晶石呈现三种不同晶体取向
（左：单偏光；右：正交偏光）

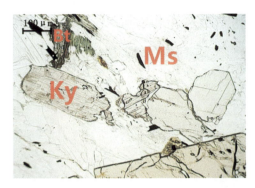 

图 8-44 白云母-黑云母片岩中的蓝晶石(Ky)

[四颗蓝晶石晶体呈无色,其中两颗具有平行长度的完全解理,突起高于白云母(Ms)和黑云母(Bt)
(左:单偏光;右:正交偏光)]

【鉴定特征】蓝晶石与矽线石的区别:蓝晶石的双折射率略低于矽线石,具特征的{001}裂理,斜消光,负光性,光轴角较大,常发育双晶。蓝晶石与红柱石的区别:蓝晶石的颜色发蓝,正延性,聚片双晶,斜消光。

【产状】蓝晶石是典型的泥质岩区域变质矿物,是变质分带的标志矿物,常与石榴石、十字石、白云母、黑云母、绿泥石、矽线石、堇青石、金红石等矿物共生,产于片麻岩、结晶片岩、榴辉岩、云母片岩、蓝晶石片岩等岩石之中。在接触变质带中一般不出现蓝晶石,而出现矽线石和红柱石。蓝晶石的性质稳定,因此有时也出现于碎屑沉积岩中。岩浆岩中未发现蓝晶石产出。

# 红柱石(Andalusite)

$N_p=1.629\sim1.640, N_m=1.633\sim1.644, N_g=1.638\sim1.651$

$N_g-N_p=0.009\sim0.011;(-)2V=71°\sim86°$

$N_g // a, N_m // b, N_p // c$,光轴面 $AP // (010)$

$H_m=7\sim7.5, D=3.10\sim3.20$

$Al_2[SiO_4]O$,斜方晶系

【化学组成】化学式为 $Al_2[SiO_4]O$,岛状结构硅酸盐矿物。成分中的 Al 可以部分地被 Fe 和 Mn 替换,Si 可以少量地被 Ti 替换。

【形态】晶体沿 $c$ 轴延伸呈斜方柱状,横断面近于正方形,集合体呈放射状、柱状、粒状。具十字形黑色碳质包裹体者,称为空晶石(图 8-45、图 8-46)。

【光学性质】灰色、黄色、红色、紫色、绿色、褐色等。矿物薄片中为无色,带浅红色调。具微弱多色性:$N_g$ 和 $N_m$ 为浅黄绿色,$N_p$ 为浅红色。正中突起。柱面解理{110}完全。干涉色最高不超过Ⅰ级黄(图 8-47)。平行消光,某些斜交 $c$ 轴切面呈斜消光,横切面为对称消光。延性为负延性。二轴晶负光性。

【矿物变化】红柱石易蚀变为绢云母、白云母，在变质岩中当温度和压力升高时可见到矽线石或蓝晶石替换红柱石，而呈红柱石的假象（图8-48）。

图8-45　角岩中的红柱石中见粉红色核心
（单偏光）

图8-46　空晶石横切面及黑十字包体
（单偏光）

图8-47　红柱石
（呈柱状变斑晶，蚀变严重，Ⅰ级灰白—
黄干涉色）（正交偏光）

图8-48　红柱石角岩中的变斑晶红柱石
（被绢云母交代，呈红柱石假象）（正交偏光）

【鉴定特征】红柱石最易被误认为紫苏辉石，因两者具有相同的多色性，红柱石为负延性，紫苏辉石为正延性。矽线石矿物薄片中为无色，正延性，光轴角小。

【产状】红柱石产于接触变质带中，偶见于花岗岩及花岗岩的内接触带、泥质结晶片岩和片麻岩中，与矽线石、蓝晶石、堇青石、石榴石等矿物共生。

## 矽线石（硅线石，Sillimanite）

$N_p = 1.654 \sim 1.661$，$N_m = 1.658 \sim 1.662$，$N_g = 1.673 \sim 1.683$

$N_g - N_p = 0.019 \sim 0.022$；$(+)2V = 21° \sim 30°$

$N_g // c$，$N_m // b$，$N_p // a$，光轴面 $AP // (010)$

$H_m = 6 \sim 7$，$D = 3.23 \sim 3.27$

$Al_2[SiO_4]O$，斜方晶系

【化学组成】化学式为 $Al_2[SiO_4]O$，链状结构硅酸盐矿物，$[SiO_4]$ 四面体与 $[AlO_4]$ 四面体沿 $c$ 轴构成双链。成分中的 Al 可以被 Fe 替换，$Fe_2O_3$ 的含量可达 2%～3%。

【形态】矽线石的晶体常为两端不具晶面的沿 $c$ 轴延伸的长柱状、针状、纤维状，集合体常呈束状、放射状、毛发状等，纤维常常弯曲且细密，晶面上有纵纹（图 8-49～图 8-53）。

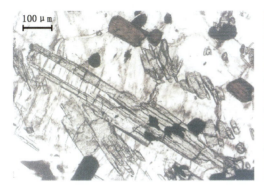

图 8-49 柱状矽线石
（正高突起）（单偏光）

图 8-50 放射状矽线石
（Ⅱ级蓝绿干涉色）（正交偏光）

图 8-51 片岩中的矽线石（Sil）
[呈纤维状，与黑云母（Bt）共生（左：单偏光；右：正交偏光）]

图 8-52 片岩中的矽线石
（呈团块状，蚀变为绢云母）（左：单偏光；右：正交偏光）

图 8-53　铝质片麻岩中的矽线石

（呈柱状，达Ⅱ级蓝干涉色）（左：单偏光；右：正交偏光）

【光学性质】矽线石呈无色、白色、灰色、黄色、粉红色、褐色、灰绿色、蓝绿色等，矿物薄片中为无色。厚切片具有弱多色性：$N_g$ 为暗褐色或天蓝色，$N_m$ 为褐色或浅绿色，$N_p$ 为浅褐黄色。正中—正高突起。柱状晶体具有一组沿{010}的完全解理，见{001}裂理。最高干涉色为Ⅰ级紫红~Ⅱ级蓝绿（图 8-50~图 8-53）。平行消光，延性为正延性，二轴晶正光性。

【矿物变化】矽线石易蚀变为黏土矿物、绢云母、白云母等（图 8-52）。

【鉴定特征】矽线石与透闪石的区别：①透闪石具有角闪石式的解理，而矽线石具{010}柱面解理；②矽线石为平行消光，而透闪石为斜消光；③矽线石的 2V 角小于透闪石的 2V 角，且为正光性，而透闪石为负光性。矽线石有时很像磷灰石，矽线石为正延性，磷灰石为负延性。矽线石的干涉色可达Ⅱ级蓝绿，而磷灰石的干涉色不超过Ⅰ级灰。

【产状】矽线石是典型的高温变质矿物，产于火成岩与富铝泥质岩石的中级—高级接触变质带中，形成温度高于红柱石，因此出现在最靠近火成岩的接触带内。泥质岩石经受中级—高级区域变质时也能产生矽线石，常与堇青石、石榴石、蓝晶石、红柱石、蓝线石、刚玉、黑云母等矿物出现于片麻岩和结晶片岩中。在花岗岩、伟晶岩和石英脉中很少见到矽线石。

# 硅灰石（Wollastonite）

$N_p=1.618\sim1.622$，$N_m=1.630\sim1.634$，$N_g=1.632\sim1.636$

$N_g-N_p=0.013\sim0.014$；$(-)2V=36°\sim42°$

$N_g \wedge a=34°\sim39°$，$N_m \wedge b=3°\sim5°$，$N_p \wedge c=28°\sim34°$，光轴面 AP 近于平行(010)

$H_m=4.5\sim5$，$D=2.78\sim2.91$

$Ca[SiO_3]$ 或 $Ca_3[Si_3O_9]$，三斜晶系

【化学组成】化学式为 $Ca[SiO_3]$ 或 $Ca_3[Si_3O_9]$，链状结构偏硅酸盐矿物。成分中常含有 $FeO$、$MgO$、$MnO$、$Al_2O_3$ 和 $Na_2O$ 等杂质。

【形态】硅灰石的晶体常沿 b 轴延伸呈柱状、针状、板状、纤维状，构成放射状集合体，有时呈片状、叶片状，横切面近似长方形。硅灰石有时具环带构造，核心部位的光学性质与边缘部位的不同。

【光学性质】硅灰石的颜色为白色,有时略带浅灰色或浅红色,矿物薄片中为无色透明,含 FeO 较多时呈浅黄色,具弱多色性。正中突起。沿{100}完全解理,沿{001}中等解理,两组解理的交角为 74°。最高干涉色为Ⅰ级橙红、Ⅰ级橙黄(图 8-54);柱面上干涉色略低,为Ⅰ级灰白—黄白。平行 $b$ 轴的纵切面呈平行消光或近于平行消光,在垂直 $b$ 轴的横切面上呈斜消光。延性符号可正可负。有时硅灰石具有聚片双晶以及 //(100)简单双晶。二轴晶负光性。

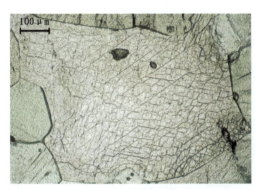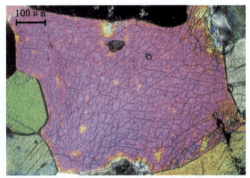

图 8-54 板状硅灰石
(具两组解理,Ⅰ级橙红干涉色)(左:单偏光;右:正交偏光)

【矿物变化】硅灰石可蚀变为方解石、石英、蛋白石、高岭石、锰土矿等矿物。

【鉴定特征】硅灰石与透闪石的区别:透闪石具角闪石式解理,解理夹角为 56°与 124°,而硅灰石则为 74°,即使切面与解理形成斜交,也不小于 60°;硅灰石的双折射率较低,最高干涉色仅为Ⅰ级橙红;透闪石为正延性,硅灰石延性符号则可正可负;两者的 2V 角也不相同。

【产状】硅灰石为典型的高温接触变质矿物,主要产于大理岩和矽卡岩中,常与透辉石、钙铝榴石、绿帘石等矿物共生。硅灰石也见于某些富钙的结晶片岩和片麻岩中。在陨石中也有硅灰石产出。

## 十字石(Staurolite)

$N_p = 1.739 \sim 1.747, N_m = 1.745 \sim 1.753, N_g = 1.752 \sim 1.762$
$N_g - N_p = 0.013 \sim 0.015;(+)2V = 79° \sim 90°$
$N_g // c, N_m // a, N_p // b$,光轴面 $AP //(100)$
$H_m = 7 \sim 7.5, D = 3.75 \sim 3.78$
$Fe_2Al_9[SiO_4]_4O_6(OH)_2$,单斜晶系,$\beta = 90°$(假斜方晶系)

【化学组成】化学式为 $Fe_2Al_9[SiO_4]_4O_6(OH)_2$,岛状结构硅酸盐矿物。成分中常含有少量的 MnO、MgO、CoO、ZnO、NiO、$Fe_2O_3$ 等杂质。

【形态】晶体呈短柱状、粒状,断面为六边形或似菱形(图 8-55~图 8-60)。常具穿插双晶,可呈十字形双晶或斜十字形双晶。内部常含有石英、石榴石、石墨、黑云母、白云母、电气石、磁铁矿、金红石等矿物包裹体(图 8-56),可以形成筛状变晶结构;若这些细小包裹体矿物呈定向排列,则形成残缕结构(图 8-57、图 8-58)。十字石可沿柱面与蓝晶石形成平行连生。

图 8-55 片岩中的十字石
(柱状)(单偏光)

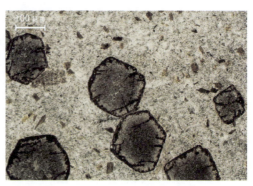

图 8-56 片岩中的十字石
(六边形切面)(单偏光)

图 8-57 角页岩中的十字石
(似菱形切面,其中石英构成筛状
变晶结构)(正交偏光)

图 8-58 片岩中的变斑晶十字石
(六边形切面,细小石英包裹体定向排列呈
残缕结构)(正交偏光)

【光学性质】颜色为红褐色、黄褐—褐黑色,矿物薄片中呈淡黄色。具有弱的多色性:$N_p$ 为无色,$N_m$ 为淡黄色,$N_g$ 为金黄色。吸收性公式:$N_g > N_m > N_p$。正高突起,糙面显著。具 {010} 不完全解理。干涉色为Ⅰ级黄—橙红(图 8-59)。柱面上为平行消光,横切面上为对称消光。延性为正延性。垂直 $c$ 轴切面中可见二轴晶垂直 $Bxa$ 干涉图。常见十字形贯穿双晶(图 8-60、图 8-61)。二轴晶正光性。

【矿物变化】十字石可蚀变为绿泥石、绢云母、褐铁矿等矿物。

【鉴定特征】具有金黄—淡黄—无色的多色性、正高突起是十字石的最主要鉴定特征。与相似矿物的区别是:石榴石是均质体;镁电气石为一轴晶;角闪石具闪石式解理,双折射率较大;绿帘石为浅绿色;橄榄石无多色性,干涉色较高,产状不同。

【产状】十字石是典型的区域变质矿物,常与蓝晶石、红柱石、矽线石、石榴石、电气石、黑云母、白云母等矿物共生于结晶片岩中。

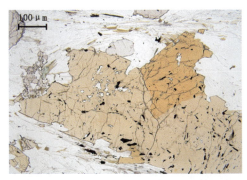 

图 8-59 白云母—黑云母片岩中的十字石
(柱状晶体,具十字贯穿双晶,正高突起,解理较差,弱多色性,具Ⅰ级黄—橙红干涉色)
(左:单偏光;右:正交偏光)

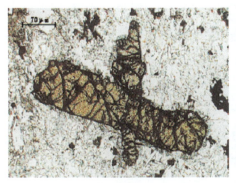 

图 8-60 浅黄色的十字石
具斜十字贯穿双晶
(单偏光)

图 8-61 片岩中的十字石
(孪晶结构,具十字贯穿双晶)
(正交偏光)

# 榍石(Sphene,Titanite)

$N_p=1.843\sim1.950$, $N_m=1.870\sim2.034$, $N_g=1.943\sim2.110$

$N_g-N_p=0.100\sim0.192$;(+)$2V=17°\sim40°$

$N_g\wedge c=51°$, $N_m/\!/b$, $N_p\wedge a=21°$,光轴面 $AP/\!/(010)$

$H_m=5\sim5.5$, $D=3.29\sim3.56$

$CaTi[SiO_4](O,OH,Cl,F)$,单斜晶系

【化学组成】化学式为 $CaTi[SiO_4](O,OH,Cl,F)$,岛状结构硅酸盐矿物。成分中常含一定数量的 $FeO$、$MnO$、$MgO$、$Al_2O_3$ 等混入物。

【形态】榍石的晶体常呈扁平的信封状或楔形、菱形,少数呈板状、柱状、粒状,横断面呈菱形或双楔形(图 8-62~图 8-65)。

【光学性质】榍石的颜色为无色、黄色、褐色、绿色、玫瑰红色、黑色,矿物薄片中呈无色、淡绿色、褐色或黄色。深色的榍石具有多色性:$N_p$ 近于无色,$N_m$ 为淡黄色,$N_g$ 为红褐色。

吸收性公式：$N_g > N_m > N_p$。正极高突起，糙面显著。干涉色为高级白。随着 Al 元素替换 Ti 元素，折射率相应减小。具有沿{110}完全解理，具有{221}裂理。斜消光，消光角不易测得。有时可见到沿{100}的简单双晶，偶尔见沿{221}的聚片双晶。在干涉色为Ⅰ级灰白或Ⅰ级黄白的切面上能见到锐角等分线的干涉图，光轴角小，色圈极多且色散强。二轴晶正光性。

图8-62　花岗岩中的榍石
（正极高突起，晶体两端呈尖锐的楔状）
（单偏光）

图8-63　包裹在长石中的榍石矿物
（菱形自形晶，高级白干涉色）
（正交偏光）

图8-64　榍石自形晶
（正极高突起，双楔形断面，高级白干涉色）
（正交偏光）

图8-65　长英质糜棱岩中的榍石
（楔形晶体，呈布丁构造）
（正交偏光）

【矿物变化】榍石常变化为白钛矿，白钛矿在反射光下呈白色或淡黄色。

【鉴定特征】榍石以特殊的晶形、菱形或双楔形断切面、正极高突起、极高的双折射率、高级白干涉色、强色散为鉴定特征。榍石与方解石的区别：榍石为正极高突起，无闪突起现象，二轴晶正光性；方解石具闪突起现象，一轴晶负光性。我们可以根据晶形、双折射率与锆石进行区分。

【产状】榍石是火成岩中常见的副矿物之一，在正长岩和碱性岩及与之相当的伟晶岩中数量较多，晶体较大，也见于片麻岩、结晶片岩等岩石中。

# 堇青石(Cordierite)

$N_p=1.532\sim1.552, N_m=1.536\sim1.562, N_g=1.539\sim1.570$

$N_g-N_p=0.007\sim0.011;(\pm)2V=(-)42°\sim(+)76°$

$N_g/\!/b, N_m/\!/a, N_p/\!/c$,光轴面 $AP/\!/(100)$

$H_m=7\sim7.5, D=2.57\sim2.76$

$Mg_2Al_3[AlSi_5O_{18}]$,斜方晶系

【化学组成】化学式为 $Mg_2Al_3[AlSi_5O_{18}]$,环状结构硅酸盐矿物。成分中往往含有 FeO,含铁多者称为铁堇青石,是堇青石的一个变种。此外,还常含有 $CaO$、$Na_2O$、$K_2O$ 及 $H_2O$ 等成分。含水多的称为水堇青石,是一种低温堇青石。

【形态】堇青石的晶体不常见,大部分为不完整的柱状,通常为致密块状和形状不规则的粒状集合体。由于三连晶及六连晶的存在,常呈假六方形(图 8-66、图 8-67)。堇青石常含赤铁矿、针铁矿、磷灰石、锆石、矽线石、十字石、尖晶石、云母等矿物包裹体。在锆石和磷灰石的周围经常见到柠檬黄色、橙黄色的多色晕,这是堇青石的重要特征之一。产于斯里兰卡的堇青石,内含大量定向排列的赤铁矿和针铁矿薄的六方形小片,呈红色,有如血点,故名血滴堇青石。

图 8-66 麻粒岩中的堇青石
(粒状多边形,Ⅰ级灰白干涉色)(正交偏光)

图 8-67 堇青石的轮式双晶
(六连晶)(正交偏光)

【光学性质】堇青石颜色为无色,常带蓝色和紫色色调,而且颜色随观察的方向而异。矿物薄片中为无色透明,或带浅蓝色。当切片较厚时具有颜色和多色性:富铁的变种 $N_p$ 为无色或黄色,$N_m$ 为深蓝色或紫色,$N_g$ 为淡蓝色或紫色;富镁的变种 $N_p$ 为浅黄色或绿色,$N_m$ 为浅蓝色,$N_g$ 为浅蓝色、紫色或蓝紫色。吸收性公式:$N_m>N_g>N_p$。低突起,可正可负;突起、糙面均不明显。具有沿{010}的中等解理,可见裂理。最高干涉色为Ⅰ级黄(图 8-68)。常见简单双晶、聚片双晶,以及以(110)为双晶面的三连晶和六连晶,形状像假六方形;三连晶是产于熔岩和热变质岩石中的堇青石的重要特征之一,这类双晶还见于文石和鳞石英中。在柱面上为平行消光,在具六连晶的切面上对顶的单体呈对称消光。延性为负延性。二轴

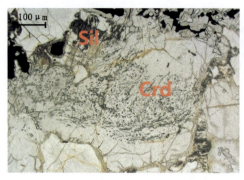

图 8-68 泥质片麻岩中的堇青石(Crd)与矽线石(Sil)共生
(左:单偏光;右:正交偏光)

晶负光性,有时可见二轴晶正光性,光轴角很大。

【矿物变化】堇青石容易蚀变为针状的绢云母,有些沿裂隙取代堇青石,有的全部变为绢云母而保留着堇青石的假象。堇青石也可蚀变为滑石、绿泥石、蛇纹石、黑云母、黝帘石、石榴石、电气石等矿物,这些矿物常显褐色。

【鉴定特征】堇青石在标本和矿物薄片中容易与石英混淆,两者之间的区别:①堇青石是二轴晶,石英是一轴晶;②堇青石由于蚀变往往充满次生矿物,而石英则一般不发生次生作用;③堇青石的突起可正可负,而石英为正低突起;④堇青石有特征的双晶及解理。堇青石也容易和正长石相混,两者的区别:①容易蚀变为绢云母;②产于堇青石片麻岩中;③出现双晶;④相邻单体形成对称消光,消光角为 30°;⑤多色晕。通过以上特征,堇青石可与正长石及所有的斜长石区别。

【产状】堇青石是一种典型的变质矿物,当富含 $Al_2O_3$ 和 MgO 的泥质岩受到温度较高的热变质作用时形成堇青石,常具有聚片双晶、贯穿双晶和连晶。堇青石也出现于一些变质较深的片麻岩中,在这些岩石中,堇青石缺乏三连晶,并常和矽线石、石榴石、紫苏辉石、黑云母等矿物共生。当火成岩发生铝硅酸盐的混染作用时,在内接触带也能产生堇青石,但不常见。

# 伊丁石(Iddingsite)

$N_p=1.608\sim1.792, N_m=1.650\sim1.846, N_g=1.655\sim1.864$

$N_g-N_p=0.035\sim0.072;(\pm)2V=20°\sim80°$

$N_p//a, N_m//b, N_g//c$,光轴面 $AP//(010)$

$H_m=2.5\sim3, D=2.50\sim2.84$

$MgO \cdot Fe_2O_3 \cdot 3SiO_2 \cdot 4H_2O$,斜方晶系(伊丁石没有确定的结构和成分)

【化学组成】常用化学式为 $MgO \cdot Fe_2O_3 \cdot 3SiO_2 \cdot 4H_2O$,伊丁石不是独立的矿物,而是一种硅酸盐与铁镁氧化物形成的混合物,主要组分是针铁矿或赤铁矿,还有非晶质的镁硅酸盐和蒙脱石、绿泥石等黏土矿物,以及石英、方解石、滑石、云母等,还含有较多的水。虽然是多组分物质,但由于组成的组分非常细小,形成时出现橄榄石的假象,因此伊丁石显示出单一的晶体光性特征。

【形态】伊丁石呈薄板状、纤维状,常呈橄榄石的假象(图 8-69),或形成镶边环绕在橄榄石晶体的周围(图 8-70)。

图 8-69 红褐色伊丁石具橄榄石假象
(单偏光)

图 8-70 橄榄石(Ol)边部伊丁石(Idn)化
(单偏光)

【光学性质】伊丁石的颜色为深红褐色,矿物薄片中呈褐黄色,具有多色性:$N_p$ 为淡黄色或红褐色,$N_m$ 为亮黄色或红褐色,$N_g$ 为金黄色或暗红褐色;吸收性公式:$N_g > N_m > N_p$。正高突起。具有沿{001}的极完全解理,沿{100}、{010}的完全解理,三组解理近于直交。最高干涉色可达Ⅲ级或Ⅳ级,但常被矿物本身的颜色所掩盖而呈褐红色(图 8-71)。平行消光。二轴晶正、负光性,其中(001)切面为正光性,(100)切面为负光性,可见近于垂直锐角等分线的干涉图,2V 角变化大,有时近于 0°,有时近于 90°。

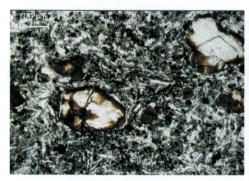

图 8-71 伊丁石化橄榄玄武岩
(斑状结构,斑晶为伊丁石化的橄榄石,基质由基性斜长石和细粒辉石组成)(左:单偏光;右:正交偏光)

【鉴定特征】伊丁石容易被误认为黑云母,但伊丁石具有较浓的红褐色,多色性和吸收性不及黑云母强,折射率比黑云母高,有时出现两组呈直角相交的解理纹。在黑云母中常见一组解理。伊丁石一般出现在含橄榄石的岩石中,而黑云母很少出现。

【产状】伊丁石是火山岩的特有产物。伊丁石产于含橄榄石的玄武岩、辉绿岩中,是橄榄石蚀变的各种可能产物的复合体,因此没有确定的结构和成分。伊丁石在深成岩中不存在,但可存在于陨石中。

## 蔷薇辉石(Rhodonite)

$N_p = 1.711 \sim 1.738, N_m = 1.716 \sim 1.741, N_g = 1.723 \sim 1.752$

$N_g - N_p = 0.012 \sim 0.014; (+) 2V = 58° \sim 74°$

$N_g \wedge c = 25° \pm, N_m \wedge b = 20° \pm, N_p \wedge a = 5° \pm$

$H_m = 5.5 \sim 6.5, D = 3.40 \sim 3.70$

$(Mn, Fe^{2+}, Ca)[SiO_3]$,三斜晶系

【化学组成】化学式为$(Mn, Fe^{2+}, Ca)[SiO_3]$,链状结构硅酸盐矿物,是一种似辉石矿物。成分中可含少量$MgO$、$Fe_2O_3$,其中$Zn$替换$Mn$可构成锌锰辉石。

【形态】蔷薇辉石的晶体呈板状、板柱状,常见粒状、块状集合体。以致密块状蔷薇辉石为主要矿物成分的玉石,俗称桃花石。

【光学性质】蔷薇辉石的颜色为玫瑰红色,矿物薄片中为无色—橙粉色,具有多色性:$N_p$为淡黄色,$N_m$为粉红色,$N_g$为浅红黄色。吸收性公式:$N_g > N_m > N_p$。正高突起。具有沿$\{100\}$、$\{001\}$的完全解理和沿$\{010\}$的不完全解理,三组解理近于垂直(图8-72)。可见双晶面为(010)聚片双晶。最高干涉色为Ⅰ级橙黄。斜消光,延性符号可正可负,二轴晶正光性。

图8-72 蔷薇辉石不同切面的解理
(单偏光)

【矿物变化】蔷薇辉石易氧化后呈黑色,可蚀变为软锰矿、硬锰矿等矿物。

【鉴定特征】蔷薇辉石与普通辉石的区别:蔷薇辉石具有特殊的玫瑰红色,双折射率小,干涉色低。与蓝晶石的区别:蔷薇辉石呈玫瑰红色,解理纹较细,正光性;蓝晶石为蓝色,柱面解理纹较粗,负光性。

【产状】见于含铁、铜、锌、锰热液矿脉和接触交代矿床中,也见于锰铁质结晶片岩中,与铁闪石、锰铝榴石、锰辉石、磁铁矿、石英、菱锰矿等共生。

# 辉石族(Pyroxene group)

辉石族矿物为具有单链的链状结构硅酸盐,根据结晶的晶系特点,可以分为斜方辉石和单斜辉石两个亚族。本族矿物的理论化学式通式为:$AB[Si_2O_6]$,其中 $A=Ca$、$Na$、$Mg$、$Fe^{2+}$、$Li$ 等元素,$B=Mg$、$Fe^{2+}$、$Mn$、$Al$、$Fe^{3+}$、$Cr$ 等元素。

斜方辉石亚族是由顽火辉石 $Mg_2[Si_2O_6]$—斜方铁辉石 $Fe_2[Si_2O_6]$ 构成的完全类质同象系列矿物。根据其中顽火辉石(En)、斜方铁辉石(Fs)分子含量的占比,又将斜方辉石亚族细分为六个种属——顽火辉石(En)、古铜辉石(Br)、紫苏辉石(Hy)、铁紫苏辉石(Fhy)、尤莱辉石(Eu)、斜方铁辉石(Fs)。自然界中常见的斜方辉石是顽火辉石、古铜辉石和紫苏辉石。

斜方辉石亚族矿物的光性特征:柱状切面为平行消光,可见两组近于正交的解理,正高突起,双折射率低。

单斜辉石亚族按照阳离子类质同象替代的不同可以分为三个系列:①斜顽辉石 $Mg_2[Si_2O_6]$—透辉石 $CaMg[Si_2O_6]$ 系列,常见的矿物种属有斜顽辉石、易变辉石;②透辉石 $CaMg[Si_2O_6]$—钙铁辉石 $CaFe[Si_2O_6]$ 系列,常见的矿物种属有透辉石、钙铁辉石;③普通辉石 $Ca(Mg,Fe,Al)[(Si,Al)_2O_6]$—霓石 $NaFe[Si_2O_6]$—硬玉 $NaAl[Si_2O_6]$ 系列,主要的矿物种属有普通辉石、霓辉石、霓石、硬玉、锂辉石。

单斜辉石亚族矿物的共同特点:常为无色或极浅的色调,多色性一般不显著(钛辉石、碱性辉石除外);斜消光,消光角 $N_g \wedge c$ 一般均大于 $30°$;Ⅱ级干涉色;在横断面上可见光轴干涉图,大多为正光性。

辉石族矿物一般具有以下的特征:

(1)除了霓石为长柱状或针状晶体外,其他辉石族矿物一般为短柱状,横断面为近正方形的八边形或四边形(图 8-73),少数为略扁的板状。

(2)辉石族矿物横断面上具{110}两组完全解理,两组解理的交角为 $87°$ 或 $93°$(图 8-74);在纵切面上只可见平行 $c$ 轴的一组柱状解理(图 8-75),有时可见{100}、{010}、{001}裂理,裂理纹较解理纹显得更细、更密集。

(3)在矿物薄片中,除少数碱性辉石(霓石、霓辉石)、铁辉石和紫苏辉石外,通常呈无色或略带浅绿色、浅褐色,不显多色性。少数有多色性、吸收性的辉石矿物也不及角闪石的多色性、吸收性明显。

(4)正高突起,糙面显著。

(5)除碱性辉石为负延性外,大多数辉石矿物为正延性。

(6)常见以(100)为结合面的简单双晶(图 8-76、图 8-77)。

(7)由出溶作用所造成的平行连生现象(出溶页理)较为常见(图 8-78、图 8-79),类似于聚片双晶的出溶条纹。

(8)辉石族矿物中砂钟构造和环带构造较为常见(图8-80、图8-81)。

图8-73 辉石具八边形横切面
（单偏光）

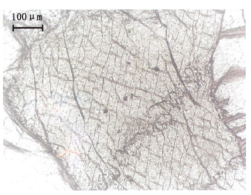

图8-74 辉石具两组近于垂直的解理
（单偏光）

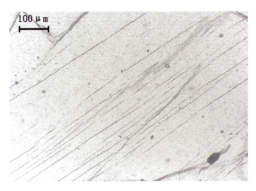

图8-75 辉石纵切面具有一组完全解理
（单偏光）

图8-76 单斜辉石的机械双晶
（正交偏光）

图8-77 辉长岩中的单斜辉石具简单双晶
（左：单偏光；右：正交偏光）

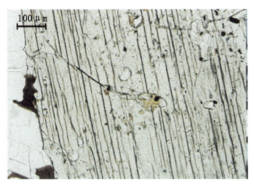
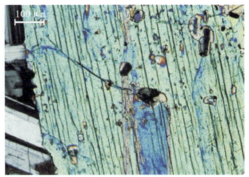

图 8-78 辉长岩中的单斜辉石出溶斜方辉石,斜方辉石消光
（左:单偏光；右:正交偏光）

图 8-79 辉长岩中的单斜辉石出溶斜方辉石,单斜辉石消光
（左:单偏光；右:正交偏光）

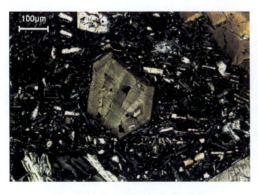

图 8-80 辉石斑晶具砂钟构造
（正交偏光）

图 8-81 辉石斑晶具环带构造
（正交偏光）

（9）大部分辉石族矿物为二轴晶正光性,光轴角中等至较大（一般均大于 50°）,仅比易变辉石的 2V 角小（小于 30°,或更小）。而紫苏辉石、霓石、部分古铜辉石、霓辉石等矿物为二轴晶负光性。

（10）斜方辉石为平行消光、对称消光,少见斜消光。单斜辉石平行 $b$ 轴切面为平行消光、对称消光,其他的切面为斜消光。多数辉石的消光角 $N_g \wedge c = 30°\sim 54°$,辉石的消光角比角闪石的消光角大。消光角的大小可以作为单斜辉石各种属矿物的鉴定依据之一(图8-82)。

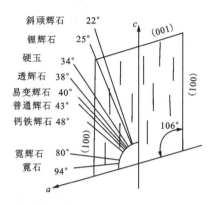

图8-82 消光角对鉴定单斜辉石亚族各种属矿物的意义

## 顽火辉石(顽辉石,Enstatite)

$N_p = 1.657\sim 1.667, N_m = 1.659\sim 1.672, N_g = 1.665\sim 1.677$

$N_g - N_p = 0.008\sim 0.010;(+)2V = 60°\sim 80°$

$N_g // c, N_m // a, N_p // b$,光轴面 $AP // (100)$

$H_m = 5\sim 6, D = 3.1\sim 3.3$

$Mg_2[Si_2O_6]$,斜方晶系

【化学组成】化学式为 $Mg_2[Si_2O_6]$,单链的链状结构硅酸盐矿物。成分中主要为 $Mg_2[Si_2O_6]$ 分子,以及少量的 $Fe_2[Si_2O_6]$(10%~12%)。此外,尚含少量 $CaO$、$MnO$、$NiO$、$Al_2O_3$、$Fe_2O_3$ 等杂质。

【形态】顽火辉石沿 $c$ 轴呈短柱状、粒状,少数呈板状。可成为纤维状、放射状的次变边生成于石榴石周围或橄榄石和斜长石之间的反应带上。

【光学性质】顽火辉石呈白色、灰色、绿色、黄色等,具猫眼效应的顽火辉石一般呈棕褐色。矿物薄片中为无色透明。正中突起。具有沿{110}的两组完全解理,两组解理的交角为87°或93°,纵切面可见一组完全解理。干涉色较低,最高干涉色不超过Ⅰ级浅黄(图8-83、图8-84)。横断面为对称消光,柱面、轴面为平行消光。较少见双晶,有时可见{100}简单双晶或聚片双晶,常与单斜辉石平行连生。延性为正延性。横断面上可见垂直 $Bxa$ 的干涉图,$2V$ 角随 $Fe_2[Si_2O_6]$ 含量的增加由中等变为较大。二轴晶正光性。

【矿物变化】顽火辉石常蚀变为纤维蛇纹石。有时蚀变为利蛇纹石并保留顽火辉石的假象,这种蛇纹石称为"绢石"。顽火辉石也可能蚀变为滑石、纤维状角闪石等。

【鉴定特征】顽火辉石以平行消光、干涉色低等特征可与所有的单斜辉石进行区分。与紫苏辉石的区别：顽火辉石为无色，正光性；紫苏辉石呈粉红—浅绿色的弱多色性，干涉色稍高，负光性。顽火辉石与硅灰石的区别：顽火辉石的横断面具两组近垂直的解理，而无硅灰石的{101}解理；硅灰石的光轴角较小。

【产状】分布于超基性、基性侵入岩中，基性及中性火山岩中少见，也见于超基性的麻粒岩中。陨石中也常有产出，呈放射状、格子状。

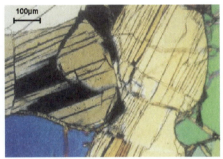

图 8-83　顽火辉石
（柱面一组完全解理，干涉色为Ⅰ级黄）（左：单偏光；右：正交偏光）

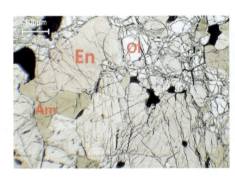

图 8-84　麻粒岩相超基性片麻岩中的顽火辉石(En)与橄榄石(Ol)和角闪石(Am)共生
（左：单偏光；右：正交偏光）

## 古铜辉石（Bronzite）

$N_p=1.667\sim1.689, N_m=1.672\sim1.698, N_g=1.677\sim1.702$

$N_g-N_p=0.010\sim0.013;(+)2V=85°\sim90°$

$N_g // c, N_m // a, N_p // b$，光轴面 $AP // (100)$

$H_m=5\sim6, D=3.18\sim3.90$

$(Mg,Fe)_2[Si_2O_6]$，斜方晶系

【化学组成】化学式为$(Mg,Fe)_2[Si_2O_6]$，单链的链状结构硅酸盐矿物。古铜辉石是顽火辉石向紫苏辉石的过渡种属，$Fe_2[Si_2O_6]$分子量含量较顽火辉石高，较紫苏辉石低，但成分仍以$Mg_2[Si_2O_6]$分子为主。

【形态】古铜辉石的晶体呈柱状、纤维状，陨石中的古铜辉石除晶粒外还呈炉条状等。

【光学性质】古铜辉石的颜色一般呈灰绿色、绿褐色,而且由于含有较多的金属矿物包裹体而呈现类似于古铜的半金属光泽。矿物薄片中为无色,或仅有极淡的色调。在厚矿物薄片中可见弱的多色性:$N_p$为淡黄色,$N_m$为棕黄色,$N_g$为亮绿色。正高突起。具有沿$\{110\}$的两组完全解理,近于直交,包裹体沿解理缝成定向排列。最高干涉色为Ⅰ级黄。轴面、柱面为平行消光,横断面为对称消光。有时可见沿$\{100\}$的简单双晶或聚片双晶。延性为正延性。二轴晶正光性。

【矿物变化】古铜辉石常转变为利蛇纹石(绢石)。

【鉴定特征】古铜辉石以其正光性、平行消光和弱多色性为特征。古铜辉石的折射率和双折射率略高于顽火辉石,而略低于紫苏辉石。与单斜辉石的区别为双折射率较低,具平行消光。红柱石折射率较低,具负延性;黝帘石的双折射率较低,具负延性;蓝晶石为斜消光,均不同于古铜辉石。

【产状】产于基性或超基性岩如辉长岩、辉石岩中,也产于麻粒岩或结晶片岩中,是某些石陨石、石铁陨石的一个重要矿物组分。

## 紫苏辉石(Hypersthene)

$N_p=1.673\sim1.715$,$N_m=1.678\sim1.728$,$N_g=1.683\sim1.731$

$N_g-N_p=0.010\sim0.016$;$(-)2V=58°\sim90°$

$N_g\mathbin{/\mkern-5mu/} c$,$N_m\mathbin{/\mkern-5mu/} a$,$N_p\mathbin{/\mkern-5mu/} b$,光轴面$AP\mathbin{/\mkern-5mu/}(100)$

$H_m=5\sim6$,$D=3.30\sim3.50$

$(Mg,Fe)_2[Si_2O_6]$,斜方晶系

【化学组成】化学式为$(Mg,Fe)_2[Si_2O_6]$,单链的链状结构硅酸盐矿物。成分中$Mg_2[Si_2O_6]$含量占比为70%~50%,$Fe_2[Si_2O_6]$占比为30%~50%,此外含有少量的CaO、$Al_2O_3$、$Fe_2O_3$、$TiO_2$等杂质。火山岩中紫苏辉石则含更高含量的$Fe_2O_3$。

【形态】晶体常呈短柱状或板状、粒状。紫苏辉石中常含有许多细薄的离析作用产物,如磁铁矿、板铁矿等,它们有规律地排列,呈席列构造(图8-85、图8-86)。

图8-85 紫苏辉石(Hy)

(淡红色,两组解理,干涉色为Ⅰ级橙黄,晶体中富含铁质包裹体,具席列构造)

(左:单偏光;右:正交偏光)

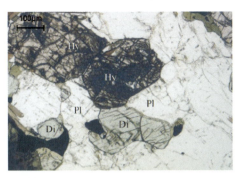 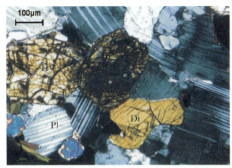

图 8-86 二辉斜长麻粒岩中紫苏辉石(Hy)与透辉石(Di)、斜长石(Pl)平衡共生形成三结点式结构
（左：单偏光；右：正交偏光）

【光学性质】绿—绿黑色或褐黑色。矿物薄片中为淡红—淡绿色、褐绿色、深红色。通常具有多色性：$N_p$ 为淡红色，$N_m$ 为淡黄色，$N_g$ 为淡绿色。并非所有的紫苏辉石都有明显的多色性（图 8-87）。正高突起。具有辉石式完全解理，两组解理交角为 87°或 93°。具有以 (100) 为结合面的简单双晶，或类似于聚片双晶的出溶条纹。最高干涉色为Ⅰ级黄～Ⅰ级红。双折射率随 $Fe^{2+}$ 含量的增加而增大。横断面为对称消光，纵切面为平行消光。正延性，二轴晶负光性。

【矿物变化】紫苏辉石易蚀变为蛇纹石、滑石、纤维状角闪石、黑云母等矿物。紫苏辉石斑晶可具有暗化边，或橄榄石具有紫苏辉石反应边（图 8-88）。

 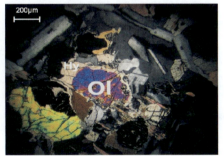

图 8-87 紫苏辉石具有多色性
（单偏光）

图 8-88 细粒橄苏辉长岩
[橄榄石(Ol)的紫苏辉石(Hy)反应边
结构(正交偏光)]

【鉴定特征】紫苏辉石与单斜辉石区别：①紫苏辉石具多色性，单斜辉石除霓石外均无多色性；②紫苏辉石为二轴晶负光性，而透辉石、普通辉石等均为正光性；③紫苏辉石的 2V 角较大，一般不低于 60°，而单斜辉石的 2V 角通常小于 60°；④紫苏辉石干涉色不超过Ⅰ级红，高于Ⅰ级红即为单斜辉石。

【产状】常见于基性岩如苏长岩、辉长苏长岩中，或某些变质岩，如紫苏变粒岩、紫苏榴辉岩及紫苏角岩中，以及某些闪长岩、二长岩、正长岩、粗面岩中。

# 透辉石（Diopside）

$N_p=1.664\sim1.699$，$N_m=1.671\sim1.706$，$N_g=1.694\sim1.729$
$N_g-N_p=0.024\sim0.031$；$(+)2V=54°\sim60°$
$N_g\wedge c=38°\sim48°$，$N_m// b$，$N_p\wedge a=22°\sim32°$，光轴面$AP//(010)$
$H_m=6\sim7$，$D=3.22\sim3.33$
$CaMg[Si_2O_6]$，单斜晶系

【化学组成】化学式为$CaMg[Si_2O_6]$，单链的链状结构硅酸盐矿物。成分中的Mg可以被Fe替换，形成透辉石—钙铁辉石类质同象系列。还可含有少量$Fe^{3+}$、$Al^{3+}$、$Cr^{3+}$、Mn、V、Ti、Na等杂质元素。

【形态】透辉石发育完整的晶体少见，常呈轴面发育的短柱状。有时可见粒状或放射状集合体。

【光学性质】透辉石的颜色为淡绿色、暗绿色，有时近于无色。矿物薄片中为无色透明，如含$Fe^{2+}$，则显淡绿色，具弱多色性。正高突起。具有辉石式完全解理，横切面上有两组近于正交的解理，纵切面呈短柱状，其上仅见一组解理。最高干涉色为Ⅱ级顶部鲜艳的干涉色（图8-89、图8-90）。单斜辉石消光类型，$N_g\wedge c=38°\sim41°$。可见简单双晶或出溶页理（图8-91）。二轴晶正光性。

图8-89　矽卡岩中的透辉石
（两组解理，Ⅱ级鲜艳干涉色）（左：单偏光；右：正交偏光）

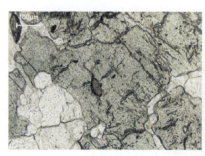

图8-90　大理岩中的透辉石
（浅绿色，正高突起）（左：单偏光；右：正交偏光）

图 8-91　麻粒岩中的透辉石具出溶结构　　　图 8-92　异剥辉石的一组密集裂理
（正交偏光）　　　　　　　　　　　　　（正交偏光）

【矿物变化】透辉石易蚀变为绿泥石、蛇纹石、滑石、透闪石、碳酸盐等矿物，矿物薄片中常可见到透辉石被这些蚀变矿物置换所保留的假象。

【鉴定特征】透辉石与普通辉石的区别：①透辉石的轴面比柱面发育，横切面为近于正方形的八边形，普通辉石轴面与柱面同等发育，横切面为近正八边形；②透辉石的消光角多小于40°，普通辉石多大于40°；③普通辉石的双折射率比透辉石略低；④产状不同。

【产状】透辉石主要以变质矿物形式产出，常见于各种矽卡岩、不纯的镁质大理岩、辉石角岩及某些区域变质岩石中，也见于某些侵入岩如古铜辉石岩、金伯利岩及橄榄岩、斜长岩中。许多煌斑岩脉中的单斜辉石成分趋向于透辉石成分。中性、基性火山岩斑晶中常有透辉石，但它接近于普通辉石的成分。

【变种】异剥辉石：是普通辉石和透辉石的中间变种，呈褐色，具似金属光泽，{100}裂理发育，沿裂理可剥成矿物薄片，裂理在矿物薄片中表现出比解理纹更加细而密的裂缝（图 8-92）。见于斜长岩和辉石岩中，在火山岩中极为少见。

# 钙铁辉石（Hedenbergite）

$N_p=1.716\sim1.727$，$N_m=1.725\sim1.735$，$N_g=1.745\sim1.756$
$N_g-N_p=0.025\sim0.029$；$(+)2V=52°\sim62°$
$N_g\wedge c=47°\sim48°$，$N_m//b$，光轴面 $AP//(010)$
$H_m=5\sim6$，$D=3.50\sim3.62$
$CaFe[Si_2O_6]$，单斜晶系

【化学组成】化学式为 $CaFe[Si_2O_6]$，单链的链状结构硅酸盐矿物。钙铁辉石是透辉石—钙铁辉石完全类质同象系列中富铁的端元，$Fe^{2+}$ 可以不同程度地被 Mg 所代替。成分中还含有不定量的 Al 和 $Fe^{3+}$，以及少量的 Na、Ti 等杂质元素。当 MnO 含量较高时则形成锰钙辉石，透辉石—钙铁辉石—锰钙辉石可形成类质同象系列。

【形态】常呈沿 $c$ 轴延伸的柱状，集合体呈束状、放射状。

【光学性质】钙铁辉石呈褐绿色、暗绿色、黑色，矿物薄片中为浅绿色、黄绿色、褐绿色。具弱多色性：$N_g$ 为绿色、黄绿色，$N_m$ 为绿色、亮蓝绿色，$N_p$ 为浅绿色、蓝绿色。正高突起。具有沿{110}的两组近于垂直的中等解理，一组沿{010}的完全解理，具{100}、{010}裂理。具有Ⅱ级干涉色，常具有异常干涉色。横断面上为对称消光，多数纵切面上为斜消光，(100)面上为平行消光。常见{100}、{001}简单双晶或复杂双晶。二轴晶正光性。

【矿物变化】钙铁辉石常蚀变为绿脱石。

【鉴定特征】以较深颜色、弱多色性、强烈的异常干涉色、正高突起为鉴定特征。根据其颜色较深、折射率较大、干涉色稍低，可以与透辉石进行区分。

【产状】钙铁辉石主要产于接触变质岩中，常与石榴石共生。常作为矽卡岩铁矿床的伴生矿物产出。共生矿物有铁闪石、铁橄榄石、石英、磷灰石、中长石等。富钠钙铁辉石也常见于碱性岩中。

# 绿辉石(Omphacite)

$N_p=1.662\sim1.691$，$N_m=1.670\sim1.700$，$N_g=1.688\sim1.718$

$N_g-N_p=0.017\sim0.026$；$(+)2V=60°\sim74°$

$N_p\wedge a=23°\sim27°$，$N_m//b$，$N_g\wedge c=39°\sim43°$，光轴面 $AP//(010)$

$H_m=5\sim6$，$D=3.31\sim3.34$

$(Ca,Na)(Mg,Fe^{2+},Fe^{3+},Al)[Si_2O_6]$，单斜晶系

【化学组成】化学式为$(Ca,Na)(Mg,Fe^{2+},Fe^{3+},Al)[Si_2O_6]$，单链的链状结构硅酸盐矿物。绿辉石是透辉石—硬玉类质同象系列的中间组分，是透辉石的一个变种。成分中含有 5%～9% 的 $Al_2O_3$ 和少量的 $Na_2O$、$Fe_2O_3$。

【形态】绿辉石一般呈柱状或他形等粒状，可含有金红石、蓝晶石等矿物包裹体。绿辉石质玉在市场上称为墨翠。

【光学性质】绿辉石呈绿色、暗绿色，矿物薄片中为无色—浅绿色。多色性很弱：$N_g$ 为微绿色，$N_m$ 为微绿色，$N_p$ 为无色。正高突起。具有沿{110}的两组近于垂直的完全解理，具{100}裂理。最高干涉色可达Ⅱ级中部(图8-93、图8-94)。横断面上为对称消光，纵切面上为斜消光，⊥(010)晶面上为平行消光。常见{100}简单双晶或聚片双晶。二轴晶正光性。

【矿物变化】绿辉石可蚀变为蛇纹石或角闪石。

【鉴定特征】绿辉石以其特征的颜色可与一般的辉石相区别。绿辉石与透辉石、普通辉石的区别是光轴角较大。绿辉石与硬玉的区别是折射率和双折射率均较高，矿物薄片中颜色及多色性较明显，消光角也较大。在同角闪石相伴生的岩石中，绿辉石以较淡的颜色、弱多色性以及辉石式解理与其他矿物进行区分。

【产状】绿辉石为榴辉岩、蓝闪石片岩及其有关岩石中的典型矿物，常与镁铝榴石、贵榴石、金红石、斜方辉石、角闪石、石英、蓝晶石等矿物共生。

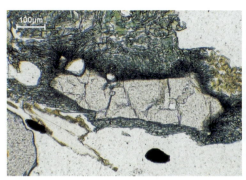
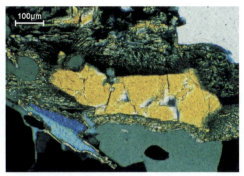

图8-93 榴辉岩中的绿辉石
（浅绿色，正高突起）（左：单偏光；右：正交偏光）

图8-94 榴辉岩中的绿辉石
（无色—浅绿色，辉石式解理）（左：单偏光；右：正交偏光）

# 普通辉石（Augite）

$N_p=1.671\sim1.743$，$N_m=1.672\sim1.750$，$N_g=1.694\sim1.772$

$N_g-N_p=0.024\sim0.029$；$(+)2V=42°\sim61°$

$N_p\wedge a=23°\sim31°$，$N_m/\!/b$，$N_g\wedge c=39°\sim47°$，光轴面 $AP/\!/(010)$

$H_m=5.5\sim6$，$D=3.23\sim3.52$

$Ca(Mg,Fe,Al)[(Si,Al)_2O_6]$，单斜晶系

【化学组成】化学式为 $Ca(Mg,Fe,Al)[(Si,Al)_2O_6]$，单链的链状结构硅酸盐矿物。普通辉石的成分复杂，为 $CaMgSi_2O_6$、$Mg_2Si_2O_6$、$Fe_2Si_2O_6$ 等组分的类质同象混合物，常含杂质 $TiO_2$[含 $TiO_2$（3%～5%）和 $Fe_2O_3$ 的普通辉石形成钛辉石]及少量的 Mn、Na、Cr 等元素。

【形态】晶体呈短柱状，横切面近于八边形。集合体常呈半自形—他形的粒状（图8-95）。在火山岩中呈斑晶产出，煌斑岩中常以自形晶产出。

【光学性质】颜色为绿黑、黑色，矿物薄片中近于无色或呈淡褐色或淡黄色。普通辉石通常无多色性，只有富铁和钛的变种具微弱多色性。正高突起。具有沿{110}的两组近于垂直

的完全解理,具{100}、{010}裂理(图 8-96)。干涉色为Ⅰ级顶部—Ⅱ级中部(图 8-97)。普通辉石具有单斜辉石的消光类型:在横断面上为对称消光,多数纵切面上为斜消光,⊥(010)的纵切面上为平行消光。常见{100}简单双晶或{001}聚片双晶、出溶页理、环带结构、砂钟构造(图 8-98、图 8-99)。在干涉色为Ⅰ级黄的切面上可见⊥$Bxa$切面的干涉图。

图 8-95 辉长岩中的普通辉石
(呈半自形粒状结构)
(正交偏光)

图 8-96 普通辉石柱面
(干涉色为Ⅱ级蓝,底面干涉色较低,斜消光,
具简单双晶)(正交偏光)

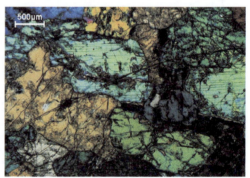

图 8-97 辉岩中的普通辉石
(浅褐黄色,干涉色为Ⅱ级蓝绿)(左:单偏光;右:正交偏光)

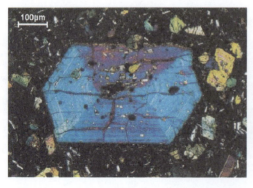

图 8-98 普通辉石的环带构造
(正交偏光)

图 8-99 普通辉石的砂钟构造
(正交偏光)

【矿物变化】普通辉石易蚀变为绿泥石、纤维角闪石,也可蚀变成黑云母、蛇纹石、绿帘石、方解石、绿脱石等矿物。

【鉴定特征】普通辉石与透辉石的区别是横切面形状、消光角和双折射率。普通辉石与紫苏辉石的区别是光性、消光类型和双折射率。普通辉石与橄榄石的区别:橄榄石在矿物薄片中呈无色,普通辉石带有浅褐色调;普通辉石的辉石式完全解理,消光类型不同;普通辉石的双折射率低,干涉色为Ⅱ级中部,橄榄石可达Ⅲ级,普通辉石的2V角较小。

【产状】普通辉石是火成岩中最常见的一种辉石,主要产于基性岩和超基性岩如辉长岩、辉绿岩、玄武岩、辉石岩和橄榄岩之中,其次产于闪长岩、二长岩、正长岩和花岗岩中。在安山岩和粗面岩中,普通辉石往往呈斑晶产出。普通辉石还出现于暗色深成变质岩中,月岩中很丰富,在陨石中少见。

# 硬玉(Jadeite)

$N_p=1.640\sim1.681$,$N_m=1.645\sim1.684$,$N_g=1.652\sim1.692$

$N_g-N_p=0.006\sim0.021$;$(+)2V=68°\sim72°$

$N_p\wedge a=16°\sim18°$,$N_m// b$,$N_g\wedge c=33°\sim35°$,光轴面$AP//(010)$

$H_m=6.5\sim7$,$D=3.24\sim3.43$

$NaAl[Si_2O_6]$,单斜晶系

【化学组成】化学式为$NaAl[Si_2O_6]$,单链的链状结构硅酸盐矿物。硬玉与透辉石、硬玉与霓石之间存在类质同象。成分中含$MgO$、$CaO$、$FeO$、$Fe_2O_3$、$Cr_2O_3$等杂质。

【形态】少见晶体,常见柱状、粒状、片状、致密粒状、纤维状集合体,有时无数纤维状晶体纵横交织呈毡状。由以细小针状微晶体硬玉为主成分的辉石类矿物致密交织而组成的纤维状集合体称为翡翠。

【光学性质】颜色为无色、白色、苹果绿色、绿蓝色、绿色等,矿物薄片中呈无色—浅绿色(随着Fe和Cr元素含量增加而加深)。正中—正高突起。具有沿{110}的两组近于垂直的完全解理。干涉色为Ⅰ级黄白—Ⅱ级中部(图8-100~图8-104)。横断面上对称消光,(010)面上为斜消光,(100)面上为平行消光。见简单双晶或聚片双晶,正延性,二轴晶正光性。

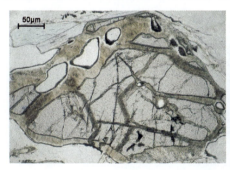

图8-100 榴辉岩相花岗岩中的硬玉
(可见蚀变和断裂)(左:单偏光;右:正交偏光)

图 8-101　豆种翡翠中的硬玉
（呈柱状、短柱状镶嵌结构，种粗，透明度差）
（正交偏光）

图 8-102　豆种翡翠中的柱状硬玉
呈扭折结构
（正交偏光）

图 8-103　糯种翡翠中的硬玉颗粒呈
初糜棱结构
（正交偏光）

图 8-104　玻璃种翡翠中的硬玉呈
超糜棱结构
（正交偏光）

【矿物变化】硬玉常不同程度地蚀变为透闪石、假象纤闪石。

【鉴定特征】硬玉与其他辉石的区别在于其折射率较低。以低突起、低干涉色区别于绿辉石，以无色、辉石式解理、消光角较大区别于阳起石。

【产状】硬玉主要产于变质岩（如榴辉岩、角闪岩、蓝闪石片岩、石英-硬玉岩等岩石）中，是典型的高压相变质矿物。

## 锂辉石（Spodumene）

$N_p = 1.651 \sim 1.668, N_m = 1.655 \sim 1.669, N_g = 1.662 \sim 1.679$

$N_g - N_p = 0.013 \sim 0.025；(+) 2V = 54° \sim 66°$

$N_p \wedge a = 3° \sim 7°, N_m // b, N_g \wedge c = 23° \sim 27°$，光轴面 $AP // (010)$

$H_m = 6.5 \sim 7, D = 3.03 \sim 3.22$

$LiAl[Si_2O_6]$，单斜晶系

【化学组成】化学式为 $LiAl[Si_2O_6]$，单链的链状结构硅酸盐矿物。成分中常含少量

$Na_2O$、$K_2O$、$CaO$、$MgO$、$MnO$、$Fe_2O_3$、$Cr_2O_3$ 等杂质。宝石级别的锂辉石主要为含 Cr 而呈翠绿色的翠绿锂辉石,含 Mn 而呈紫色的紫锂辉石。

【形态】晶形呈短柱状或∥(100)的板状,晶面上常具有纵纹。通常结晶粗大。

【光学性质】锂辉石的颜色为无色、灰白色、浅紫色、浅绿色、浅黄色、黄绿色、紫色等。矿物薄片中常为无色,其变种紫锂辉石具多色性:$N_g$ 为无色,$N_m$ 为淡绿色,$N_p$ 为绿色、紫色。正高突起。辉石式解理:沿{110}的两组近于垂直的完全解理、沿{100}的裂理。干涉色为Ⅰ级顶部—Ⅱ级中部。具单斜辉石消光类型:横断面上为对称消光,(100)面上为平行消光,(010)面上为斜消光。正延性,常见{100}双晶,二轴晶正光性。

【矿物变化】锂辉石易蚀变为锂云母、钠长石和锂霞石。

【鉴定特征】锂辉石在单斜辉石中消光角最小,与透闪石的区别:锂辉石具辉石式解理,正光性;透闪石具角闪石式解理,负光性。

【产状】锂辉石主要产于花岗伟晶岩中,常与锂云母、磷铝石、绿柱石、铌铁矿等矿物共生。

# 角闪石族(Amphibole group)

角闪石族矿物是常见的造岩矿物,是具有双链结构的硅酸盐矿物,络阴离子为$[(Si,Al)_4O_{11}]$。角闪石的成分与辉石相似,但常含 $OH^-$、$F^-$、$Cl^-$ 等附加阴离子。阳离子成分极为复杂,主要有 Mg、Na、Ca、K、$Fe^{3+}$、$Fe^{2+}$、Mn、Al、Cr、Li、Zn、$Ti^{4+}$ 等元素。

## 一、角闪石族种属

角闪石族的类质同象现象非常普遍,种属很多。根据晶系和化学组成可分为:

(1)斜方角闪石亚族。直闪石、铁直闪石、铝直闪石、铁铝直闪石、钠铝直闪石、钠铁铝直闪石、锂蓝闪石等矿物(图 8-105、图 8-106)。

图 8-105 堇青石铝直闪石片麻岩中的铝直闪石
(柱状,浅黄色,正中—正高突起,Ⅰ级橙干涉色)(左:单偏光;右:正交偏光)

(2)单斜角闪石亚族。矿物种类较多,有镁闪石、铁闪石、镁铁闪石、透闪石、阳起石、铁阳起石、普通角闪石、浅闪石、钙镁闪石、韭闪石、绿钠闪石(富铁钠闪石)、钛角闪石、玄武闪石、棕闪石、钠闪石、钠铁闪石、蓝闪石、青铝闪石、镁钠闪石、红闪石、锰镁闪石、锰铁闪石、斜锂闪石、高铁斜锂闪石、高铁斜铁锂闪石、铁锰钠闪石等矿物(图8-107～图8-109)。

图8-106 直闪岩中的直闪石
(长柱状,Ⅰ级橙干涉色)(正交偏光)

图8-107 钠铁闪石—方解石脉中的钠铁闪石
(黄绿色,纤维状集合体)(单偏光)

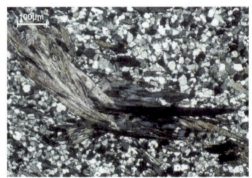

图8-108 变燧石中的青铝闪石
(蓝色,纤维状)(左:单偏光;右:正交偏光)

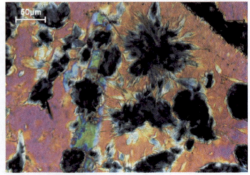

图8-109 铁锰钠闪石
(蓝灰色,纤维状、菊花状、束状集合体,具异常干涉色)(左:单偏光;右:正交偏光)

## 二、角闪石族矿物的共同特征

角闪石族矿物具有如下的共同特征：

(1) 绝大多数角闪石族矿物属于单斜晶系（除直闪石、铝直闪石等斜方晶系闪石矿物外）。晶体常呈沿 $c$ 轴延伸的长柱状、针状、纤维状，横切面为菱形或六边形（图8-110、图8-112）。

(2) 在横切面上具有沿{110}的完全解理，两组解理交角为56°或124°；纵切面上只见一组完全解理（图8-111）。单斜角闪石多具有简单双晶或聚片双晶（图8-112、图8-113），双晶接合面为{100}。

图8-110 角闪石斑晶
（具近菱形横切面，两组完全解理）
（正交偏光）

图8-111 角闪石的解理
（垂直 $c$ 轴切面，具有两组完全解理；平行 $c$ 轴切面，有一组完全解理）（正交偏光）

图8-112 角闪石斑晶
（具简单双晶，六边形切面，两组斜交解理）
（正交偏光）

图8-113 闪长岩中的角闪石具穿插双晶
（正交偏光）

(3) 在矿物薄片中，低温角闪石为绿色，高温角闪石为褐色；多色性明显，吸收性强：$N_g > N_m > N_p$，正吸收（图8-114）。碱性角闪石为蓝色、紫色，吸收性为 $N_p \gg N_m > N_g$，反吸收。仅少数不含Fe的角闪石为无色或浅色。

(4) 突起中等，碱性角闪石种属的突起较高。

图 8-114 斜长角闪岩中的角闪石
(呈绿色、黄绿色,多色性明显,可达Ⅱ级中部干涉色)(左:单偏光;右:正交偏光)

(5)正延性,但碱性角闪石种属为负延性。斜方角闪石具有一组解理的切面多为平行消光,具有两组解理的切面多为对称消光。单斜角闪石主要为斜消光,(010)面上 $N_g \wedge c$ 是鉴定角闪石种属的重要依据,大多数种属 $N_g \wedge c < 25°$,结晶轴与 $N_m$ 方向一致。

(6)大多数角闪石族矿物为二轴晶负光性,极少数为二轴晶正光性;除碱性角闪石种属外,2V 角多大于 70°,光轴面 $AP$ 多为(010)。

## 三、角闪石族矿物的光性特征

角闪石族矿物的光性特征较为突出,可根据颜色、明显的多色性、中等突起、两组完全解理、二轴晶负光性、2V 角中等至较大等性质进行识别,但也会与光性相似矿物混淆,其区别为:红褐色角闪石与红褐色黑云母常共生并相似,可根据解理组数、消光类型、2V 角大小、干涉图特征进行区分;角闪石(二轴晶)的(100)切面与电气石(一轴晶)相似,可根据切面的干涉图特征进行区分;黝帘石、矽线石、硅灰石以没有角闪石式解理与无色角闪石相区别,并且黝帘石常有异常干涉色,硅灰石和某些黝帘石光轴面垂直晶体或解理的长边。

角闪石与辉石手标本较为相似,光学性质有明显的区别:

(1)晶形与横断面形状。角闪石晶体一般为长柱状,横断面为菱形或六边形;辉石晶体多为短柱状,横断面为八边形或四边形。

(2)解理夹角。角闪石解理夹角为 56°或 124°,辉石解理夹角为 87°或 93°。

(3)颜色及多色性。角闪石多为绿色或褐色,多色性显著;除碱性辉石外,大多数辉石在矿物薄片中为无色或浅色调,多色性很不显著。

(4)光性。大多数角闪石为二轴晶负光性,极少数为二轴晶正光性;大多数辉石矿物为二轴晶正光性,极少数为二轴晶负光性。

(5)消光角。角闪石的 2V 角较大,一般大于 70°;辉石的 2V 角中等,一般在 60°左右。

(6)角闪石的 $N_g \wedge c = 0° \sim 30°$(碱性角闪石除外),辉石的 $N_g \wedge c = 35° \sim 54°$(碱性辉石除外)。

(7)普通角闪石常蚀变为绿泥石或黑云母,伴随有铁的氧化物析出。透闪石和直闪石蚀变为滑石。透闪石—铁阳起石常蚀变为绿泥石。而辉石多蚀变为次闪石、蛇纹石等。

# 透闪石（Tremolite）

$N_p=1.600\sim 1.614, N_m=1.613\sim 1.630, N_g=1.625\sim 1.641$

$N_g-N_p=0.025\sim 0.027; (-)2V=83°\sim 86°$

$N_p \wedge a=5°\sim 9°, N_m // b, N_g \wedge c=16°\sim 21°$，光轴面 $AP //(010)$

$H_m=5.5\sim 6, D=2.90\sim 3.10$

$Ca_2Mg_5[Si_4O_{11}]_2(OH,F)_2$，单斜晶系

【化学组成】化学式为 $Ca_2Mg_5[Si_4O_{11}]_2(OH,F)_2$，双链的链状结构硅酸盐矿物。纯透闪石不含铁，自然界的透闪石常含 4% 以下的 Fe 元素，含 Fe 量增多则过渡为阳起石。还可含有少量的 Mn、Cr 等元素。

【形态】晶体呈长柱状、针状，常见放射状、纤维状集合体（图 8-115），常呈石棉状。纤维状集合体具有丝绢光泽。以隐晶质致密块状的透闪石、阳起石为主要矿物成分的玉石为软玉（图 8-116、图 8-117），其中以透闪石为主，洁白晶莹、油脂光泽、质感滋润滑腻者称为"羊脂玉"。

图 8-115　透闪石呈柱状、放射状集合体
（左：单偏光；右：正交偏光）

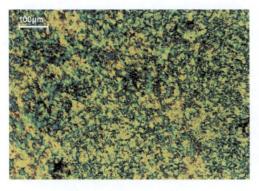 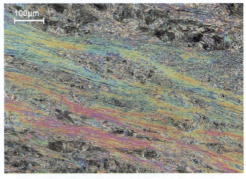

图 8-116　软玉的毛毡状结构
（纤维状透闪石均匀排列）
（正交偏光）

图 8-117　软玉
（透闪石呈拉伸的条带状，干涉色达Ⅱ级绿）
（正交偏光）

【光学性质】透闪石的颜色为白色、淡灰色,矿物薄片中为无色透明,含 Mn 元素变种呈粉红色。正中突起,折射率随 $Fe^{2+}$ 含量的增加而增大,随 F 对 OH 替换量的增加而减小。具有角闪石式解理:在横切面上具有沿{110}的完全解理,两组解理交角为 56°或 124°;纵切面上只见一组完全解理;发育{100}裂理。横切面干涉色为Ⅰ级黄白,纵切面最高干涉色可达Ⅱ级绿、Ⅱ级橙黄(图 8-118)。单斜角闪石消光类型:横切面上为对称消光,⊥(010)面上为平行消光,其他纵切面为斜消光,$N_g \wedge c = 15°\sim 20°$。正延性。常见{100}简单双晶或聚片双晶,横切面上双晶纹平行菱形的长对角线。二轴晶负光性。

图 8-118 大理岩中的透闪石
(具角闪石式解理,鲜艳干涉色)(左:单偏光;右:正交偏光)

【矿物变化】透闪石常蚀变为滑石。形成温度低于透辉石,常见透闪石取代透辉石而保留透辉石的假象,这种透闪石称为假象纤闪石。

【鉴定特征】透闪石以无色、消光角大于 15°等特征区别于阳起石,以解理夹角的不同和辉石区分,以颜色比较浅淡和普通角闪石区分。

【产状】透闪石属于典型的变质矿物,产于白云质碳酸盐岩与火成岩的接触变质带中,也见于含镁较多的结晶片岩。透闪石是软玉(和田玉)的主要组成矿物之一。

# 阳起石(Actinolite)

$N_p = 1.614 \sim 1.628, N_m = 1.630 \sim 1.644, N_g = 1.641 \sim 1.655$

$N_g - N_p = 0.023 \sim 0.028; (-)2V = 65°\sim 83°$

$N_p \wedge a \leqslant 5°, N_m // b, N_g \wedge c = 12°\sim 17°$,光轴面 $AP // (010)$

$H_m = 6 \sim 6.5, D = 3.10 \sim 3.40$

$Ca_2(Mg, Fe^{2+})_5[Si_4O_{11}]_2(OH, F)_2$,单斜晶系

【化学组成】化学式为 $Ca_2(Mg, Fe^{2+})_5[Si_4O_{11}]_2(OH, F)_2$,双链的链状结构硅酸盐矿物。阳起石是 $Ca_2Mg_5[Si_4O_{11}]_2(OH, F)_2$(透闪石)和 $Ca_2Fe_5[Si_4O_{11}]_2(OH, F)_2$(铁阳起石)类质同象固溶体系列的中间产物。阳起石的 $Fe^{2+}$ 含量比透闪石高,还含有少量 MnO、$Al_2O_3$、$Na_2O$ 等杂质。

【形态】阳起石晶体呈沿 $c$ 轴延伸的长柱状、针状(图 8-119),集合体呈放射状、纤维状。

图 8-119　黑云角闪片岩

[长柱状阳起石(Act)与角闪石(Hbl)、黑云母(Bt)共生(左:单偏光;右:正交偏光)]

【光学性质】阳起石的颜色为鲜绿色、亮绿色、黄色、褐绿色,矿物薄片中呈无色、淡绿色,不呈褐色。具有弱多色性:$N_g$ 为绿色、蓝绿色,$N_m$ 为绿黄色,$N_p$ 为淡黄色、黄绿色。吸收性公式:$N_g > N_m > N_p$。正中—正高突起,折射率随 Fe 含量的增加而增大。角闪石式完全解理:{110}完全解理,发育{100}裂理。最高干涉色为Ⅱ级蓝—绿(图 8-120)。单斜角闪石消光类型,$N_g \wedge c = 10° \sim 15°$。常见{100}简单双晶和聚片双晶,正延性,二轴晶负光性。

 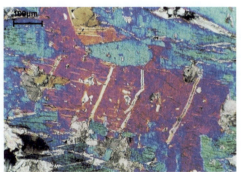

图 8-120　超基性片麻岩

(阳起石呈浅绿色,Ⅱ级鲜艳干涉色)(左:单偏光;右:正交偏光)

【矿物变化】阳起石易蚀变为绿泥石、滑石、蛇纹石、碳酸盐等矿物。

【鉴定特征】易与普通角闪石混淆,区别:阳起石不呈黑色,普通角闪石常呈黑色;阳起石在矿物薄片中呈淡淡的绿色,不呈褐色,多色性和吸收性均比普通角闪石弱;阳起石双折射率高于普通角闪石。以浅绿色、多色性与透闪石相区分。

【产状】阳起石是典型的变质矿物,常产于金属矿脉附近。阳起石化属于高温热液蚀变,它可交代早期的矽卡岩,也常交代基性和中性岩中的普通辉石、透辉石,常与绿帘石化伴生。阳起石是软玉的主要组成矿物之一。

# 普通角闪石（Hornblende）

$N_p=1.614\sim1.675$，$N_m=1.618\sim1.691$，$N_g=1.633\sim1.701$

$N_g-N_p=0.019\sim0.026$；$(-)2V=52°\sim85°$

$N_p/\!/a$，$N_m/\!/b$，$N_g\wedge c=13°\sim34°$，光轴面 $AP/\!/(010)$

$H_m=5.5\sim6$，$D=3.02\sim3.45$

$(Ca,Na)_{2\sim3}(Mg,Fe^{2+},Fe^{3+},Al)_5[(Al,Si)_4O_{11}]_2(OH)_2$，单斜晶系

【化学组成】化学式为$(Ca,Na)_{2\sim3}(Mg,Fe^{2+},Fe^{3+},Al)_5[(Al,Si)_4O_{11}]_2(OH)_2$，双链的链状结构硅酸盐矿物。普通角闪石是一种含 Al 和 Fe 的单斜角闪石，Al 和 Fe 占比的变化较大。成分中常含少量的 $TiO_2$、$MnO$、$Cr_2O_3$、$V_2O_3$ 等。

【形态】普通角闪石的晶体多呈长柱状、针状，偶尔也见到短柱状、纤维状、叶片状。有时可具有环带构造。

【光学性质】普通角闪石的颜色为暗绿色、墨绿色、暗褐—黑色。矿物薄片中呈绿色（$Fe^{2+}$ 含量高）或褐色（$Fe^{3+}$ 含量高）。具有较强的多色性和吸收性。侵入岩中的普通角闪石（低温型）多为绿色，多色性为：$N_g$ 为深绿色、深蓝绿色，$N_m$ 为绿色、黄绿色，$N_p$ 为淡绿色、淡黄绿色。火山岩中的普通角闪石（高温型）多为褐色，多色性为：$N_g$ 为暗褐色、红褐色，$N_m$ 为褐色，$N_p$ 为淡褐色。吸收性公式：$N_g>N_m>N_p$。正中—正高突起。角闪石式解理：{110} 完全解理，发育{001}裂理（图 8-121、图 8-122）。最高干涉色为Ⅰ级橙红—Ⅱ级蓝、Ⅱ级黄绿，但被矿物本身颜色掩盖而不鲜艳。单斜角闪石消光类型：横切面上为对称消光，⊥(010) 纵切面上为平行消光，其他纵切面为斜消光，$N_g\wedge c=12°\sim24°$，常在 20°左右。常见结合面为(100)的简单双晶或聚片双晶（图 8-123），横切面上双晶纹平行于菱形的长对角线，正延性，二轴晶负光性。

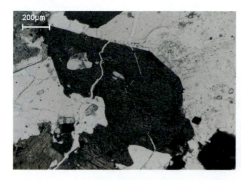

图 8-121　普通角闪石
（近菱形横切面，角闪石式解理）（左：单偏光；右：正交偏光）

【变种】浅色闪石是不含铁的普通角闪石，为二轴晶正光性。韭闪石中铁的含量介于普通角闪石和浅色闪石之间，但含有大量的 Fe 元素，为二轴晶正光性。假象纤闪石是辉石蚀变后形成的角闪石。

图 8-122 普通角闪石
(纵切面一组解理,Ⅱ级顶部干涉色)(左:单偏光;右:正交偏光)

图 8-123 柱状角闪石
(多色性:绿—浅绿色,简单双晶)(左:单偏光;右:正交偏光)

【矿物变化】普通角闪石易蚀变为绿泥石、绿帘石、纤维状阳起石、黑云母、碳酸盐矿物、绢云母、石英、磁铁矿等矿物。矿物薄片中常见到这些蚀变矿物置换普通角闪石,而保留普通角闪石的假象。在火山岩中角闪石常具有磁铁矿、黑云母等矿物构成的暗化边(图 8-124),这是普通角闪石的重要鉴别标志之一。

【鉴定特征】普通角闪石以长柱状晶形、菱形横切面、颜色、明显的多色性、横切面具角闪石式解理、消光角一般小于 15°、正延性、负光性等特征而与普通辉石相区分。

【产状】普通角闪石分布很广(图 8-125~图 8-127),常见于闪长岩、正长岩、花岗闪长岩、二长岩和与之相当的火山岩中。花岗岩、碱性岩和辉长岩中比较少见。火山岩中的普通角闪石均以斑晶或晶屑产出,煌斑岩如正闪煌斑岩和斜闪煌斑岩中产出较多。普通角闪石在变质岩中也很常见,产于角闪石片麻岩、角闪石片岩和角闪岩中,也见于变粒岩、榴辉岩、大理岩和某些石英岩中。

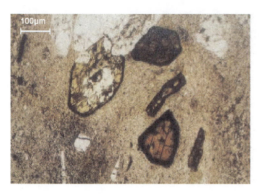

图 8-124 安山岩中呈褐色的普通角闪石斑晶
（六边形横切面，明显暗化边）（单偏光）

图 8-125 片状斜长角闪岩中的普通角闪石
（多色性：绿—黄绿色）（单偏光）

图 8-126 高温角闪岩中的普通角闪石
（呈棕褐色，一组完全解理）（单偏光）

图 8-127 角闪辉长岩中的普通角闪石
（暗绿色，蚀变严重构成筛状结构）（单偏光）

# 蓝闪石（Glaucophane）

$N_p=1.606\sim1.661, N_m=1.622\sim1.667, N_g=1.627\sim1.670$

$N_g-N_p=0.008\sim0.022;(-)2V=0°\sim50°$

$N_p\wedge a=8°\pm, N_m // b, N_g\wedge c=4°\sim14°$，光轴面 $AP//(010)$

$H_m=6\sim6.5, D=3.08\sim3.30$

$Na_2Mg_3Al_2[Si_4O_{11}]_2(OH)_2$，单斜晶系

【化学组成】化学式为 $Na_2Mg_3Al_2[Si_4O_{11}]_2(OH)_2$，双链的链状结构硅酸盐矿物。蓝闪石为富含 Al 的钠质碱性闪石，成分中常含有一定量的 $Fe^{2+}$ 交代 Mg。

【形态】蓝闪石中常见长柱状、粒状、纤维状或放射状集合体（图 8-128），横断面为六边形或菱形，可有不同颜色的环带构造，还含有磁铁矿、榍石、锆石、磷灰石等矿物包裹体。蓝闪石可复生在角闪石上生长。

【光学性质】蓝闪石的颜色呈深蓝—黑色,矿物薄片中为蓝色或紫色。多色性显著:$N_g$为深天蓝色,$N_m$为红紫色或蓝色,$N_p$为无色、浅黄绿色或浅蓝色。吸收性公式为:$N_g>N_m>N_p$。正中突起,折射率随$Fe^{3+}$的增加、Al的减少而增高。具角闪石式{110}完全解理(图8-129、图8-130)。干涉色较低,通常为Ⅰ级黄(图8-131),但常因受本身具有的蓝紫色影响而不易辨识。横切面上为对称消光,⊥(010)纵切面上为平行消光,其他多数的纵切面为斜消光。具有{100}简单双晶,但很少见。沿晶体延长方向或解理方向为正延性。二轴晶负光性。

图8-128 蓝闪石片岩中的蓝闪石
(柱状,形成布丁构造,Ⅰ级黄干涉色)
(正交偏光)

图8-129 蓝闪石
(紫色,菱形的横切面,有两组完全解理)
(单偏光)

图8-130 蓝闪石
(蓝紫色,纵切面上具有一组完全解理)
(单偏光)

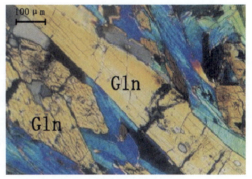

图8-131 蓝闪石(Gln)的横、纵切面
(Ⅰ级黄干涉色)
(正交偏光)

【矿物变化】蓝闪石可由辉石或角闪石转变而形成,而蓝闪石也可转变为绿色的角闪石、绿泥石、钠长石、绿帘石等混合物。蓝闪石可通过青铝闪石(铝铁闪石)过渡为镁钠闪石。

【鉴定特征】蓝闪石与钠闪石特征相近,但前者为正延性。钠铁闪石的消光角较大、负延长,蓝线石的双折射率较大。

【产状】蓝闪石和青铝闪石是高压低温条件下的特殊产物。蓝闪石主要产于蓝闪石片岩(图8-132)、片麻岩和结晶片岩以及榴辉岩中,常与绿辉石、硬柱石、石榴石、黝帘石、白云母、绿帘石、绿纤石、榍石等矿物共生。

图 8-132　蓝闪石
（柱状，显著的多色性（紫色、蓝紫色）（左：单偏光；右：单偏光，旋转 90°后）

【变种】青铝闪石（铝铁闪石）较少见，与蓝闪石可构成蓝闪石—青铝闪石—镁钠闪石类质同象系列。镁钠闪石是蓝闪石类矿物的变种（$Fe^{2+}$ 含量较低而 $Fe^{3+}$ 含量微高）。

# 云母族（Mica group）

云母族矿物属于层状结构硅酸盐，是常见的主要造岩矿物之一，分布极为广泛。络阴离子为[$AlSi_3O_{10}$]，常含有 H、F 元素；阳离子成分极为复杂，常含 K、Na、Mg、Li、$Fe^{3+}$、$Fe^{2+}$、Al 等元素，以及含有少量的 Cr、V、Mn 等元素。

## 一、云母族矿物的三个亚族

云母族矿物按化学成分和光性特征，可以划分为三个亚族：

(1)白云母亚族。阳离子主要为 K、Na 和 Al。光轴面 $AP \perp (010)$，$N_g // b$，$(-)2V = 35°\sim40°$。常见的矿物种属有白云母、绢云母、钠云母、钒云母、多硅白云母等。

(2)黑云母-金云母亚族。阳离子主要为 K 和 Mg、$Fe^{2+}$、Al。大多数光轴面 $AP // (010)$，$N_m // b$；个别变种 $AP \perp (010)$ 面，$N_g // b$，如褐云母。常见的矿物种属有黑云母、金云母、铁叶云母、褐云母等。

(3)锂云母-铁锂云母亚族。阳离子主要为 K、Li、Al 和 $Fe^{2+}$。光性特征与黑云母亚族类似，大多数矿物的 $AP // (010)$ 面，$N_m$ 近于平行 $b$ 轴。常见的矿物种属有锂云母、铁锂云母、多锂云母等。

## 二、云母族矿物的共同特征

云母族矿物具有如下的共同特征：

(1)单斜晶系，晶体呈假六方矿物薄片状、鳞片状、板状、假六方柱状，集合体呈鳞片状。具{001}极完全解理，解理面上具珍珠光泽。矿物薄片具弹性。

(2)矿物薄片中云母常为长条形、等轴状。颜色随含 Fe 量增加而加深，含铁变种具有多色性，吸收性强，无色的云母表现出明显的闪突起。

(3) 最高干涉色可达Ⅲ级顶部,消光角极小或近于平行消光。

(4) 二轴晶负光性,在(001)面上可见⊥$Bxa$切面的干涉图,$2V=0°\sim40°$。

(5) 主要根据颜色、突起(折射率)和$2V$角来区分云母族各种属矿物。

(6) 除高F的变种外,都含有较多的$H_2O$,一般$H_2O$含量为$4\%\sim5\%$。

## 白云母(Muscovite)

$N_p=1.552\sim1.572, N_m=1.582\sim1.611, N_g=1.588\sim1.615$

$N_g-N_p=0.036\sim0.043;(-)2V=30°\sim45°$

$N_g // b, N_m \wedge a=0.5°\sim2°, N_p \wedge c=0°\sim5°$,光轴面$AP\perp(010)$

$H_m=2.5\sim3, D=2.76\sim3.10$

$K\{Al_2[AlSi_3O_{10}](OH)_2\}$,单斜晶系

【化学组成】化学式为$K\{Al_2[AlSi_3O_{10}](OH)_2\}$,层状结构硅酸盐矿物。白云母的成分中常含有Na(钠云母)、Ba(钡白云母)、$H_3O^+$(水白云母)、Li(锂白云母或锂云母)、V(钒云母)、Cr(铬云母或铬硅云母)、Mn(锰白云母或淡云母)、Mg或$Fe^{2+}$(多硅白云母)等元素。

【形态】晶形呈假六方形或菱形柱状、板状、叶片状,在集合体中往往呈板状、叶片状、鳞片状(图8-133~图8-135)。白云母的晶形可以随着地质运动而发生完全变形、断裂或褶皱(图8-136、图8-137)。

图8-133 片状白云母
(一组极完全解理,鲜艳的干涉色)
(正交偏光)

图8-134 叶片状集合体的白云母
(一组极完全解理,鲜艳干涉色,绢云母化)
(正交偏光)

【光学性质】白云母的颜色为无色、白色、灰色、浅红色、浅绿色、浅褐色等。矿物薄片中为无色,含铁的变种则呈浅红褐色,含铬的变种呈蓝绿色,含钒的变种呈绿褐色。正低—正中突起。具有沿{001}的极完全解理。对于//(001)切面,不具有解理纹,正低—正中突起,可见⊥$Bxa$切面的干涉图;⊥(001)切面呈长方形,可见细而直的连续的解理纹。⊥(001)切面上具有明显的闪突起:当解理纹与下偏光镜振动方向平行时,糙面显著,转动载物台90°,糙面就消失。//(001)切面,干涉色为Ⅰ级灰—Ⅰ级黄;⊥(001)切面,最高干涉色为Ⅱ级顶

部—Ⅲ级,极为鲜艳。近于平行消光。常见双晶,多依云母律形成接触双晶或穿插三连晶。正延性,二轴晶负光性。

【矿物变化】白云母仅在热液作用下变成高岭石、绿泥石、水铝氧石和石英(图 8-138)。云母经石香肠化或微破裂作用可以形成"云母鱼"构造(图 8-139)。

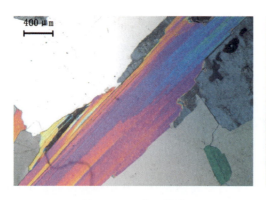

图 8-135　白云母片
(较高干涉色)(正交偏光)

图 8-136　白云母随围岩弯曲变形
(正交偏光)

图 8-137　云母片发生断裂和褶皱
(正交偏光)

图 8-138　沿白云母解理的绿泥石化
(单偏光)

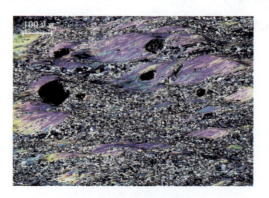

图 8-139　"云母鱼"构造
(正交偏光)

【鉴定特征】白云母以无色、片状、中等突起、具弱闪突起、平行消光、Ⅲ级干涉色为鉴定特征。白云母和滑石的区别：白云母光轴角中等；滑石光轴角很小，双折射率较高。白云母与叶蜡石的区别：叶蜡石的光轴角大于白云母的光轴角。白云母与透闪石的区别：透闪石具有角闪石式解理；透闪石解理纹断断续续，白云母的解理纹是连续的；透闪石折射率高于白云母的折射率；透闪石的横切面上为对称消光，⊥(010)面上为平行消光，其他纵切面为斜消光，而白云母近于平行消光；透闪石的 2V 角明显大于白云母的 2V 角。

【产状】白云母产于花岗岩、花岗伟晶岩和云英岩中，是云母片岩、云英岩、千枚岩、片麻岩等变质岩的主要矿物之一（图 8-140）。当硅铝质岩石遭受石英岩化时常产出大量的白云母。白云母可在砂岩中呈碎屑产出。

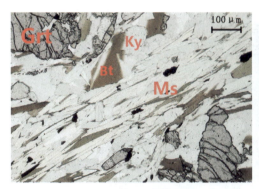

图 8-140　片岩中的白云母(Ms)与黑云母(Bt)、石榴石(Grt)、蓝晶石(Ky)共生
（左：单偏光；右：正交偏光）

【变种】

(1) 多硅白云母。为富 Si 的白云母，较白云母的折射率略低、干涉色略高、2V 角较小（图 8-141），是低温高压变质带的典型矿物。长石、白云母、黑云母经过变质作用可以形成多硅白云母，与绿泥石共生。

图 8-141　榴辉岩中的多硅白云母
（显示三个方向的切面）（左：单偏光；右：正交偏光）

(2)铬云母(铬硅云母)。为含 Cr 的白云母,手标本中呈绿色,具有多色性：$N_g$ 为无色、淡绿色,$N_m$ 为淡黄色、绿色,$N_p$ 为深蓝绿色。产于橄榄岩类变质的岩石中,与菱铁矿、滑石、白云石、方解石等矿物共生。

(3)绢云母。是细小的鳞片状集合体的白云母,绢云母呈灰色、淡黄色和淡绿色,常具丝绢光泽,与白云母比较其成分中 $K_2O$ 含量略少,$H_2O$ 含量略多。绢云母的形态及光性特征与白云母相似,干涉色比白云母略低,2V 角略小。由于绢云母无数鳞片方位不同,造成各种颜色的干涉色交织,这也是鉴定绢云母的重要依据(图 8-142)。绢云母是分布很广的蚀变矿物,由斜长石、钾长石、霞石、蓝晶石、红柱石、刚玉、电气石、绿柱石、锂辉石等矿物经过绢云母化或风化作用而形成。

图 8-142　斜长石蚀变形成绢云母
（正交偏光）

# 黑云母(Biotite)

$N_p=1.573\sim1.623$,$N_m=1.620\sim1.676$,$N_g=1.620\sim1.677$

$N_g-N_p=0.040\sim0.050$；$(-)2V=0°\sim10°$

$N_g \wedge a=0°\sim9°$,$N_m \mathbin{/\mkern-2mu/} b$,$N_p$ 近于平行 c 轴,光轴面 $AP \mathbin{/\mkern-2mu/}(010)$

$H_m=2.5\sim3$,$D=2.90\sim3.30$

$K\{(Mg,Fe)_3[AlSi_3O_{10}](OH,F)_2\}$,单斜晶系

【化学组成】化学式为 $K\{(Mg,Fe)_3[AlSi_3O_{10}](OH,F)_2\}$,层状结构硅酸盐矿物。成分不固定,介于金云母和铁云母之间。成分中常含数量不等的 $TiO_2$、MnO、$Na_2O$,微量元素 Ba、Sr、V、Cr、Li、Cs 等均可以以不同形式存在于黑云母中。

【形态】晶体呈假六方形板状、短柱状、叶片状、鳞片状,但在集合体中一般呈叶片状、分散的鳞片状,横切面为六边形(图 8-143、图 8-144)。有时晶体呈弯曲状(图 8-145)。

图 8-143 绿片岩相黑云母片岩中的黑云母
（片状，蚀变严重，变晶结构）
（单偏光）

图 8-144 云煌岩中的黑云母
（红褐色，六边形横切面，纵切面具一组
极完全解理）（单偏光）

【光学性质】黑云母的颜色为黑色、褐色、绿色、深褐色、红褐色、金黄色，矿物薄片中黑云母呈褐色、黄褐色或绿色。火山岩、煌斑岩中的黑云母斑晶（高温型）多呈褐色，具有多色性：$N_g$、$N_m$ 为深褐色或红褐色。侵入岩、结晶片岩中的黑云母（低温型）常带绿色，具有多色性：$N_p$ 为淡黄绿色，$N_g$、$N_m$ 为草绿色、褐绿色。当切面的延长方向平行于下偏光镜振动方向时，矿物的吸收性最强，这种吸收以黑云母表现最为典型，称为黑云母式吸收，它和电气石式吸收恰巧相反。黑云母的极强的多色性和吸收性是其最突出的特征之一。吸收性公式：$N_g \geqslant N_m > N_p$。正中—正高突起。具有沿{001}底面的极完全解理，并具有{010}、{110}裂理。最高干涉色可达Ⅲ级顶部，少铁种属最高干涉色为Ⅱ级，而铁云母的干涉色可达Ⅳ级，但会被其较深的颜色掩盖而不鲜艳。折射率随 $Fe^{2+}$ 和 $Fe^{3+}+Ti$ 元素含量的增加而增大。通常呈平行消光，可见由于受力变形叶片弯曲而呈现的波状消光。可依{001}云母律形成接触双晶。正延性，二轴晶负光性（图 8-146～图 8-148）。

图 8-145 黑云母
（明显的黑色、褐色多色性，蚀变体积膨胀、
变形，析出铁质物）（单偏光）

图 8-146 黑云母具有极高的干涉色
（正交偏光）

图 8-147　黑云母的多色性：$N_p$＝浅黄色，$N_g$＝$N_m$＝深褐色
（左：单偏光；右：单偏光，载物台旋转 90°后颜色变化明显）

【矿物变化】黑云母最容易蚀变为绿泥石，矿物薄片中常可见到绿泥石蚀变为黑云母而保留黑云母的假象。含钛黑云母蚀变时，常析出金红石、磁铁矿、细粒钛铁矿和榍石等矿物。火山岩中的黑云母斑晶常具暗化边，主要是由磁铁矿、辉石、长石等矿物构成（图 8-149）。

 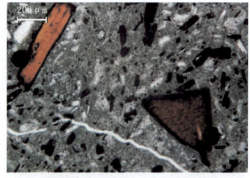

图 8-148　黑云母的接触双晶　　　　　图 8-149　黑云母斑晶具暗化边
　　　　（正交偏光）　　　　　　　　　　　　　（单偏光）

【鉴定特征】黑云母的特征明显：黑褐色、多色性显著、吸收性强、片状、极完全解理、平行消光、正延性、负光性、$2V$ 角小。

【产状】黑云母是一种常见的造岩矿物，常产于花岗岩、正长岩、花岗闪长岩之中，也常见于结晶片岩、片麻岩等变质岩中（图 8-150）。

图 8-150 片麻岩中的黑云母与堇青石、石英共生
（左：单偏光；右：正交偏光）

# 金云母（Phlogopite）

$N_p=1.522\sim1.568$，$N_m=1.548\sim1.609$，$N_g=1.549\sim1.613$

$N_g-N_p=0.027\sim0.045$；$(-)2V=0°\sim20°$

$N_g\wedge a=2°\sim4°$，$N_m/\!/b$，$N_p$ 近于平行 $c$ 轴，光轴面 $AP/\!/(010)$

$H_m=2\sim2.5$，$D=2.76\sim2.90$

$K\{Mg_3[AlSi_3O_{10}](OH,F)_2\}$，单斜晶系

【化学组成】化学式为 $K\{Mg_3[AlSi_3O_{10}](OH,F)_2\}$，层状结构硅酸盐矿物。纯金云母不含 Fe，但天然产出金云母通常含有一定量的 Fe，并混有微量 Mn、Na、Cr、Ba、Sr 等杂质元素。金云母与黑云母构成类质同象系列。

【形态】金云母常呈假六方形板状、叶片状晶体，晶体往往比较粗大，矿物薄片中通常呈不规则的叶片状或长条状。

【光学性质】金云母的颜色呈金黄色、黄褐—红褐色、绿色、黑褐色，有时退色至无色。矿物薄片中呈无色—浅黄褐色。具有微弱的多色性：$N_g$、$N_m$ 为黄褐色，$N_p$ 为浅黄色或无色。有时具有颜色环带。正低—正中突起。折射率、双折射率、颜色随着 Mn、$Fe^{3+}$、$Fe^{2+}$、Ti 含量的增加而加大。具有沿{001}底面的极完全解理。最高干涉色为Ⅲ级，有的为Ⅱ级（图 8-151）。几乎平行于解理的消光，消光角不大于 5°。可依{001}云母律形成接触双晶。正延性，二轴晶负光性。

【矿物变化】常常蚀变为鳞片状滑石、水云母、黏土矿物、蛭石、绿泥石。

【鉴定特征】金云母和黑云母的区别：金云母颜色较淡，多色性与吸收性较弱。无色金云母与白云母区别是无色金云母的光轴角极小，而白云母光轴角中等，少有多色性。

【产状】产于白云质碳酸盐岩的接触变质带、金伯利岩、某些偏碱性的蚀变超基性岩和煌斑岩中。

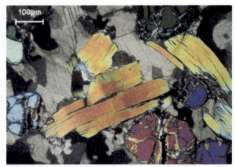

图 8-151 大理岩中的金云母
(近无色，与方解石、橄榄石共生)(左：单偏光；右：正交偏光)

# 锂云母(鳞云母,Lepidolite)

$N_p=1.524\sim1.537, N_m=1.543\sim1.563, N_g=1.545\sim1.566$

$N_g-N_p=0.021\sim0.029;(-)2V=23°\sim63°$

$N_g \wedge a=0°\sim3°, N_m // b, N_p$ 近于平行 $c$ 轴，光轴面 $AP//(010)$

$H_m=2.5\sim4.0, D=2.80\sim2.90$

$K\{(Li,Al)_3[(Si,Al)_4O_{10}](OH,F)_2\}$，单斜晶系

【化学组成】化学式为 $K\{(Li,Al)_3[(Si,Al)_4O_{10}](OH,F)_2\}$，层状结构硅酸盐矿物。锂云母是最常见的含锂矿物。成分中 $LiO_2$ 含量为 3.3%～7.0%；$LiO_2$ 含量小于 3.3% 时，属于锂白云母。锂云母中常混有一定量的 Rb、Cs、Na、Mg、Mn、Fe 等杂质元素。

【形态】锂云母常呈厚板状或短柱状的假六方形晶体，但最常见的是不规则的叶片状。

【光学性质】锂云母的颜色为粉色、紫色或无色。矿物薄片中为无色，极少数带浅粉紫色调。显弱的多色性：$N_g$、$N_m$ 为浅粉—淡紫色，$N_p$ 为无色。正低突起。折射率随 Fe、Mn 含量增多而增高。具沿{001}底面的极完全解理。最高干涉色为Ⅱ级顶部。几乎近于平行消光，消光角最大可达 6°～7°。可依{001}云母律形成接触双晶，少见。正延性，二轴晶负光性。

【鉴定特征】锂云母与白云母相似，区别在于锂云母折射率和双折射率略低，消光角稍大，当矿物薄片中呈浅粉色时，可根据多色性来区别。

【产状】主要产于花岗伟晶岩以及花岗岩有关的高温热液矿床中，经常与叶钠长石共生，以及与锂辉石、磷铝石、黄玉、硅铍石、萤石、锡石、石英、电气石、绿柱石等矿物共生。

# 蛇纹石族(Serpentine group)

蛇纹石族矿物的基本特征：蛇纹石属于含 Mg 和(OH)的层状结构硅酸盐矿物。化学式为 $Mg_6[Si_4O_{10}](OH)_8$，其中部分 Mg 可被 $Fe^{2+}$、Ni、Cr、Ca 所代替。单斜晶系，晶体呈纤维状、叶片状、鳞片状。手标本上呈无色、绿色、浅绿色，矿物薄片中为无色—淡绿色，具有弱多色性。正低突起。干涉色为Ⅰ级灰白、Ⅰ级黄白，无异常干涉色。

蛇纹石族主要种属有纤蛇纹石、利蛇纹石、叶（片）蛇纹石等。

蛇纹石是蛇纹岩的主要造岩矿物之一，是常见的岩浆期后蚀变矿物，主要是橄榄石、辉石、角闪石、黑云母等铁镁矿物在热液蚀变作用下（400～500℃）的蚀变产物，同时伴随有不透明的氧化铁小颗粒矿物析出（图8-152、图8-153）。岫玉是色泽鲜艳的蛇纹石致密块体，可用作玉石雕刻材料。

图8-152　蛇纹岩中的蛇纹石
（左：单偏光；右：正交偏光）

图8-153　大理岩中的蛇纹石
（蚀变交代镁橄榄石）（左：单偏光；右：正交偏光）

## 纤蛇纹石（温石棉，Chrysotile）

$\alpha$型-纤蛇纹石：

$N_p=1.532\sim1.552$，$N_g=1.545\sim1.561$

$N_g-N_p=0.007\sim0.013$；$(+)2V=10°\sim90°$

$N_g \text{∥} a$，光轴面 $AP \text{∥} a$

β型-纤蛇纹石：

$N_p=1.530\sim1.560$，$N_g=1.546\sim1.567$

$N_g-N_p=0.007\sim0.008$；$(-)2V=30°\sim35°$

$N_p//a$，光轴面$AP//a$

$H_m=2.5$，$D=2.0\sim3.0$

$Mg_6[Si_4O_{10}](OH)_8$，单斜晶系

【化学组成】化学式为$Mg_6[Si_4O_{10}](OH)_8$，层状结构硅酸盐矿物。成分中可含少量$Fe^{2+}$、$Fe^{3+}$、Mn、Al、Ni等杂质元素。

【形态】晶形呈纤维状集合体，每一条纤维都呈空心圆柱状、管状。集合体常呈小脉状产出，组成网格状构造（图8-154）。

【光学性质】纤蛇纹石的颜色为绿色、黄色、灰色，具丝绢光泽。矿物薄片中呈无色、浅绿色、浅黄绿色。负低—正低突起。柱面解理{110}不发育。干涉色为Ⅰ级灰白—黄。具平行消光或近于平行消光，放射状纤维可呈扇形或十字形消光。α型为正延性，二轴晶正光性；β型为负延性，二轴晶负光性。

【鉴定特征】与叶蛇纹石的区别是纤蛇纹石的折射率略低、纤维细长，叶蛇纹石多为叶片状。与透闪石等纤维状矿物的区别是纤蛇纹石的折射率、双折射率均低，透闪石为斜消光。与绿泥石的区别是纤蛇纹石无异常消光、无异常干涉色。

【产状】纤蛇纹石常与利蛇纹石、叶蛇纹石等共生于蛇纹岩和蚀变的橄榄岩、辉石岩中，而呈橄榄石、辉石的假象（图8-155）。蛇纹石化过程中常有细粒的磁铁矿伴生。白云质岩石受热液蚀变也能产生纤蛇纹石。

图8-154 纤蛇纹石细脉组成网格且网眼中心分布叶蛇纹石、胶蛇纹石
（正交偏光）

图8-155 斑状金伯利岩中的蛇纹石化橄榄石斑晶具交代假象结构
（正交偏光）

## 利蛇纹石（鳞蛇纹石，Lizardite）

$N_p=1.538\sim1.550$，$N_m=1.546\sim1.560$，$N_g=1.546\sim1.560$

$N_g-N_p=0.008\sim0.010$；$(-)2V=0°\sim2°$

$N_p \wedge a = 90°, N_m // b, N_p // c$,光轴面 $AP // (010)$

$H_m = 3 \sim 4, D = 2.53 \sim 2.55$

$Mg_6[Si_4O_{10}](OH)_8$,单斜晶系(假六方晶系)

【化学组成】化学式为 $Mg_6[Si_4O_{10}](OH)_8$,层状结构硅酸盐矿物。

【形态】细粒状、片状、纤维状、毡状集合体。形态呈鳞片状,亦称鳞蛇纹石。交代辉石呈斜方辉石假象的蛇纹石(利蛇纹石或叶蛇纹石)称为绢石,呈叶片状块体,呈橄榄绿色、灰绿色、棕色、褐色,显丝绢光泽(图 8-156)。

图 8-156 绢石呈斜方辉石的假象
(左:单偏光;右:正交偏光)

【光学性质】利蛇纹石的颜色为无色、淡绿色,矿物薄片中为无色。正中突起。具沿{001}的极完全解理。干涉色为Ⅰ级灰白、Ⅰ级黄。平行消光。沿解理方向为正延性,沿纤维方向为负延性。二轴晶负光性,常表现为一轴晶负光性。

【鉴定特征】在与其他蛇纹石区分时需借助电子显微镜等方法进行分析。

【产状】利蛇纹石仅在块状的蛇纹岩中产出,与纤维蛇纹石、叶蛇纹石、滑石、皂石等矿物共生。

## 叶蛇纹石(片蛇纹石,Antigorite)

$N_p = 1.555 \sim 1.567, N_m = 1.560 \sim 1.573, N_g = 1.560 \sim 1.573$

$N_g - N_p = 0.004 \sim 0.009; (-)2V = 20° \sim 50°$

$N_g // a, N_m // b, N_p \wedge c = 7° \pm$,光轴面 $AP // (010)$

$H_m = 3 \sim 4, D = 2.50 \sim 2.60$

$Mg_6[Si_4O_{10}](OH)_8$,单斜晶系

【化学组成】化学式为 $Mg_6[Si_4O_{10}](OH)_8$,层状结构硅酸盐矿物。成分中含相当量的 $Fe^{2+}$。

【形态】常见片状、叶片状集合体,也可见纤维状集合体,或可见辉石、橄榄石的假象。

【光学性质】叶蛇纹石的颜色为绿色、黄色、灰色;矿物薄片中为无色,或呈淡黄绿色、浅

绿色。多色性不显著：$N_p$为淡绿黄色，$N_m$、$N_g$为无色、淡绿色。正低突起。具沿{001}的完全解理。绢石是叶蛇纹石或利蛇纹石的粗粒变种，具丝绢光泽，常常见到辉石的整个晶体被绢石的单晶所替换，绢石的{001}解理与斜方辉石的{010}裂理平行。叶蛇纹石最高干涉色为Ⅰ级黄。平行或近于平行消光，有时具波浪状、斑点状异常消光现象。正延性，二轴晶负光性。

【矿物变化】叶蛇纹石可变化为镁质斜绿泥石。

【鉴定特征】叶蛇纹石与绿泥石的区别：叶蛇纹石的多色性不如绿泥石明显，为正延性；绿泥石常具异常干涉色，多为负延性。

【产状】叶蛇纹石系由橄榄石、顽火辉石、透辉石、普通辉石、普通角闪石等矿物蚀变而成，即蛇纹石化。蛇纹石化经常析出细粒分散的磁铁矿，呈网格状。白云质灰岩受热液蚀变也能形成叶蛇纹石。

【变种】铁蛇纹石：富含铁质的蛇纹石，呈细粒状，暗绿—绿褐色，矿物薄片中为黄色、褐色、绿色。双折射率有时很低，近于均质。铁蛇纹石是某些沉积岩和变质岩的重要矿物，与细粒石英、铁滑石、黑硬绿泥石、磁铁矿、磁铁矿等矿物共生。

# 绿泥石族（Chlorite group）

绿泥石族矿物是一种含 OH 的 Fe、Mg、Al 的层状结构硅酸盐矿物，在光学性质上有共同的特性：

(1)络阴离子团为$[(Al,Si)_4O_{10}]$，阳离子主要为 Mg、$Fe^{2+}$、$Mn^{2+}$、Ni、Al、$Fe^{3+}$、Cr、$Mn^{3+}$。随$Fe^{2+}$、$Fe^{3+}$含量的增加，折射率增大，颜色变深。

(2)单斜晶系，多见鳞片状集合体，单晶体呈假六方形片状。具有沿{001}的完全解理。颜色多呈不同色调的绿色，偶见无色、灰色、粉红色、褐色。摩氏硬度为2.5，相对密度为2.6~3.0。

(3)矿物薄片中多为淡绿色、淡黄色（图8-157），颜色随铁含量增高而加深，折射率随铁含量的增加而增大。正低—正中突起。最高干涉色不超过Ⅰ级，部分矿物有蓝色、褐色的异常干涉色现象。

(4)光性特征。光轴面$AP//(010)$（或$b//N_m$），$Bxa$近于垂直(001)。多为二轴晶正光性，此时为负延性，吸收性公式为$N_p=N_m>N_g$。少数为二轴晶负光性，正延性，吸收性公式为$N_p<N_m=N_g$。$2V$角常不超过30°。色散一般较为显著。

(5)绿泥石分布广泛，在深成岩中大多以辉石、黑云母、角闪石等铁镁质矿物的蚀变产物产出（图8-158，图8-159）。也有一部分是富铁、镁岩石的残余热液生成于火山岩的气孔中，经热液蚀变作用，原岩中的铁镁矿物可被绿泥石交代（青磐岩化）。绿泥石也是低级区域变质作用带中绿片岩的主要矿物之一，与钠长石、绿帘石、阳起石、方解石等矿物共生。绿泥石各亚种的准确鉴定除借助于光学性质外，还需借助 X 射线粉末法、差热分析、化学分析等方法。

(6)绿泥石族矿物由于类质同象代替广泛，元素代替的比例变化较大，成分复杂，所以矿物种属较多。

绿泥石族矿物可简略分为两个亚族：①富镁的正绿泥石亚族（镁绿泥石亚族），一般所见绿泥石均属此类，主要矿物属有叶绿泥石、斜绿泥石、镁蠕绿泥石、淡斜绿泥石（特别贫 Fe

的斜绿泥石变种）、透绿泥石（特别贫 Fe 的镁蠕绿泥石变种）；②富铁且大部分成胶体状的鳞绿泥石亚族，主要矿物种属有鲕绿泥石、鳞绿泥石。

图 8-157　片麻岩中的绿泥石
（绿色，鳞片状集合体）
（单偏光）

图 8-158　绿泥石沿着黑云母的边缘
和裂隙发生蚀变交代
（正交偏光）

图 8-159　云煌岩中的辉石发生绿泥石化而保留辉石的假象
（左：单偏光；右：正交偏光）

# 叶绿泥石（Pennine）

$N_p=1.575\sim1.582$，$N_m=1.576\sim1.582$，$N_g=1.576\sim1.583$

$N_g-N_p=0.001\sim0.004$；$(+)2V=0°\sim20°$ 或 $(-)2V=0°\sim40°$

$Bxa$ 近于垂直(001)，光轴面 $AP\mathbin{/\mkern-5mu/}(010)$

$H_m=2\sim2.5$，$D=2.60\sim2.85$

$(Mg,Fe^{2+})_5Al[AlSi_3O_{10}](OH)_8$，单斜晶系

【化学组成】化学式为 $(Mg,Fe^{2+})_5Al[AlSi_3O_{10}](OH)_8$，层状结构硅酸盐矿物。成分中 Mg 含量远大于 $Fe^{2+}$ 含量，还含有少量的 $Fe^{3+}$、Cr 元素。

【形态】叶绿泥石中常见叶片状、蠕虫状、鳞片状、纤维状、放射状集合体，晶体呈桶状、较厚的六方形板状，断面为假六方形片状（图8-160）。常与黑云母交生，并呈黑云母假象。有时含锆石包裹体，并在其周围有暗色的多色晕。

【光学性质】叶绿泥石的颜色为绿色、暗绿—绿黑色。矿物薄片中呈绿色、黄绿色，但是颜色一般较浅淡。多色性明显，从很淡的黄色至绿色。根据光性正负的不同，多色性、吸收性公式亦有差别，其中叶绿泥石（+）：$N_g$ 为很淡的黄色，或近于无色，$N_m$ 为绿色，$N_p$ 为绿色；吸收性公式为：$N_g < N_m = N_p$。叶绿泥石（-）：$N_g$ 为绿色，$N_m$ 为绿色，$N_p$ 为很淡的黄色，或近于无色；吸收性公式为：$N_g = N_m > N_p$。突起较低，正低—正中突起。具有沿{001}的完全解理。干涉色为Ⅰ级灰，经常表现为异常的"墨水蓝"色，有时则为蓝紫色、锈褐色的异常干涉色（图8-161）。有时可见{001}双晶，平行消光或近于平行消光，延性符号与光性符号相反，二轴晶正、负光性。叶绿泥石的光性符号主要取决于成分，随着镁绿泥石成分的增加，光性由负光性过渡到正光性，转变为斜绿泥石。

图8-160　玄武岩中的放射状集合体叶绿泥石呈球粒充填空洞（单偏光）

图8-161　叶绿泥石具有靛蓝色、锈褐色的异常干涉色（正交偏光）

【鉴定特征】叶绿泥石与蛇纹石的区别是多色性显著，具有异常干涉色。

【产状】叶绿泥石是最常见的绿泥石，主要由黑云母、含铝的辉石、角闪石、十字石、石榴石、长石等矿物蚀变而成，经常见到叶绿泥石置换上述矿物而保留其假象。叶绿泥石在中性和基性火成岩的蚀变岩中较为发育，如辉绿岩。变质岩中叶绿泥石是低级区域变质的绿泥石片岩、千枚岩的主要矿物之一。叶绿泥石也是泥质沉积岩的风化产物。

# 斜绿泥石（Clinochlore）

$N_p = 1.571 \sim 1.588, N_m = 1.571 \sim 1.589, N_g = 1.576 \sim 1.599$

$N_g - N_p = 0.004 \sim 0.011;（+）2V = 0° \sim 40°$

$N_g \wedge c = 2° \sim 9°, N_m // b, N_p \wedge a = 0° \sim 3°$，光轴面 $AP // (010)$

$H_m = 2 \sim 2.5, D = 2.61 \sim 2.78$

$(Mg,Fe^{2+})_5Al[(Si,Al)_4O_{10}](OH)_8$,单斜晶系

【化学组成】化学式为$(Mg,Fe^{2+})_5Al[(Si,Al)_4O_{10}](OH)_8$,层状结构硅酸盐矿物。成分中 Mg 元素含量大于 Fe 元素含量,还含有少量的 $Fe^{3+}$、Mn 和 Cr。斜绿泥石中随着镁绿泥石成分的增加可逐渐转变为镁蠕绿泥石。

【形态】斜绿泥石的晶形为假六方形薄板状或桶状,断面假六方形,晶面常弯曲。集合体呈鳞片状、矿物薄片状,有时鳞片很细,需要在显微镜下方能看见(图 8-162)。

图 8-162 绿片岩中的斜绿泥石-镁蠕绿泥石
(呈鳞片状,与钠长石、绿帘石共生)(左:单偏光;右:正交偏光)

【光学性质】斜绿泥石的颜色为草绿—淡橄榄色,矿物薄片中呈淡绿色。斜绿泥石具有多色性:$N_g$ 为淡黄绿—无色,$N_m$ 为淡绿色,$N_p$ 为淡绿色。吸收性公式为:$N_g < N_m = N_p$。斜绿泥石的颜色与其成分密切相关,如不含 $Fe^{2+}$ 或 $Fe^{3+}$,或其含量很低,称为淡斜绿泥石,呈无色或微绿色;含 Mn 元素的称为锰铁斜绿泥石,呈无色—浅褐黄色;含铬的称为铬铁斜绿泥石,呈玫瑰—紫色。具有沿{001}的极完全解理、沿{001}的完全解理。正低—正中突起。干涉色一般呈Ⅰ级黄绿或Ⅰ级绿灰,这是由于矿物本身的绿色重叠到Ⅰ级灰—Ⅰ级黄的干涉色上所致。斜消光,$N_p$ 与解理纹的夹角为 2°~9°。负延性,常见具沿{001}的聚片双晶,二轴晶正光性。

【鉴定特征】斜绿泥石与叶绿泥石的区别是斜绿泥石中常见聚片双晶、负延性、斜消光、双折射率稍大、不具异常干涉色。

【产状】斜绿泥石是铁镁矿物黑云母、角闪石、石榴石、橄榄石、辉石的蚀变产物,这种蚀变称为绿泥石化。此外,它在变质岩中分布较广,产于低级变质的绿泥石片岩、滑石片岩、变质石灰岩、蛇纹岩中,与金云母、滑石、叶蛇纹石、钠长石等矿物共生。

## 鲕绿泥石(Chamosite)

$N_m=1.620\sim1.665$,$N_g-N_p=0.005\sim0.012$;$(-)2V$ 角很小
$N_g// b$,$N_m \wedge a$ 极小,$N_p \wedge c$ 极小,光轴面 $AP//(010)$
$H_m=3$,$D=3.03\sim3.40$

$(Fe^{2+}, Mg, Fe^{3+})_5 Al[AlSi_3 O_{10}](OH)_6 \cdot nH_2O$，单斜晶系

【化学组成】化学式为$(Fe^{2+}, Mg, Fe^{3+})_5 Al[AlSi_3 O_{10}](OH)_6 \cdot nH_2O$，层状结构硅酸盐矿物。成分中$Fe^{2+}$含量大于$Mg$含量，还含有少量$Fe^{3+}$。

【形态】鲕绿泥石常呈同心的鲕粒状、致密块状，鲕粒可为球状、偏平状、不规则粒状（图8-163、图8-164）。有时作为砂岩的胶结物存在。

图8-163 杏仁玄武岩中的鲕绿泥石构成杏仁体构造（具皮壳结构）（单偏光）

图8-164 玄武岩中的杏仁体（以鲕绿泥石为主构成，具皮壳结构，具薄的硅质层）（单偏光）

【光学性质】鲕绿泥石的颜色为绿色、灰绿—黑色，矿物薄片中呈绿色或淡褐色。具有弱多色性：$N_g$为绿色，$N_m$为绿色，$N_p$为淡黄色。鲕状者切面为圆形，具同心圆状构造，有时也见到条状切面。正中突起。具沿$\{001\}$的完全解理。干涉色为Ⅰ级灰—绿灰，常见灰蓝色异常干涉色。近于平行消光，正延性，二轴晶负光性。

【矿物变化】鲕绿泥石风化后变为褐铁矿。

【鉴定特征】鲕绿泥石与其他绿泥石不同：具鲕状结构或球状结构，极少呈片状，有些鲕体还可与赤铁矿、鲕绿泥石形成互层；折射率较高，双折射率较大。与海绿石的区别是鲕绿泥石具高的折射率和双折射率、同心圆状构造，海绿石具特征的放射状裂纹。

【产状】产于沉积铁矿中，共生矿物有菱铁矿、黄铁矿、菱锰矿、方解石、胶磷矿、黏土矿物等。鲕绿泥石有时在某些鲕粒中与赤铁矿交互成层。也见于钙质粉砂岩和灰岩中，可作为化石的充填物存在。

# 长石族（Feldspar group）

长石就占比而言，约占陆地地壳的60%，广泛分布于岩浆岩、变质岩以及某些沉积岩中，是一种最常见的造岩矿物。长石族矿物主要为K、Na、Ca的架状结构的铝硅酸盐，Si—O四面体中的Si有一部分被Al代替。化学式：$R[(Al,Si)_4 O_8]$，R主要为K、Na、Ca，其次为Ba。此外，还含有Rb、Sr、Cs、Li等微量元素。

自然界中的长石主要都包含在钾长石 $K[AlSi_3O_8]$、钠长石 $Na[AlSi_3O_8]$ 和钙长石 $Ca[Al_2Si_2O_8]$ 的三成分系列中。长石族矿物根据其化学成分、结晶特征、类质同象特性进行分类，可以分为两个亚族：

(1) 碱性长石亚族(钾钠长石亚族)。是由钾长石 $K[AlSi_3O_8]$—钠长石 $Na[AlSi_3O_8]$ 构成的不连续的类质同象固溶体系列。钾长石 $K[AlSi_3O_8]$—钠长石 $Na[AlSi_3O_8]$ 在低压高温时呈完全类质同象，低温时为不完全类质同象。当温度降低时，高温均一的碱性长石固溶体进行离溶(亦称"出溶"或"析离")，形成条纹长石(也有交代成因的条纹长石)。

(2) 斜长石亚族(钙钠长石亚族)。是由钠长石 $Na[AlSi_3O_8]$—钙长石 $Ca[Al_2Si_2O_8]$ 构成的完全类质同象固溶体系列。根据钙长石分子的百分含量，将斜长石亚族分为钠长石(钙长石占 0～10％)、更(奥)长石(钙长石占 10％～30％)、中长石(钙长石占 30％～50％)、拉长石(钙长石占 50％～70％)、倍长石(钙长石占 70％～90％)、钙长石(钙长石占 90％～100％) 六个亚种。

自形的长石常呈平行 $c$ 轴或 $a$ 轴的柱状，或呈平行(010)的板状。长石在矿物薄片中为无色透明，或为灰白色、肉红色。低突起，可正可负，一般碱性长石多为负突起，而斜长石大多为正突起。具有沿{001}、{010}的两组完全解理，解理夹角 86°～90°，以及{110}不完全解理，有时可见裂理。干涉色为Ⅰ级灰—灰白。硬度较大为 6～6.5。相对密度较小为 2.55～2.76。长石为不太稳定的矿物，经过风化、热液蚀变作用很易变为高岭石、绢云母、沸石、方柱石、黝帘石、葡萄石、方解石等矿物。高岭石化和绢云母化在长石中常见。

长石的双晶发育，常见的双晶有卡斯巴接触双晶、卡斯巴贯穿双晶、巴温诺双晶、钠长石双晶、肖钠长石双晶、曼尼巴双晶、卡钠复合双晶等。长石中的双晶是鉴定长石种属的重要依据之一。

条纹结构是碱性长石中一种常见的结构，具有条纹结构的碱性长石即称为条纹长石，它是由钾长石和钠质斜长石所组成的，每一部分各具有一致的光性特征，在正交偏光镜下各自同时消光。环带构造在长石中经常见到，表现为在正交偏光镜下长石的晶体自核心向边缘有不同消光位的同心环带，环带是中长石的一个重要的鉴别标志。斜长石、微斜长石均可见砂钟构造，是应力作用的产物。蠕英石是斜长石和棒状、枝状、蠕虫状石英呈显微交生的互生体，多产于斜长石和钾长石接触部位的斜长石边缘。棒状、枝状石英与钾长石交生，可形成花斑状交生或文象交生结构。

# 碱性长石亚族(Alkali feldspar subgroup)

碱性长石亚族矿物中常含不到 5％ 的钙长石 $Ca[Al_2Si_2O_8]$，在富钠的碱性长石中钙长石 $Ca[Al_2Si_2O_8]$ 含量可达 10％。此外，还含有少量的 Fe、Mg、Ba 元素，以及微量的 Sr、Rb、Pb、Cu、Ga 等元素，这些元素对碱性长石的光性有较大的影响。

## 一、碱性长石亚族矿物分类

碱性长石亚族矿物，按化学成分可以分为三类：

(1) 富钾的碱性长石类：透长石、正长石、微斜长石等矿物。
(2) 富钠的碱性长石类：钠长石、歪长石等矿物。
(3) 钾钠质的碱性长石类：即条纹长石。

按照光学性质，碱性长石亚族矿物可以细分为 15 个亚种，深入研究则需要借助其他仪器设备和方法，一般的岩矿鉴定工作，利用普通的偏光显微镜鉴定到种即可。

## 二、碱性长石亚族矿物的鉴定特征

碱性长石亚族矿物具有如下的鉴定特征：

(1) 形态、解理和双晶。富钾的碱性长石类矿物为单斜晶系（透长石、正长石）或三斜晶系（微斜长石），富钠的碱性长石类矿物、钾钠的碱性长石类矿物均为三斜晶系。晶形多为厚板状，火山岩中斑晶以自形产出，其他为半自形板状、他形粒状。具有沿{010}、{001}的两组完全解理，除钠长石和微斜长石外，解理交角均为 90°。

(2) 碱性长石亚族矿物的双晶发育。透长石和正长石中常见卡斯巴简单双晶，微斜长石和歪长石可见特征的由钠长石聚片双晶和肖钠长石双晶结合而成的格子双晶。碱性长石亚族矿物中双晶的主要类型：

A. 卡斯巴双晶：双晶结合面(010)，见于透长石、正长石中。

B. 曼尼巴双晶：双晶结合面(001)，常见于透长石中。

C. 巴温诺双晶：双晶结合面(021)，常见于透长石中。

D. 格子双晶（钠长石双晶和肖钠双晶相结合）：双晶结合面(010)+菱切面，见于微斜长石、歪长石。

E. 格子双晶和卡斯巴双晶相结合：微斜长石、歪长石，其格子状双晶与斜长石中的格子状双晶不同。

(3) 光学性质。透长石、歪长石在手标本中为无色或白色，正长石、微斜长石在手标本中多为肉红色。矿物薄片中均为无色，蚀变风化后则浑浊不清。负低突起。最高干涉色为Ⅰ级灰白。单斜晶系者可见平行消光，三斜晶系均为斜消光。条纹长石具特征的条纹结构。二轴晶负光性，2V 角变化范围较大。碱性长石亚族可以利用普通偏光显微镜鉴定到种即可。

# 透长石（Sanidine）

$N_p = 1.518 \sim 1.525, N_m = 1.522 \sim 1.530, N_g = 1.525 \sim 1.532; N_g - N_p = 0.005 \sim 0.007$

高透长石：$N_g \wedge c = 14° \sim 23°, N_m // b, N_p \wedge a = 3° \sim 12°$，光轴面 $AP // (010)$；$(-)2V = 0° \sim 64°$

低透长石：$N_g // b, N_m \wedge c = 18° \sim 21°, N_p \wedge a = 5° \sim 8°$，光轴面 $AP \perp (010)$；$(-)2V = 0° \sim 44°$

$H_m = 6, D = 2.56 \sim 2.62$

$(K, Na)[AlSi_3O_8]$，单斜晶系

【化学组成】化学式为$(K,Na)[AlSi_3O_8]$,架状结构硅酸盐矿物。成分中常含数量不等的$Na[AlSi_3O_8]$,最高可达50%,有时还含少量$BaO$、$Rb_2O$、$CaO$等成分。

【形态】透长石的晶体呈平行(010)的厚板状或沿$a$轴的短柱状,断面为六边形,常见半自形的微晶(图8-165)。透长石斑晶可被熔蚀,也可含各种包裹体。部分透长石具有条纹结构、环带构造。

【光学性质】透长石呈无色,矿物薄片中为无色透明。负低突起,折射率明显地随Na、Ca含量的增加而略有增大。具有沿{001}、{010}的完全解理,且{001}∧{010}=90°。干涉色为Ⅰ级灰—灰白。(001)面为平行消光,其他切面为斜消光,消光角较小。通常双晶不发育,有时见卡斯巴双晶、曼尼巴双晶等简单双晶(图8-166)。沿解理方向为负延性。光性方位与形成条件和钠长石分子含量有关:较高温度和迅速结晶的透长石光轴面$AP$∥(010),称为高温透长石;较低温度和较缓慢结晶的透长石光轴面$AP$⊥(010),称为低温透长石。

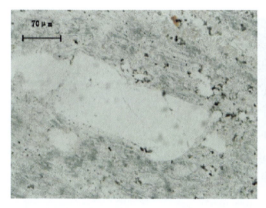
图8-165 自形的透长石斑晶（单偏光）

图8-166 火山岩中的透长石卡式双晶（正交偏光）

【矿物变化】透长石遭受变化时可变成正长石。有时也可变化为高岭石或绢云母,并伴生石英。

【鉴定特征】透长石以解理、负突起、二轴晶负光性、有时可见双晶等特征区别于石英。与正长石的区别是2V角数值差异,可用旋转台锥光法测定2V角。

【产状】透长石属于高温矿物,常见的为低透长石。透长石一般产于火山岩中,既可呈斑晶产出,也可呈微晶产出,还产于高温接触变质岩中。

# 正长石(Orthoclase)

$N_p=1.519\sim1.526$, $N_m=1.523\sim1.530$, $N_g=1.524\sim1.533$

$N_g-N_p=0.005\sim0.007$；$(-)2V=35°\sim85°$

$N_g$∥$b$, $N_m\wedge c=14°\sim23°$, $N_p\wedge a=3°\sim12°$, 光轴面$AP$⊥(010)

$H_m=6$, $D=2.55\sim2.63$

K[AlSi$_3$O$_8$],单斜晶系

【化学组成】化学式为 K[AlSi$_3$O$_8$],架状结构硅酸盐矿物。纯的 K[AlSi$_3$O$_8$]成分较少,Na[AlSi$_3$O$_8$]含量可达 20%～50%。K 可以部分被 Ba、Rb 代替,Al$^{3+}$可被 Fe$^{3+}$、Gd$^{3+}$代替。

【形态】正长石的晶形常呈沿 $a$ 轴延伸的短柱状、厚板状,也常为不规则的粒状(图 8-168～图 8-173)。常含钠长石、石英、赤铁矿、黑云母、白云母等包裹体,包裹体可定向排列,或呈带状分布。正长石常与石英呈文象、蠕虫状交生,与钠长石组成条纹或反条纹(图 8-169)。

【光学性质】正长石的颜色通常为肉红色、淡黄色,也呈灰白色。矿物薄片中呈无色,风化表面带呈混浊的灰色或肉红色。负低突起。折射率随钠含量的增加而略有增高。具有沿{001}的完全解理,{010}较完全解理,{001}∧{010}=90°。干涉色为Ⅰ级灰—灰白。斜消光,消光角较小。常见卡斯巴双晶(图 8-167、图 8-168),曼尼巴双晶和巴温诺双晶较为少见,但不出现聚片双晶。负延性。二轴晶负光性,2V 角变化范围较大,(-)2V=35°～85°,一般为 44°～60°。

图 8-167 闪长岩中的正长石
(Ⅰ级灰白干涉色,卡式双晶)(左:单偏光;右:正交偏光)

【矿物变化】正长石受到风化或热液蚀变易变化为高岭石、绢云母、沸石等矿物(图 8-168)。正长石易被钠长石(钠长石化)、白云母、石英交代(云英岩化),有时可被绿帘石、绿泥石、石英、方解石、海绿石、电气石等替代。

【鉴定特征】正长石与斜长石的区别是:正长石不具聚片双晶,次生矿物主要是高岭石,负突起;斜长石多为正突起,次生矿物主要是绢云母,折射率低。正长石与石英的区别是正长石具负突起、长石式解理,具有双晶,表面常混浊,二轴晶负光性。

【产状】正长石产于花岗岩、正长岩、霞石正长岩、花岗闪长岩、二长岩、碱性辉长岩及与它们相应的火山岩(包括凝灰岩、熔结凝灰岩)和脉岩中(图 8-169～图 8-173)。正长石是正长片麻岩和花岗片麻岩等变质岩中的主要矿物之一。某些碎屑岩如长石砂岩中也有正长石产出。

【变种】月光石是正长石(K[AlSi$_3$O$_8$])和钠长石(Na[AlSi$_3$O$_8$])两种成分层状交互的宝石矿物,通常呈无色、白色、红棕色、绿色、暗褐色,常见蓝色、无色、黄色、橙色等晕彩,即具有特征的月光效应。月光石的折射率为 1.518～1.526,双折射率为 0.005～0.008,$H_m$=6,$D$=2.58～2.59。

图 8-168 正长石斑晶
（自形厚板状，具卡斯巴双晶，绢云母化严重）（正交偏光）

图 8-169 花斑岩
［斑晶正长石（Or），基质正长石与石英（Qtz）呈文象交生结构（正交偏光）］

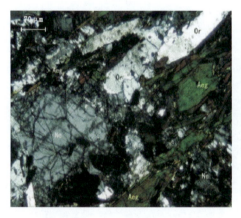

图 8-170 霓霞正长岩
［由正长石（Or）、霞石（Ne）、霓石（Aeg）组成（正交偏光）］

图 8-171 角闪粗面岩
（斑晶为正长石、角闪石，基质由微晶正长石组成）（正交偏光）

图 8-172 花岗岩
［半自形粒状结构，由正长石（Or）、石英（Qtz）、长石（Pl）和黑云母（Bt）等矿物组成（正交偏光）］

图 8-173 熔结凝灰岩
（含正长石晶屑，晶屑周缘呈浑圆状，经过高温熔融）（单偏光）

# 微斜长石（Microcline）

$N_p=1.518\sim1.522, N_m=1.522\sim1.526, N_g=1.525\sim1.530$

$N_g-N_p=0.007;(-)2V=44°\sim84°$

$N_g \wedge b=18°, N_m \wedge c=18°, N_p \wedge a=13°\sim18°$，光轴面 $AP$ 近于垂直(010)

$H_m=6, D=2.55\sim2.63$

$K[AlSi_3O_8]$，三斜晶系

【化学组成】化学式为 $K[AlSi_3O_8]$，架状结构硅酸盐矿物。微斜长石是在低温下结晶的钾长石稳定变体。少见纯净的 $K[AlSi_3O_8]$，成分中常含 20% 左右的 $Na[AlSi_3O_8]$。

【形态】微斜长石常为不规则粒状，也可见自形斑晶或变晶。微斜长石可与石英或正长石形成文象交生结构。微斜长石常与钠长石构成条纹结构、环带构造。

【光学性质】微斜长石的颜色呈淡蓝灰色、肉红色、绿色。矿物薄片中呈无色透明，表面常呈浑浊的浅红褐色。负低突起。具有沿{001}、{010}的完全解理，{001}∧{010}=89°40′。干涉色通常为Ⅰ级灰—灰白。斜消光，消光角较小。常见格子状双晶，可见简单卡式双晶（图8-174～图8-176）。正、负延性，二轴晶负光性。

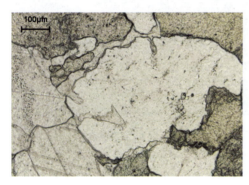

图 8-174 大理岩中的微斜长石
（低突起，具格子双晶，与方解石、绿帘石共生）（左：单偏光；右：正交偏光）

【矿物变化】微斜长石受风化或热液易蚀变为高岭石、绢云母、沸石等矿物。微斜长石易被钠长石、白云母、石英、绿帘石、绿泥石、方解石、海绿石、电气石等交代。

【鉴定特征】微斜长石与斜长石区别：斜长石的双晶纹直，双晶带的上下宽度一致，而微斜长石的双晶带一般呈纺锤状；斜长石的聚片双晶比较稀疏，而微斜长石两组双晶交织成较致密均匀的网格状。不具格子状双晶的微斜长石与正长石可用光性方位、光轴角来区分。

【产状】微斜长石为钾长石的低温产物，产于各种花岗质岩石及含碱性长石的深成岩中，产出于各种伟晶岩、细晶岩、结晶片岩、片麻岩、碎屑沉积岩、砂岩、长石砂岩中。在某些正长岩、火山岩中比较少见微斜长石。

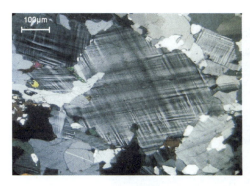 

图 8-175　微斜长石的格子状双晶　　　图 8-176　具有格子双晶的微斜长石
　　　　　（正交偏光）　　　　　　　　（晶体中存在钠长石条纹）(正交偏光)

【变种】含有多量的 Rb、Cs 元素而呈绿色、蓝绿色、蓝色的微斜长石的变种称为天河石（也称"亚马逊石"），具有由格子双晶造成的绿色和白色的色斑，主要产于花岗岩、花岗伟晶岩中，可作为宝石材料。

## 歪长石（Anorthoclase）

$N_p = 1.522 \sim 1.529$，$N_m = 1.526 \sim 1.534$，$N_g = 1.527 \sim 1.536$

$N_g - N_p = 0.005 \sim 0.007$；$(-)2V = 34° \sim 60°$

$N_g \wedge b = 5°$，$N_m \wedge c = 21°$，$N_p \wedge a = 9°$，光轴面 $AP$ 近于垂直(010)

$H_m = 6$，$D = 2.56 \sim 2.62$

$(Na,K)[AlSi_3O_8]$，三斜晶系

【化学组成】化学式为 $(Na,K)[AlSi_3O_8]$，架状结构硅酸盐矿物。$Na[AlSi_3O_8]$ 的含量大于 $K[AlSi_3O_8]$ 的含量，$Na[AlSi_3O_8]$、$Ca[Al_2Si_2O_8]$ 总量超过 63%，而 $K[AlSi_3O_8]$ 含量小于 37%。歪长石和冰长石都是正长石的变种。

【形态】歪长石的晶形常沿 $c$ 轴呈柱状，或沿(010)呈板状，常见自形斑晶或不规则的粒状。

【光学性质】歪长石的颜色为无色、白色，在矿物薄片中为无色透明。负低突起。具有沿{001}、{010}的完全解理。最高干涉色为Ⅰ级灰—灰白。斜消光，消光角较小。在(100)面上常呈格子状双晶，格子细密、平直（图 8-177），有时具简单卡斯巴双晶。二轴晶负光性。

【鉴定特征】歪长石与透长石、钠长石的区别是歪长石具有格子状双晶。与微斜长石的区别是双晶带细密、清晰、平直，2V 角较小。无格子状双晶的歪长石可根据 2V 角中等、光性方位等特征进行识别。

【产状】歪长石属于高温矿物，为高温岩浆分化的产物，产于钠质火成岩中，如钠质粗面岩、碱性流纹岩和碱性正长岩、霞石正长岩及其相应的某些浅成岩中，在钠质火山岩和浅成岩中较为常见。

图 8-177　具格子状双晶的歪长石
（双晶面上有两组解理）（正交偏光）

# 条纹长石（Perthite）

具有条纹结构的碱性长石称条纹长石（图 8-178）。条纹长石一般由钾长石和钠长石构成，较多的物相称为主晶，较少的物相称为嵌晶或条纹。主晶和嵌晶各自具有一致的光性方位，正交偏光镜下所有的主晶或嵌晶各自同时消光。条纹形态多样，常见细脉状（图 8-179）、薄膜状、发辫状、叶脉状、树枝状、火焰状、补片状（图 8-180）、弦状（图 8-181）、皱纹状（见图 8-182）。

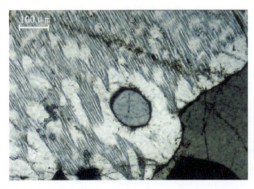

图 8-178　条纹长石（正交偏光）

图 8-179　细脉状条纹长石（正交偏光）

根据不同的分类标准，条纹长石可以分为如下几类。

(1) 按照主晶和条纹的成分情况，条纹长石可以分为：

A. 正条纹长石：主晶富钾相，条纹富钠相（图 8-183）。按主晶的矿物种属可细分为：主晶为正长石—正长条纹长石，主晶为微斜长石—微斜条纹长石（图 8-184），主晶为歪长石—歪长条纹长石。

B. 反条纹长石:主晶富钠相,条纹富钾相(图 8-185)。
C. 中条纹长石:富钠相、富钾相数量近于相等(图 8-186)。

图 8-180 具补片构造的条纹长石(正交偏光)

图 8-181 弦状条纹长石(正交偏光)

图 8-182 皱纹状条纹长石(正交偏光)

图 8-183 正条纹长石(正交偏光)

图 8-184 微斜条纹长石(正交偏光)

图 8-185 细的反条纹长石(正交偏光)

(2)按照条纹的大小(条纹厚度),条纹长石可以分为:

A. X 射线纹长石:$d<0.001$mm,用 X 射线分析可以发现条纹。

B. 隐微纹长石:$d=0.001 \sim 0.005$mm,镜下隐约可见条纹,但不能测定光性。

C. 微纹长石:$d=0.005 \sim 0.1$mm,手标本中不见条纹但镜下可见明显的条纹。

D. 纹长石:$d>0.1$mm,手标本中能见条纹。

(3) 按照条纹形成的原因可以分为析离条纹长石和交代条纹长石(图 8-187)。析离成因和交代成因的条纹长石在嵌晶大小、形态、轮廓、方位、双晶等各方面的表现上都有一定的差异。区别如下。

A. 条纹大小:析离条纹较均匀,但一般较小;交代条纹不均匀,一般较大。

B. 条纹形态:析离条纹一般精致规则,常呈细脉状、杆状(图 8-188)、雁列状(图 8-189)、叶脉状等,轮廓圆滑;交代条纹粗糙复杂,常呈补片状、羽毛状、树枝状、贯穿状,以及叶脉状等,轮廓曲折。

C. 分布方向:析离条纹主要沿∥(100)方向,而交代条纹无一定方向。

D. 分布范围:析离条纹限于晶粒内,有时核部比边部多;交代条纹有时在主晶外缘呈薄膜状,有的尖端朝上由外向内侵入主晶。

E. 双晶:析离条纹一般不显双晶;交代条纹可显钠长石双晶或肖钠双晶,或者两者的结合,以及简单卡式双晶、格子双晶(图 8-190、图 8-191)。

F. 形成条件:析离条纹一般形成温度较高,要求在以静水压力为主的构造环境;交代条纹形成温度较低,要求在以剪切应力为主的构造环境。

条纹长石的鉴定重点是主晶及条纹的种属、条纹的形态,以及含量、亚种。条纹长石主要产于花岗岩类及长英质变质岩中,也可以以砂屑形式产于砂岩中。

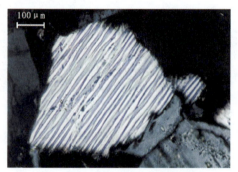

图 8-186　中条纹长石
(正交偏光)

图 8-187　局部为交代条纹长石
(正交偏光)

图 8-188　杆状条纹长石
(正交偏光)

图 8-189　雁行状应力条纹结构
(微斜长石内钠长石条纹呈雁行状排列)
(正交偏光)

图 8-190　具卡式双晶的条纹长石
（正交偏光）

图 8-191　具格子双晶的条纹长石
（正交偏光）

# 斜长石亚族（Plagioclase subgroup）

## 一、斜长石亚族各矿物种属的划分

斜长石亚族矿物是由钠长石 $Na[AlSi_3O_8]$、钙长石 $Ca[Al_2Si_2O_8]$ 构成的完全类质同象系列。根据钙长石分子的百分含量，将斜长石亚族分为钠长石（钙长石占 0～10％）、更（奥）长石（钙长石占 10％～30％）、中长石（钙长石占 30％～50％）、拉长石（钙长石占 50％～70％）、倍长石（钙长石占 70％～90％）、钙长石（钙长石占 90％～100％）六个矿物亚种。

在矿物学上，习惯将含钙长石（An）的百分数称为斜长石的号码或牌号，如将含 An 为 45％的中长石，称作 45 号斜长石，并记作 An45。斜长石中含 $SiO_2$ 的多少或斜长石的牌号，常反映出岩浆岩的酸性或基性程度。通常将 0～30 号的斜长石（即钠长石、更（奥）长石）称为酸性斜长石，将 30～50 号的斜长石（即中长石）称为中性斜长石，将大于 50 号的斜长石（即拉长石、倍长石、钙长石）称为基性斜长石。其中，钠长石既可看作是斜长石，也可看作是碱性长石。

## 二、斜长石亚族矿物的主要特征

(1) 形态及解理。斜长石亚族矿物均为三斜晶系。晶体多呈平行(010)的厚板状，火山岩中的微晶斜长石沿 $a$ 轴延长呈柱状，也常见呈他形粒状者。具有沿{010}、{001}的两组完全解理，解理交角为 86°～87°。

(2) 光性特征。斜长石亚族矿物在手标本上多呈白色、灰白色，其他淡色调少见。矿物薄片中为无色透明，含包裹体或因蚀变而混浊不清。突起低，糙面不明显。折射率随 An 含量增多而增大，其中 An8 以下的斜长石为负低突起，An8～An22 斜长石的 $N_p$ 为负低突起，$N_g$ 为正低突起，An22 以上的斜长石为正低突起。最高干涉色为Ⅰ级黄，常见为Ⅰ级灰白。除更长石近于平行消光外，其他的斜长石矿物均为斜消光，其消光角随着端元组分的变化而呈有规律的变化，测定消光角可以确定斜长石亚族的端元组分和种属名称。常见聚片双晶,基性斜长石的双晶单体较宽,酸性斜长石的双晶单体较窄。二轴晶正光性或负光性,低温斜长石的2V角较大,高温斜长石的2V角中等至较大。

(3) 主要鉴定特征及相似矿物的区别。板状、长条状、柱状晶形,两组解理交角为86°～87°,突起较低且多为正低突起,干涉色较低,常发育聚片双晶,二轴晶。斜长石与石英的区别:斜长石具长石式解理、双晶,二轴晶;而石英无解理,矿物薄片中少见双晶,一轴晶。斜长石与碱性长石的区别:斜长石的解理交角为86°～87°,聚片双晶发育,除钠长石、部分更长石外,多为正突起,干涉色相对较高;碱性长石的解理交角近于90°,常见简单卡斯巴双晶、格子双晶,负突起,干涉色相对较低。

(4) 双晶。双晶是长石族矿物的重要特征之一。长石族矿物的双晶类型很多。斜长石中最常见的且对鉴定斜长石至关重要的双晶是钠长石聚片双晶、卡钠复合双晶(图8-192～图8-196)。

图8-192 斜长石中的钠长石双晶
(正交偏光)

图8-193 斜长石中的钠长石双晶(左)和卡钠复合双晶(右)(正交偏光)

(5) 环带结构、蠕虫状结构。斜长石从晶体中心到边缘,成分呈环带状变化,在正交偏光镜下呈环带状消光,即为环带结构(图8-197)。一种矿物呈蠕虫状、乳滴状、花瓣状穿插生长在另一种矿物中,常具有同一消光位,即为蠕虫状结构(图8-198),最常见的是石英呈蠕虫状镶嵌在长石(多为斜长石)中。几乎所有的斜长石都能见到环带,清晰易见者为火山岩、浅成岩中的斜长石,尤其是中性斜长石常具环带构造。

(6) 蚀变。斜长石容易发生蚀变作用,特别是基性斜长石,常发生黝帘石化;中性斜长石、酸性斜长石常发生绢云母化、白云母化(图8-199,图8-200)。

(7) 产状。钠长石、更(奥)长石广泛产于各种碱性岩浆岩、细碧岩、钠长石片岩中,也常见于角岩、绿片岩等低级变质岩石中。更(奥)长石也见于某些片麻岩和球粒陨石中,以及花岗岩、正长岩、闪长岩中。中长石广泛产于中性、中酸性岩浆岩以及中级—高级变质岩中,在基性火山岩基质中也有产出。拉长石广泛产于各种基性岩浆岩及基性变质岩中,火山岩中既可呈斑晶产出,也可呈微晶产出。倍长石多在基性火山岩中以斑晶产出。钙长石多在钙碱性火山岩中以斑晶产出,也见于超基性岩浆岩、接触交代的变质灰岩、矽卡岩中。

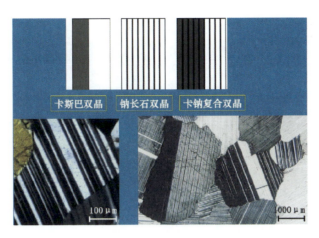

图 8-194 斜长石中的双晶
（左下为钠长石双晶，右下为卡钠复合双晶）（正交偏光）

图 8-195 具聚片双晶的斜长石
（正交偏光）

图 8-196 具穿插双晶的斜长石
（正交偏光）

图 8-197 具有卡钠复合双晶、
环带结构的斜长石
（正交偏光）

图 8-198 斜长石的边部由蠕虫状
石英形成的蠕虫状结构
（正交偏光）

图 8-199 斜长石的绢云母化严重
（正交偏光）

图 8-200 黝帘石化严重的斜长石
（正交偏光）

# 钠长石（Albite）

$N_p=1.528\sim1.533$，$N_m=1.532\sim1.537$，$N_g=1.538\sim1.542$

$N_g-N_p=0.009\sim0.010$；$(\pm)2V=45°\sim83°$

$N_p\wedge a=12°\sim17°$，$N_m\wedge c=3°$，$N_g\wedge b=13°\sim20°$，光轴面 $AP$ 近于平行（001）

$H_m=6\sim6.5$，$D=2.61\sim2.62$

$Na[AlSi_3O_8]$（$Ca[Al_2Si_2O_8]$ 占 0～10%），三斜晶系

【化学组成】化学式为 $Na[AlSi_3O_8]$（$Ca[Al_2Si_2O_8]$ 占 0～10%），架状结构硅酸盐矿物。成分中 $Ca[Al_2Si_2O_8]$ 含量占比为 0%～10%，往往还含有少量 $K[AlSi_3O_8]$，以及常常还存在 Sr、Ba 等微量元素。

【形态】钠长石的晶体常呈板片状、条状、叶片状（叶钠长石）。集合体呈他形细粒状，常呈纺锤状、细脉状、杆状。钠长石可以以嵌晶形式产于钾长石中，形成条纹长石。部分钠长石具有棋盘格状构造（图 8-201）。钠长石中可含石英、微斜长石、白云母等矿物包裹体。可具环带构造，但少见。水沫玉是以钠长石、石英为主要矿物，其次含少量辉石、角闪石类矿物，常具粒状变晶结构，是与翡翠伴生（共生）的一种玉石。

【光学性质】钠长石的颜色为无色、白色，以及灰白色、淡蓝色、淡绿色、淡红色等。矿物薄片中为无色透明，蚀变和风化时常浑浊不清。负低突起，糙面不明显。具有沿｛010｝、｛001｝的两组完全解理，解理交角为 86°～87°。最高干涉色为Ⅰ级淡黄，常见Ⅰ级灰—灰白（图 8-202、图 8-203）。斜消光，消光角较小。常见钠长石双晶，双晶纹比奥长石中双晶纹宽；肖钠双晶也较常见，可与钠长石双晶构成复合双晶；少见卡钠复合双晶、巴温诺双晶。负延性。二轴晶，光性可正可负。低温钠长石（+）$2V=77°\sim83°$，$2V$ 角随着 $Ca[Al_2Si_2O_8]$ 含量增加而增大；高温钠长石（−）$2V=45°\sim50°$，$2V$ 角也随着 $Ca[Al_2Si_2O_8]$ 含量增加而增大。

【鉴定特征】钠长石与钾长石的区别：钠长石可见正光性，变化时透射光下为浅灰色（钾长石为褐红色),常见聚片双晶,干涉色相对略高,一般无条纹结构。钠长石与石英的区别:钠长石为负低突起,二轴晶,常见双晶,具有解理。钠长石与堇青石可根据突起的正负来进行区分。

图8-201 棋盘格状钠长石
(正交偏光)

图8-202 云母片岩中的钠长石
具变形痕迹(正交偏光)

图8-203 绿片岩中的钠长石
(无色,低突起,Ⅰ级灰白干涉色)(左:单偏光;右:正交偏光)

# 更长石(奥长石,Oligoclase)

$N_p=1.533\sim1.545$,$N_m=1.537\sim1.548$,$N_g=1.542\sim1.552$

$N_g-N_p=0.007\sim0.009$;$(\pm)2V=82°\sim83°$

$N_p\wedge a=0°\sim14°$,$N_m\wedge c=0°\sim3°$,$N_g\wedge b=-2°\sim13°$,光轴面$AP/\!/(001)$

$H_m=6\sim6.5$,$D=2.62\sim2.64$

$(Na,Ca)[AlSi_3O_8]$($Ca[Al_2Si_2O_8]$占10%~30%),三斜晶系

【化学组成】化学式为$(Na,Ca)[AlSi_3O_8]$,架状结构硅酸盐矿物。成分中$Ca[Al_2Si_2O_8]$占比为10%~30%,还常常含有少量的$K[AlSi_3O_8]$、$Ba[Al_2Si_2O_8]$等分子。

【形态】更(奥)长石的晶形呈半自形$/\!/(010)$的板状,以及沿$a$轴延长形成自形的短柱状,集合体中往往呈半自形至他形的粒状。晶面上具有细的双晶纹。可含石英、钾长石、白

云母、黑云母等矿物包裹体，在火山岩斑晶中可包裹玻璃质和基质物质。可与石英交生形成蠕英石，可同钾长石构成反条纹长石。更（奥）长石如果含有鳞片状的赤铁矿包体则呈肉红色，具有"砂金效应"的长石称为"日光石"。

【光学性质】颜色为无色、灰白色、蓝灰色、淡绿色、肉红色等，矿物薄片中为无色透明。负低—正低突起。具有沿$\{010\}$、$\{001\}$的两组中等—完全解理，解理交角为86°。干涉色为Ⅰ级灰—灰白（图8-204、图8-205）。斜消光，有时见似平行消光。常见钠长石双晶，双晶带极细、平直，有时一个切面上双晶可由十几个单体组成，肖钠双晶及其他双晶少见。负延性。二轴晶，光性可正可负。低温更（奥）长石光性可正可负，$(\pm)2V=83°$；高温更（奥）长石为二轴晶负光性，$(-)2V=50°\sim73°$。2V角随着$Ca[Al_2Si_2O_8]$含量增加而增大。

图8-204 花岗岩
[半自形粒状结构，主要矿物为正长石（Or）、石英（Qtz）、更长石（Olg）、黑云母（Bt）（正交偏光）]

图8-205 花岗闪长岩
[半自形粒状结构，主要矿物为石英（Qtz）、正长石（Or）、更长石（Olg），次要矿物为普通角闪石（Hbl）、黑云母（Bt）（正交偏光）]

【矿物变化】更（奥）长石常蚀变为高岭石、绢云母等矿物。

【鉴定特征】细而密的聚片双晶、似平行消光是更长石的鉴定特征。不具有聚片双晶的更长石与钾长石的区别：更长石的折射率相对较高，多为正突起，风化分解物在透射光下的颜色、成分均不同。

# 中长石（Andesine）

$N_p=1.545\sim1.555$，$N_m=1.548\sim1.558$，$N_g=1.552\sim1.562$

$N_g-N_p=0.007\sim0.008$；$(\pm)2V=77°\sim83°$

$H_m=6\sim6.5$，$D=2.64\sim2.67$

$(Na,Ca)[AlSi_3O_8]$（$Ca[Al_2Si_2O_8]$占30%～50%），三斜晶系

【化学组成】化学式为$(Na,Ca)[AlSi_3O_8]$，架状结构硅酸盐矿物。成分中$Ca[Al_2Si_2O_8]$占比为30%～50%，可以含有很少量的$K[AlSi_3O_8]$分子。

【形态】晶体呈自形或半自形，呈平行a轴延长的短柱状、板状，断面常见矩形轮廓，集合

体呈半自形—他形粒状。晶面上具有双晶纹。可具有不同类型的环带构造,是中长石的重要特征。环带构造分为正环带、反环带、韵律环带、补片环带等(图8-206、图8-207)。含有大量的赤铁矿、磁铁矿、金红石、角闪石、辉石、磷灰石、钾长石、黑云母、玻璃、液体等包裹体。

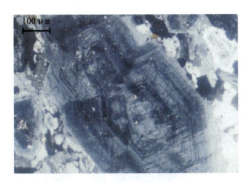

图8-206 闪长岩中的中长石
环带构造发育
(正交偏光)

图8-207 闪长玢岩
(斑状结构,斑晶为中长石,基质为
斜长石、普通角闪石)(正交偏光)

【光学性质】颜色以灰色为主。矿物薄片中为无色,分解物呈灰色。正低突起。具有沿$\{010\}$、$\{001\}$的两组完全解理,解理交角为$86°\sim 87°$。干涉色为Ⅰ级灰。常见钠长石双晶,也常见肖钠双晶、卡钠复合双晶,卡式双晶、巴温诺双晶也可见。斜消光,消光角不大。环带构造切面常呈同心环带状消光。负延性。二轴晶,光性可正可负。低温中长石$(\pm)2V=(-)83°\sim(+)77°$,高温中长石$(\pm)2V=(-)73°\sim(+)76°$,两者$2V$角随$Ca[Al_2Si_2O_8]$增加而增大。

【矿物变化】常蚀变为高岭石、绢云母、绿泥石、沸石、方解石等矿物。

【鉴定特征】中长石是中性火成岩的标志矿物。中长石以较高折射率、环带构造、卡钠复合双晶区别于钠长石。与其他斜长石区分主要依据消光角和折射率。

# 拉长石(Labradorite)

$N_p=1.555\sim 1.563$, $N_m=1.558\sim 1.568$, $N_g=1.562\sim 1.573$

$N_g-N_p=0.007\sim 0.010$; $(+)2V=77°\sim 86°$

$H_m=6\sim 6.5$, $D=2.67\sim 2.72$

$(Ca,Na)[AlSi_3O_8]$($Ca[Al_2Si_2O_8]$占50%~70%),三斜晶系

【化学组成】化学式为$(Ca,Na)[AlSi_3O_8]$,架状结构硅酸盐矿物。拉长石中$Ca[Al_2Si_2O_8]$含量大于$Na[AlSi_3O_8]$含量,还可含很少量的$K[AlSi_3O_8]$。

【形态】拉长石的晶形呈板状、柱状,自形晶多见于火山岩斑晶中。微晶呈条状沿a轴延长。集合体常为半自形—他形,横切面为方形或矩形。常含细针状、片状排列规则的钛铁矿、赤铁矿、金红石等包裹体。火山岩斑晶中有时具环带构造。具有变彩效应的拉长石单晶体可用作宝石材料(光谱石)。

【光学性质】颜色为无色、灰白色、暗灰色、灰绿色等。转动标本,解理面上有时可见艳丽的蓝色或绿色的晕彩。矿物薄片中为无色透明。正低突起。具有沿{010}、{001}的两组中等—完全解理,解理交角为86°~87°。干涉色为Ⅰ级灰—灰白。常见卡钠复合双晶、钠长石双晶、肖钠双晶,其他双晶也可见,且双晶纹较宽(图8-208、图8-209)。负延性,斜消光,二轴晶正光性。

图8-208 拉长石
(具卡钠复合双晶,具有Ⅰ级
灰白干涉色)(正交偏光)

图8-209 斜长岩中的拉长石
(具钠长石双晶、卡钠复合双晶,
解理发育)(正交偏光)

【鉴定特征】拉长石以消光角、较大的折射率与其他斜长石相区分。

【产状】拉长石是基性火成岩的标志性矿物之一,产于基性火成岩(辉长岩、斜长岩、苏长岩、辉绿岩、玄武岩、紫苏花岗岩)、岩浆岩(碱性辉长岩、霞斜岩、碱玄岩)、变质岩、陨石中。

# 倍长石(培长石,Bytownite)

$N_p=1.563\sim1.572,N_m=1.568\sim1.578,N_g=1.573\sim1.584$
$N_g-N_p=0.010\sim0.012;(\pm)2V=79°\sim86°$
$H_m=6\sim6.5,D=2.72\sim2.75$
$(Ca,Na)[AlSi_3O_8](Ca[Al_2Si_2O_8]$占$70\%\sim90\%)$,三斜晶系

【化学组成】化学式为$(Ca,Na)[AlSi_3O_8]$,架状结构硅酸盐矿物。成分中$Ca[Al_2Si_2O_8]$占比为$70\%\sim90\%$,可以含有很少量的$K[AlSi_3O_8]$分子。

【形态】倍长石的晶形为板状、柱状,集合体中通常呈半自形—他形粒状。双晶纹明显。可见辉石、橄榄石的包裹体或微晶。

【光学性质】颜色为无色、灰白色、暗灰色、灰绿色等,矿物薄片中为无色透明。正低突起。具有沿{010}、{001}的两组中等—完全解理,解理交角为86°~87°。最高干涉色为Ⅰ级黄白。常见钠长石双晶、肖钠双晶、卡钠复合双晶,双晶带较宽。斜消光,负延性。二轴晶,光性可正可负,大多数为负光性,2V角较小。

【鉴定特征】倍长石是一种少见的斜长石,根据其较大的折射率、特征的消光角与其他斜长石矿物进行区分。

## 钙长石（Anorthite）

$N_p = 1.572 \sim 1.575, N_m = 1.578 \sim 1.583, N_g = 1.584 \sim 1.588$

$N_g - N_p = 0.012 \sim 0.013; (-)2V = 77° \sim 79°$

$H_m = 6 \sim 6.5, D = 2.75 \sim 2.76$

$Ca[Al_2Si_2O_8]$，三斜晶系

【化学组成】化学式为 $Ca[Al_2Si_2O_8]$，架状结构硅酸盐矿物。钙长石几乎由纯的 $Ca[Al_2Si_2O_8]$ 组成，$Na[AlSi_3O_8]$ 含量不超过 10%，还含少量的 $K[AlSi_3O_8]$ 分子。

【形态】钙长石呈短柱状晶体，常见他形晶，集合体呈半自形—他形粒状。双晶纹明显。通常不具有环带构造。

【光学性质】颜色为灰白—暗灰色，矿物薄片中为无色透明。正低突起。折射率在斜长石亚族矿物中是最高的。具有沿{010}、{001}的两组中等—完全解理，解理交角为 86°~87°。最高干涉色Ⅰ级黄，干涉色在斜长石亚族矿物中是最高的。常见钠长石双晶、肖钠双晶，双晶带很宽。斜消光，消光角在斜长石亚族中是最大的。二轴晶负光性。

【鉴定特征】钙长石在斜长石中以最大折射率、最大双折射率为鉴定特征。

## 滑石（Talc）

$N_p = 1.538 \sim 1.550, N_m = 1.575 \sim 1.594, N_g = 1.575 \sim 1.600$

$N_g - N_p = 0.030 \sim 0.050; (-)2V = 6° \sim 30°$

$N_p \wedge c = 10°, N_m \wedge a \approx 0°, N_g // b$，光轴面 $AP \perp (010)$

$H_m = 1, D = 2.70 \sim 2.80$

$Mg_3[Si_4O_{10}](OH)_2$，单斜晶系

【化学组成】化学式为 $Mg_3[Si_4O_{10}](OH)_2$，层状结构硅酸盐矿物。成分中可含有少量的 Fe、Ni、Mn 等元素，也可含有少许 $Al_2O_3$ 的杂质。

【形态】常见矿物薄片状、鳞片状集合体，有时也呈致密块状。具滑感。

【光学性质】颜色为白色、淡黄色、淡绿色、淡褐色等。矿物薄片中为无色，有时带很弱的浅绿色、浅褐色。正低突起。具有沿{001}的极完全解理，切面轮廓和解理裂缝均有弯曲现象。最高干涉色可达Ⅲ级橙（图 8-210、图 8-211）。平行消光或小角度斜消光（2°~30°）。沿解理{001}方向为正延性。二轴晶负光性。

【矿物变化】滑石可蚀变为镁质斜绿泥石。

【鉴定特征】与白云母、绢云母、叶蜡石的区别：滑石的 2V 角小，双折射率高于白云母的双折射率，是铁镁硅酸盐蚀变产物，或与菱镁矿等碳酸盐类矿物共生。

【产状】滑石是富镁岩石如橄榄岩、辉石岩、蛇纹岩、白云岩等经热液蚀变而形成，在轻度区域变质作用下可形成滑石片岩和滑石岩等。

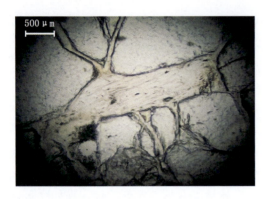
图 8-210 滑石化细粒纯橄岩
(橄榄石呈细粒状,滑石充填粒间)(单偏光)

图 8-211 交代橄榄岩中的滑石
(呈片状,干涉色较高)(正交偏光)

# 叶蜡石(Pyrophyllite)

$N_p=1.534\sim1.556, N_m=1.586\sim1.589, N_g=1.596\sim1.601$

$N_g-N_p=0.046\sim0.062;(-)2V=53°\sim62°$

$N_p\wedge c=10°\pm, N_m // a, N_g\wedge b\approx0°$,光轴面 $AP\perp(010)$

$H_m=1\sim2, D=2.66\sim2.90$

$Al_2[Si_4O_{10}](OH)_2$,单斜晶系

【化学组成】化学式为 $Al_2[Si_4O_{10}](OH)_2$,层状结构硅酸盐矿物。成分中经常含有 $MgO、FeO、CaO、Fe_2O_3$ 等杂质。

【形态】叶蜡石通常为片状、板状、纤维状集合体,有时由鳞片聚合成花瓣状,有时呈针状、致密块状。

【光学性质】叶蜡石的颜色为白色、淡绿色、淡黄色等,矿物薄片中为无色透明。正低突起。具有沿{001}的完全解理。干涉色可达Ⅲ级,//(001)的切面为Ⅰ级灰白(图 8-212)。平行消光或小角度斜消光,正延性,二轴晶负光性。

【矿物变化】长石类矿物可蚀变为叶蜡石,叶蜡石可保留长石、蓝晶石、辉石的假象,也可以置换水铝石、红柱石等矿物。

【鉴定特征】与滑石、绢云母的区别:滑石的 $2V$ 角很小,绢云母的 $2V$ 角中等,而叶蜡石的 $2V$ 角最大。若颗粒太小见不到干涉图,可依据电子探针进行区分。

【产状】叶蜡石产于结晶片岩、千枚岩中,含量多时称为叶蜡石片岩。叶蜡石为低温蚀变矿物,产于酸性火山岩中(叶蜡石化),共生矿物有绢云母、高岭石、水铝石、黝帘石、绿泥石、金红石、黄铁矿等。矿脉中与石英、水铝石、蓝晶石、铁白云石等矿物共生,靠近蚀变围岩中也可见到叶蜡石。

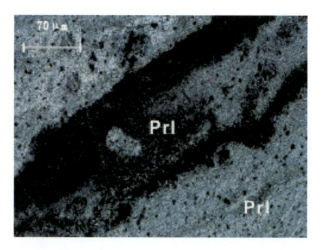

图 8-212　青田石中的叶蜡石(Prl)形成脉状构造
（正交偏光）

# 高岭石（Kaolinite）

$N_p = 1.553 \sim 1.563, N_m = 1.559 \sim 1.569, N_g = 1.560 \sim 1.570$

$N_g - N_p = 0.007；(-)2V = 24° \sim 50°$

$N_p \wedge c = 11° \sim 12°, N_m \wedge a = 2° \sim 4°, N_g // b$，光轴面 $AP \perp (010)$

$H_m = 2 \sim 2.5, D = 2.58 \sim 2.67$

$Al_4[Si_4O_{10}](OH)_8$，三斜晶系

【化学组成】化学式为 $Al_4[Si_4O_{10}](OH)_8$，层状结构硅酸盐矿物，属于黏土矿物。常含 $Fe_2O_3$、MgO、CaO、$Na_2O$、$K_2O$、BaO 等杂质。

【形态】晶粒很细小，粒径一般小于 1mm。见假六方板片状、鳞片状、蠕虫状、放射状、粒状集合体，以及土状、致密块状等集合体。

【光学性质】呈白色，含杂质的常呈浅褐色、黄色、浅红色、浅绿色、淡青色等。矿物薄片中为无色—浅黄色。正低突起。具有沿{001}的完全解理。干涉色常为Ⅰ级灰白。(010)面上为斜消光，正延性，二轴晶负光性。

【鉴定特征】绢云母、滑石、叶蜡石可根据较大的双折射与高岭石区分。

【产状】高岭石为长石、副长石类矿物在酸性介质中分解的产物，也可由其他富含 Al 的硅酸盐蚀变形成（图 8-213、图 8-214），见于岩浆岩和变质岩的风化壳中，或经搬运的沉积黏土岩及土壤中，常与石英、褐铁矿、水云母、绿泥石等矿物共生。

图8-213 沿白云母解理发生高岭石化
（高岭石集合体呈书页状及蠕虫状）
（单偏光，染色处理）

图8-214 含蚀变火山灰不等粒岩屑砾岩
（填隙物依次为：未蚀变的火山灰—绿泥石—
高岭石，高岭石具晶间孔）（单偏光）

# 石膏（Gypsum）

$N_p=1.520\sim1.521, N_m=1.522\sim1.523, N_g=1.529\sim1.530$

$N_g-N_p=0.009\sim0.010$；$(+)2V=58°$

$N_p\wedge c=38°, N_m\mathbin{/\mkern-5mu/} b$，光轴面 $AP\mathbin{/\mkern-5mu/}(010)$

$H_m=2, D=2.30\sim2.37$

$CaSO_4\cdot 2H_2O$，单斜晶系

【化学组成】化学式为 $CaSO_4\cdot 2H_2O$，含水硫酸钙，又称"生石膏、二水石膏、水石膏"。Ca 可以少量地被 Ba、Sr 替代，有时还存在黏土矿物、方解石等机械混入物。

【形态】晶形呈柱状或平行(010)的板状，常见粒状、板状、片状、纤维状和土状集合体。具有平行(100)的燕尾式双晶。

【光学性质】颜色为无色、白色，由于含杂质而呈灰色、淡黄色、淡红色。矿物薄片中为无色透明。负低突起，糙面不显著（图8-215）。具有沿{010}的完全解理，{100}、{011}中等解理。干涉色为Ⅰ级白—黄白，与石英的干涉色相似（图8-216）。⊥(010)面上为平行消光，∥(010)面上为斜消光。延性符号可正可负。二轴晶正光性。随温度升高，2V 角可增大。

【矿物变化】石膏可被石英、蛋白石、方解石、天青石等矿物交代，保留石膏的假象。石膏脱水可变为硬石膏。

【鉴定特征】石膏与硬石膏的区别：硬石膏为正突起，折射率高于石膏的折射率。

【产状】石膏产于蒸发矿床中，常与方解石、文石、硬石膏、石盐及其他盐类矿物共生。石膏也出现于某些热液矿脉中。

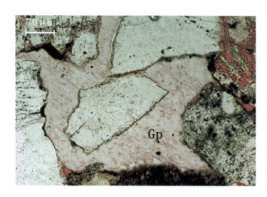 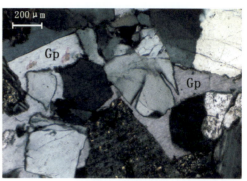

图 8-215　呈连生状充填与粒间孔内的石膏(Gp)(矿物薄片中为无色,负低突起)(单偏光)　　图 8-216　充填在粒间孔内的石膏(Gp)(负低突起,石膏具Ⅰ级灰白—黄白干涉色)(正交偏光)

# 硬石膏(Anhydrite)

$N_p=1.569\sim1.573$,$N_m=1.572\sim1.579$,$N_g=1.613\sim1.618$

$N_g-N_p=0.044\sim0.045$;$(+)2V=42°\sim44°$

$N_g\ //\ a$,$N_m\ //\ b$,$N_p\ //\ c$,光轴面 $AP\ //\ (010)$

$H_m=3\sim3.5$,$D=2.90\sim3.00$

$CaSO_4$,斜方晶系

【化学组成】化学式为 $CaSO_4$,一种硫酸盐矿物。成分中含有少量 $SrO$、$MgO$、$SiO_2$、$Al_2O_3$ 等杂质。

【形态】晶体呈厚板状或呈沿 $a$ 轴或 $c$ 轴延长的柱状,通常见纤维状、放射状、致密块状集合体产出。

【光学性质】硬石膏的颜色为无色、白色、浅灰色,较少呈蓝紫色、浅蓝色、浅红色,有时见颜色环带。矿物薄片中呈无色透明。有的碎屑颗粒呈浅粉红色或浅蓝色,紫色的硬石膏具有多色性:$N_p$ 为紫色,$N_m$ 为无色,$N_g$ 为紫色。正低—正中突起。具有沿{010}、{100}、{001}的三组完全解理,解理可以构成假立方解理。干涉色可达Ⅲ级绿(图 8-217、图 8-218)。平行消光。常见聚片双晶,有时可见简单双晶、三连晶。延性符号可正可负。二轴晶正光性。

【矿物变化】硬石膏遭受水化可以变为石膏。

【鉴定特征】硬石膏与石膏的区别:硬石膏具有较高的折射率和双折射率,假立方解理,干涉色可达Ⅲ级绿,这些为硬石膏的重要鉴定特征。

【产状】硬石膏为内生矿物,产于热液矿床和接触交代矿床中,并见于火山岩的孔穴中。外生的硬石膏见于石膏和岩盐矿层中,也可为砂岩的胶结物。

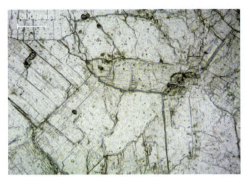

图 8-217　硬石膏
(正中突起,两组直交解理,干涉色可达Ⅲ级绿)(左:单偏光;右:正交偏光)

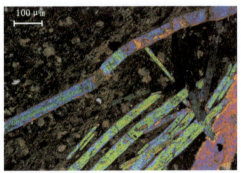

图 8-218　石盐岩中的硬石膏
(显微布丁结构,具穿插双晶)(左:单偏光;右:正交偏光)

# 黄玉(托帕石,Topaz)

$N_p=1.606\sim1.635$,$N_m=1.609\sim1.637$,$N_g=1.616\sim1.644$

$N_g-N_p=0.008\sim0.009$;(+)$2V=44°\sim66°$

$N_p/\!/a$,$N_m/\!/b$,$N_g/\!/c$,光轴面 $AP/\!/(010)$

$H_m=8$,$D=3.49\sim3.57$

$Al_2[SiO_4](F,OH)_2$,斜方晶系

【化学组成】化学式为 $Al_2[SiO_4](F,OH)_2$,一种含氟铝硅酸盐矿物,岛状结构硅酸盐矿物。成分中有时含微量的 $Fe^{2+}$、$Fe^{3+}$、Mg、Ca、Ti 等元素。F 和 OH 的比值是变化的,大致占比为3∶1~1∶1。

【形态】晶体沿 $c$ 轴呈短柱状,常呈粒状,内部常有微粒或液体包裹体。

【光学性质】颜色种类很多,有无色、黄色、亮灰色、浅绿色、粉色、红色、紫蓝色等。矿物薄片中为无色。正中突起。折射率随(OH)含量的增加而增大。具有沿{001}的完全解理。

干涉色低,通常为Ⅰ级灰—黄,与石英的干涉色相似(图8-219)。柱面为平行消光,横切面为对称消光。负延性,二轴晶正光性。

【矿物变化】黄玉(托帕石)常蚀变为绢云母、黑云母、高岭石等。

【鉴定特征】黄玉以正中突起、干涉色低、二轴晶正光性为鉴定特征。与石英的区别:石英无解理,正低突起,一轴晶;黄玉有一组完全解理,折射率较高,正中突起,二轴晶正光性。与磷灰石的区别:黄玉的干涉色稍高,磷灰石的干涉色经常呈灰色且为一轴晶负光性。

【产状】黄玉主要产于花岗岩、花岗伟晶岩及有关的云英岩化岩石中,常与电气石、磷灰石、蓝晶石、萤石、绿柱石、白云母、铁锂云母、锡石、金红石、刚玉、水铝石、硬绿泥石、叶蜡石、绢云母等矿物共生,是典型的气成矿物。在某些喷出岩的气孔和石泡中也有发现。

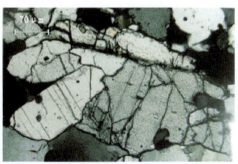

图8-219 蓝晶黄玉石英片岩中的无色托帕石(Toz)
[短柱状,正中突起,具有一组垂直柱面解理,与蓝晶石(Ky)共生,Ⅰ级灰白干涉色
(左:单偏光;右:正交偏光)]

# 海绿石(Glauconite)

$N_p=1.600\sim1.607$,$N_m=1.609\sim1.629$,$N_g=1.610\sim1.630$

$N_g-N_p=0.014\sim0.030$;$(-)2V=10°\sim24°$

$N_g \wedge a=3°$,$N_m // b$,$N_p \wedge c=2°$,光轴面$AP//(010)$

$H_m=2\sim3$,$D=2.2\sim2.9$

$K_{1-x}\{(Fe^{3+},Al,Fe^{2+},Mg)_2[Al_{1-x}Si_{3+x}O_{10}](OH)_2\} \cdot nH_2O$,单斜晶系

【化学组成】化学式为$K_{1-x}\{(Fe^{3+},Al,Fe^{2+},Mg)_2[Al_{1-x}Si_{3+x}O_{10}](OH)_2\} \cdot nH_2O$,是一种含水的钾、铁、铝硅酸盐矿物,属于层状结构硅酸盐矿物。成分中有时含有$CaO$、$MnO$、$Na_2O$、$Li_2O$等杂质,以及以机械混入物形式存在的磷酸钙杂质。

【形态】海绿石中常见细粒状、土状集合体,形态呈各式各样的圆球状、肾状、卵状,有时海绿石也呈叶片状和薄膜状产出(图8-220),也可呈不规则的胶结物或充填物存在。

【光学性质】海绿石的颜色为不同色调的绿色,如绿色、孔雀绿色、鲜绿色、橄榄绿色、褐绿色、黄绿色、蓝绿色、黑绿色等。矿物薄片中具圆形切面,常具放射状构造或同心圆结构,颜色为亮绿色、浅绿色、黄绿色或橄榄色。具多色性:$N_p$为深黄色、稻草黄色或浅黄绿色,

$N_g$、$N_m$ 为亮绿色或黄绿色。其吸收性公式为：$N_g = N_m > N_p$。正中突起。具有沿$\{001\}$的完全解理。具有Ⅱ级干涉色，但常被矿物本身颜色掩盖而呈现绿色（图8-221）。由于海绿石颗粒总是由无数极细小的晶粒组成，因此在正交偏光镜下不消光，即当转动载物台时，切面看起来始终明亮。较大晶粒可见沿解理方向为正延性。若切面恰好是由无数平行(001)面的细微叶片组成，正交偏光镜下则表现为近于均质体特性（叶片都具有最低的双折射率）。海绿石由于结晶极细，一般不易见到其干涉图。

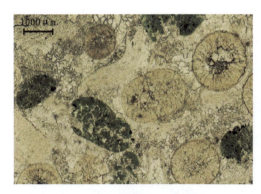 

图8-220　海绿石灰岩中的海绿石　　　　图8-221　海绿石英砂岩中的海绿石
（单偏光）　　　　　　　　　　　　（正交偏光）

【矿物变化】海绿石可变为褐铁矿、针铁矿等。

【鉴定特征】海绿石以经常呈圆形、绿色、不消光、较高双折射率为鉴定特征。

【产状】海绿石是典型的自生矿物、表生矿物，形成于海相环境中，由一些铁镁硅酸盐，如黑云母、辉石、角闪石、绿泥石等分解形成，或由微小的海生生物排泄物变化而成，常见于砂岩和石灰岩中。海绿石可充填有孔虫贝壳。

# 葡萄石（Prehnite）

$N_p = 1.611 \sim 1.630$，$N_m = 1.617 \sim 1.641$，$N_g = 1.632 \sim 1.669$

$N_g - N_p = 0.021 \sim 0.039$；(+)$2V = 65° \sim 69°$

$N_p // a$，$N_m // b$，$N_g // c$，光轴面 $AP // (010)$

$H_m = 6 \sim 6.5$，$D = 2.80 \sim 2.95$

$Ca_2Al_2[Si_3O_{10}](OH)_2$，斜方晶系

【化学组成】化学式为 $Ca_2Al_2[Si_3O_{10}](OH)_2$，层链型结构的硅酸盐矿物。成分中的Al常被少量$Fe^{3+}$所代换，还可含有少量的Ti、Mg、Na、K等元素。

【形态】晶体沿(001)呈厚板状，或沿$c$轴呈短柱状。通常见细小粒状或纤维状、放射状、葡萄状集合体，并常聚合呈球粒状、似蝴蝶状。

【光学性质】葡萄石的颜色呈浅绿色、黄色、灰色、灰白色等，矿物薄片中为无色。正中突起。具有沿$\{001\}$的中等—完全解理。最高干涉色为Ⅱ级底部至顶部，干涉色很鲜艳

(图 8-222),有时具有异常干涉色。平行消光,有时呈波状消光。在某些切面上具有细的聚片双晶,并构成两个方向正交的格子状。柱状晶体呈正延性,板状晶体为负延性。二轴晶正光性。

【鉴定特征】葡萄石与硬柱石的区别:硬柱石的折射率较高,但硬柱石的双折射率较葡萄石的双折射率低,具有Ⅰ级干涉色。葡萄石还以其较高的干涉色同相似的黄玉、红柱石、硅灰石、赛黄晶进行区分。

【产状】葡萄石经常作为热液矿物或蚀变矿物产出,主要产于基性火山岩的孔穴或裂隙中,常与硅硼钙石、沸石、斧石共生,也产于中酸性侵入岩中成为斜长石、辉石、角闪石的假象存在,以及钙质岩石的接触交代变质带中。

图 8-222 斜长角闪岩中的葡萄石具鲜艳干涉色
(正交偏光)

# 重晶石(Barite)

$N_p=1.636, N_m=1.637, N_g=1.648$

$N_g-N_p=0.012;(+)2V=37°$

$N_g // a, N_m // b, N_p // c$,光轴面 $AP // (010)$

$H_m=3\sim3.5, D=4.30\sim4.50$

$BaSO_4$,斜方晶系

【化学组成】化学式为 $BaSO_4$,是一种硫酸盐矿物。重晶石可与天青石构成连续类质同象系列。成分中常含以类质同象形式存在的 Ca、Sr。含 Sr 多者称为锶重晶石。

【形态】晶体常呈沿(001)发育的板状(图 8-223),或为沿 $a$ 轴或 $b$ 轴的柱状,有时也呈球粒状、纤维状、致密块状、结核状等集合体产出。

【光学性质】重晶石的颜色为白色、灰色、黄色、蓝色、褐色、红色等。矿物薄片中为无色透明,有时呈浅色,并具微弱的多色性。正中突起。具有沿{001}、{110}的完全解理,沿

图 8-223 重晶石
（呈板状，两组直交解理，Ⅰ级灰白干涉色）（左：单偏光；右：正交偏光）

{010}的不完全解理，矿物薄片中常见两组直交的解理。最高干涉色为Ⅰ级橙黄，有时干涉色呈不均匀的斑杂状。平行消光，有时具有{110}聚片双晶，正延性，二轴晶正光性。

【矿物变化】重晶石主要蚀变为毒重石，可被石英、方解石、白云石交代。

【鉴定特征】相对密度大、两组解理、低干涉色、中等光轴角是重晶石的主要鉴别特征。重晶石与天青石的区别：重晶石的折射率、双折射率略低，而天青石的光轴角较大。重晶石与硬石膏的区别：重晶石的折射率大于硬石膏的折射率，而双折射率则比硬石膏低得多。

【产状】重晶石常与方解石、石英共生，见于中、低温热液矿脉中，是常见的脉石矿物。沉积岩中重晶石呈结核状或散染状产于灰岩和砂岩中。偶见重晶石为砂岩的胶结物。

## 文石（霰石，Aragonite）

$N_p=1.530\sim 1.531, N_m=1.681\sim 1.682, N_g=1.685\sim 1.686$

$N_g-N_p=0.155\sim 1.156;(-)2V=18°$

$N_g // b, N_m // a, N_p // c$，光轴面 $AP // (100)$

$H_m=3.5\sim 4, D=2.90\sim 3.00$

$CaCO_3$，斜方晶系

【化学组成】化学式为 $CaCO_3$，是一种碳酸盐矿物。文石与方解石属于同质多象变体。成分中常含较多的 Sr、Pb、Zn 等元素，以及含有少量的 Mg、Fe 等杂质元素。

【形态】晶体呈柱状、针状、纤维状，断面为假六边形，可呈厚板状、鲕状、豆状、钟乳状、放射纤维状（图 8-224、图 8-225）。

【光学性质】文石的颜色为无色、白色、淡黄色、淡绿色等，矿物薄片中为无色。闪突起明显，$N_g$ 为正高突起，$N_p$ 为负低突起。具有沿{010}的不完全解理。最高干涉色为珍珠状高级白。常见双晶沿(110)呈聚片双晶，或六方轮状复合双晶。柱状平行消光，负延性，二轴晶负光性。

图8-224 放射纤维状文石
（内含萤石）（单偏光）

图8-225 文石的纵向布纹
（正交偏光）

【矿物变化】文石性质不稳定，易转变为方解石。矿物薄片中常见文石被方解石、白云石置换，而保留其假象。

【鉴定特征】文石和方解石成分相同，光学性质相似，主要区别是：方解石具菱面体解理，折射率较高，一轴晶，对称消光。

【产状】文石为内生成因的矿物，形成于火山喷发的后期热液作用中，常见于玄武岩和安山岩的孔穴内；外生成因的文石与方解石、白云石共生，见于石灰岩中。某些海相生物的贝壳原先是由文石组成，后转变为方解石。

# 金绿宝石（Chrysoberyl）

$N_p=1.744\sim1.747$，$N_m=1.747\sim1.749$，$N_g=1.753\sim1.758$

$N_g-N_p=0.009\sim0.011$；$(+)2V=45°\sim71°$

$N_p/\!/a$，$N_m/\!/b$，$N_g/\!/c$，光轴面 $AP/\!/(010)$

$H_m=8\sim8.5$，$D=3.63\sim3.84$

$BeAl_2O_4$，斜方晶系

【化学组成】化学式为 $BeAl_2O_4$，属于 Be、Al 的氧化物矿物。成分中部分 Al 可被 $Fe^{3+}$ 代换，$Fe_2O_3$ 含量可达 6%，也含少量的 Cr。

【形态】金绿宝石沿(001)呈板状、柱状、板柱状晶体，常见三连晶，为轮式双晶，呈假六方柱状。

【光学性质】颜色呈暗绿色、暗黄色、暗褐色、红褐色，矿物薄片中呈无色、浅黄绿色。厚的矿物薄片中可见多色性：$N_p$ 为淡红色，$N_m$ 为橙黄色、淡黄色，$N_g$ 为鲜绿色、浅褐色。正高突起。具有沿{011}柱面的中等—完全解理。干涉色为Ⅰ级黄白，与石英的干涉色相近。平行消光，常见三连晶，负延性，二轴晶正光性。

【鉴定特征】金绿宝石以突起高、干涉色低为特征。金绿宝石与绿柱石的区别在于：金绿宝石的突起高，为二轴晶正光性。绿柱石、刚玉、符山石、磷灰石为一轴晶负光性，磷灰石的双折射率更小。

【产状】金绿宝石产于花岗伟晶岩、蚀变细晶岩、接触交代岩及气成热液铍矿床中,常与日光榴石、绿柱石、萤石、电气石、尖晶石、铍镁晶石等矿物共生。

# 孔雀石(Malachite)

$N_p=1.655, N_m=1.875, N_g=1.909$

$N_g-N_p=0.254;(-)2V=43°\sim44°$

$N_m//b, N_p \wedge c=21°\sim23°$,光轴面$AP//(010)$

$H_m=4\sim6, D=3.90\sim4.10$

$Cu_2(CO_3)(OH)_2$,单斜晶系

【化学组成】化学式为$Cu_2(CO_3)(OH)_2$,属于碱式碳酸铜矿物。Cu可以部分地被Zn代替,当Cu:Zn=3:2时,称斜绿铜锌矿$(Cu,Zn)_2(CO_3)(OH)_2$。

【形态】孔雀石的晶体呈针状、柱状、纤维状,丛生成簇状、放射状、皮壳状及同心条带玛瑙状(图8-226、图8-227)。

图8-226　孔雀石　　　　　　图8-227　孔雀石呈放射状集合体
(簇状,翠绿色)(单偏光)　　　　　　　(正交偏光)

【光学性质】孔雀石呈孔雀绿色,矿物薄片中呈绿色、黄绿色。多色性弱:$N_p$近于无色,$N_m$为黄绿色,$N_g$为深绿色。极正高突起。具有沿{201}的完全解理和{010}的较完全解理。具高级白干涉色,但常受矿物本身颜色干扰而呈绿色。斜消光。常见穿插双晶,有时见聚片双晶。

【鉴定特征】孔雀石以特征的孔雀绿色、沿纤维斜消光、极大的双折射率为鉴定特征。

【产状】孔雀石是一种含铜碳酸盐的蚀变矿物,常作为铜矿的伴生产物。孔雀石普遍产于铜矿的上部氧化带,特别是石灰岩地区的铜矿氧化带。主要和蓝铜矿共生,并与赤铜矿、黑铜矿、褐铁矿、方解石、玉髓、硅孔雀石等矿物共生。

附件

# 实习指导

# 实训一 偏光显微镜的构造及调节

## 一、实训目的

(1)了解偏光显微镜的构造、装置和用途。
(2)学会偏光显微镜的调节和校正方法(调节焦距,中心校正及视域直径的测定)。

## 二、实训内容

(1)教师利用课件和实物介绍偏光显微镜的主要构造、使用和保养方法。
(2)练习调节照明(对光)、转换镜头、调节焦距(准焦)。
(3)校正显微镜视域中心。
(4)检查、校正目镜十字丝和上、下偏光显微镜振动方向。
(5)测定视域直径大小和目镜微尺格值。

## 三、实训指导

(1)转换物镜。物镜位于镜筒下端的物镜旋转盘上,使用时将需用的物镜转到镜筒正下方即可。当物镜镜头旋转到位时,会被弹簧卡卡住,并有轻微响声。转过头或未到位都会使物镜偏离目镜中轴而不能校正中心或视域不完整。

注意:转动物镜前应先下降载物台,转动时应手持物镜转盘,不得直接扳动物镜镜头。

(2)调节照明(对光)。打开电源开关,调节旋扭,使视域至适合的亮度,注意亮度不要开到最大。

(3)调节目镜。转动目镜,使目镜十字丝位于东西、南北方向上;调节两个目镜间的距离,使它与眼睛的瞳孔间距一致,左、右目镜中的图像合并为一。

(4)调节焦距(准焦)。调节焦距是为了使矿物薄片中的物像清晰,观察舒适,调节步骤如下:

A.下降载物台,把要观察的矿物薄片置于载物台中心,并用弹簧夹把矿物薄片夹紧。

注意:务必将矿物薄片的盖玻片朝上,否则不能准焦且容易损坏矿物薄片。

B.侧视载物台,缓慢转动粗动调焦螺旋,使载物台上升至物镜与矿物薄片靠近为止。使用高倍物镜时,因物镜光学筒长度较长,物镜几乎与矿物薄片接触。

C.在目镜中观察,转动粗动调焦螺旋,使载物台缓缓下降,至视域内物像基本清楚,然后转动微动调焦螺旋,直至视域内物像完全清晰为止。

注意:放置矿物薄片时必须保证盖玻片朝上;调节焦距时,眼睛必须看着物镜上升载物台,以免压碎矿物薄片、损坏物镜;练习调焦时应按照先低倍物镜、再中倍物镜、最后高倍物镜的顺序进行。

(5)校正中心(附图1)。在偏光显微镜的光学系统中,载物台的旋转轴、物镜中轴及目镜中轴应当严格保持在一条直线上。此时,转动载物台,位于视域中心(即目镜十字丝交点)的物像不动,其余物像绕视域中心作圆周运动。如果它们不在一条直线上,当转动载物台时,视域中心的物像将离开原来的位置,连同其他部分的物像绕另一中心旋转,这个中心($O$点)代表载物台的旋转轴位置。在这种情况下,不仅可能把视域内的某些物像转出视域之外,妨碍观察,而且会影响某些光学数据的测定精度。使用高倍物镜时,则根本无法观察。因此,我们必须进行校正,使目镜中轴、物镜中轴与载物台旋转轴一致——这就是校正中心。在尼康YS-2偏光显微镜的光学系统中,目镜中轴和物镜中轴是固定的,要通过校正显微镜载物台旋转轴校正中心。一般用安装在载物台上的两个定心螺丝校正载物台旋转轴。在校正中心之前,必须首先检查物镜旋转是否到位,否则无法校正好中心。

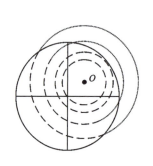
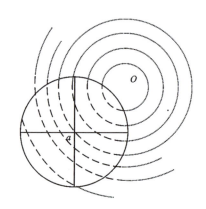

附图1 校正中心

校正中心的具体步骤如下(附图2):

A. 将物镜安装在正确位置上并准焦后,在矿物薄片中选一质点$a$,移动矿物薄片,使质点$a$位于视域中心的十字丝交点处。

B. 旋转载物台,如果视域内的物像以质点$a$作圆周运动,则中心正确;如果质点$a$围绕另一中心($O$点)作圆周运动,转动一周质点$a$仍在视域内,则中心偏离不大。

若转动一周,质点$a$转出视域,圆心$O$点仍在视域内,则中心偏离较大;若转动一周,$O$点不在视域内,则中心偏离很大。

C. 旋转载物台180°,使质点$a$由十字丝交点移至$a'$处。

D. 扭动载物台上的定心校正螺丝,使质点$a$移至偏心圆的圆心$O$点;

E. 移动矿物薄片,使质点$a$由$O$点移至十字丝交点,旋转载物台,如果该质点不动,则中心已经校正好。如果该质点仍离开十字丝交点绕较小偏心圆转动,则需按上述方法重复校正,直至完全校正好为止。

F. 当中心偏离大时,转动载物台,质点$a$(和偏心圆圆心$O$点)由十字丝交点移至视域之外。应先根据质点移动情况,估计偏心圆圆心$O$点在视域外的位置及偏心圆半径长短。然后将质点$a$转回十字丝交点,扭动物镜上的定心校正螺丝,使质点$a$由十字交点向偏心圆圆

心 $O$ 点相反方向移动大约相当于偏心圆半径的距离。再移动矿物薄片,使质点回到十字丝交点处,转动载物台,观察视域中心偏离情况。我们应用上述方法重复校正,直至完全校正好为止。

G. 如经过多次校正之后,中心仍然偏离较大,或者发现定心校正螺丝扭动困难或扭不动时(切勿强行扭动),应当分析原因并报告指导老师。

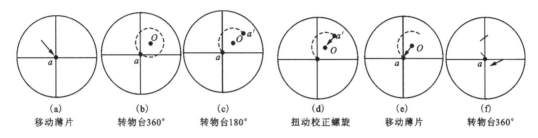

附图 2　校正中心的步骤示意图

(6)偏光镜的校正。在偏光显微镜的光学系统中,上、下偏光镜振动方向应当垂直,分别位于上下、左右方向(或称十字丝纵、横丝方向,南北、东西方向),并与目镜十字丝平行。

A. 确定及校正下偏光镜的振动方向。转动目镜,使目镜十字丝位于东西、南北方向上。在岩石矿物薄片中找一个具极完全解理的黑云母置于视域中心。转动载物台,使黑云母的颜色变得最深。此时,黑云母解理缝方向就代表下偏光镜振动方向(因为光波沿黑云母解理缝方向振动时,吸收最强,颜色最深)。当黑云母颜色最深时,解理缝方向与目镜十字丝的横丝方向平行,则下偏光镜振动方向与十字丝横丝平行,不需要校正。如果不平行,应转动载物台,使黑云母解理缝方向与目镜十字丝的横丝平行,然后旋转下偏光镜至黑云母的颜色变得最深为止。此时下偏光镜振动方向与目镜十字丝的横丝平行,位于东西(左右)方向。

B. 检查上、下偏光镜振动方向是否正交。取下矿物薄片,调节照明使视域明亮,推入上偏光镜,如果视域黑暗,证明上、下偏光镜振动方向正交。若视域不黑暗,说明上、下偏光镜振动方向不正交。如果下偏光镜振动方向已经校正至东西方向,则需要校正上偏光镜振动方向,转动上偏光镜至视域黑暗为止(相对黑暗)。

经过上述校正之后,上、下偏光镜振动方向应当严格与目镜十字丝一致。但有些显微镜的目镜没有定位螺丝,使用过程中可能使目镜十字丝位置改变,因此,要注意随时校正目镜十字丝的位置。

(7)视域直径的测定(附图 3)。

A. 可以直接使用有刻度的透明尺测定低倍或中倍物镜的视域直径。测定时,将透明尺置于载物台中心部位,对准焦点后,直接观察视域直径的长度值,记录该数值备以后查用。

B. 应使用载物台微尺测定高倍物镜的视域直径。载物台微尺是嵌在玻璃片中心的、总长度为 1mm 的微型尺,其中刻有 100 个小格,每小格等于 0.01mm。测量时将载物台微尺置于载物台中心,准焦后,观察视域直径相当于载物台微尺的多少小格。若为 20 格,则视域直径等于 $20 \times 0.01 = 0.2$(mm)。

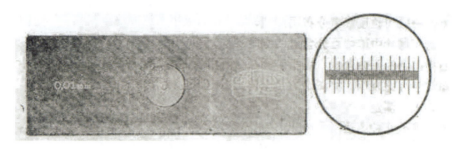

附图3　视域直径的测定方法

(8)目镜微尺格值的测定。目镜微尺是固定在目镜中的小微尺,目镜微尺中每一小格的绝对长度在不同放大倍数的显微镜系统中是不同的。因此,在使用前应事先标定不同放大倍数的目镜微尺格值,即使用某一放大倍数的系统时,标定目镜微尺中每一小格的绝对长度。测定方法如下:

A. 将载物台微尺置于显微镜载物台中心并准焦,在视域内同时看到两个微尺。

B. 使载物台微尺与目镜微尺平行,并使两者的零点对齐。仔细观察两个微尺的分格线再次重合的部位。如目镜微尺的50小格与载物台微尺48格相当,则目镜微尺每一小格所代表的实际长度＝48/50×0.01mm＝0.009 6(mm)。

其通式为:目镜微尺格值＝载物台微尺格数/目镜微尺格数×0.01mm

C. 将不同放大倍数的目镜微尺格值记录下来,以备后用。知道了目镜微尺每小格代表的绝对长度之后,就可以直接测量矿物薄片中矿物颗粒的直径:

矿物颗粒直径＝目镜微尺格数×目镜微尺格值

## 四、实训报告要求

(1)详细说明确定下偏光镜振动方向的方法步骤。

(2)在表格中记录不同放大倍数视域直径和目镜微尺格值的测定结果。

# 实验报告

| 组别 | | 姓名 | | 同组实验者 | |
|---|---|---|---|---|---|
| 实验项目名称 | 偏光显微镜的调节与校正 | | | 实验日期 | |
| 教师评语 | | | | | |
| 实验成绩： | | | 指导教师（签名）： | | |

一、实验目的与要求

1.了解偏光显微镜的构造、装置和用途。

2.学会偏光显微镜的调节和校正方法（调节焦距，中心校正及视域直径的测定）。

二、实验内容

1.教师利用课件和实物介绍偏光显微镜的主要构造、使用和保养方法。

2.练习调节照明（对光）、转换镜头、调节焦距（准焦）。

3.校正显微镜视域中心。

4.检查、校正目镜十字丝和上、下偏光显微镜振动方向。

5.测定视域直径大小和目镜微尺格值。

三、实验报告要求

1.详细说明确定下偏光镜振动方向的方法步骤。

2.在表格中记录不同放大倍数视域直径和目镜微尺格值的测定结果。

## 实验报告

**一、根据实际操作步骤,描述确定下偏光镜振动方向的操作步骤。**

矿物薄片号：

**二、测量偏光显微镜视域直径与目镜微尺格值**

| 序号 | 目镜倍数 | 物镜倍数 | 总放大倍数 | 视域直径/mm | 目镜微尺格值/mm |
|---|---|---|---|---|---|
| 1 | 10× | 4× | | | |
| 2 | 10× | 10× | | | |
| 3 | 10× | 40× | | | |

## 实训二　解理、多色性、吸收性的测定

### 一、目的要求

（1）认识解理等级，了解同一矿物不同方向切面上解理缝的表现情况。学会解理夹角的测定方法。

（2）认识多色性现象及其明显程度，了解同一矿物不同方向切面上多色性表现情况。

### 二、实训内容

（1）观察普通角闪石的完全解理和不同方向切面上解理缝的表现情况，测定其解理夹角。

（2）观察普通角闪石明显的多色性现象和不同方向切面的多色性表现情况。

### 三、实训指导

（1）在岩石矿物薄片中找一个同时垂直两组解理面的切面，观察解理等级，并测定两组解理的夹角。观察多色性的明显程度及颜色变化情况。

（2）找一个具有一组清晰解理缝的切面，观察解理等级、多色性明显程度及其颜色变化情况。

（3）找一个不具解理缝的切面，观察多色性的明显程度。

注意：首先，实训前应熟悉普通角闪石的光性方位和普通角闪石不同切面上的光率体椭圆切面特点；其次，观察普通角闪石颜色和多色性时应注意颜色的细微变化并反复比较多色性；最后，要仔细确定每个切面的颜色在最深和最浅时，矿物薄片的解理或晶面迹线（即晶面与矿物薄片平面的交线）与目镜十字丝之间的位置关系。

（4）测量解理夹角时选择的切面尽可能同时垂直两组解理面，同时显微镜中心应偏差不大。

### 四、实训报告要求

（1）用表格方式描述普通角闪石不同方向切面的形态特征、解理缝的表现情况、两组解理的夹角大小、颜色及多色性明显程度。

（2）绘图说明各切面颜色最深时，解理缝与下偏光镜振动方向的关系。

（3）详细说明测定普通角闪石解理夹角的方法步骤。

# 实验报告

| 组别 | | 姓名 | | 同组实验者 | |
|---|---|---|---|---|---|
| 实验项目名称 | 解理、多色性、吸收性的测定 | | | 实验日期 | |
| 教师评语 | | | | | |
| 实验成绩： | | | 指导教师(签名)： | | |

一、实验目的要求

1. 认识解理等级，了解同一矿物不同方向切面上解理缝的表现情况。学会解理夹角的测定方法。
2. 认识多色性现象及其明显程度，了解同一矿物不同方向切面上多色性表现情况。

二、实验内容

1. 观察普通角闪石的完全解理和不同方向切面上解理缝的表现情况，测定其解理夹角。
2. 观察普通角闪石明显的多色性现象和不同方向切面的多色性表现情况。

三、实验报告要求

1. 用表格方式描述普通角闪石不同方向切面的形态特征、解理缝的表现情况、两组解理的夹角大小、颜色及多色性明显程度。
2. 绘图说明各切面颜色最深时，解理缝与下偏光镜振动方向的关系。
3. 详细说明测定普通角闪石解理夹角的方法步骤。

# 普通角闪石的解理与多色性

矿物薄片编号：

| 特征 | 观察切面 | | |
|---|---|---|---|
| | 切面 1<br>垂直两组解理的切面 | 切面 2<br>只有一组解理的切面 | 切面 3<br>不具解理的切面（可见晶面迹线） |
| 矿物薄片切面形态 | | | |
| 解理特征 | | | |
| 解理等级 | | | |
| 解理夹角 | | | |
| 最深时颜色 | | | |
| 最浅时颜色 | | | |
| 指出颜色最深时，解理缝、两组解理的锐（钝）角等分线或晶面迹线方向与下偏光镜振动方向的位置关系（平行还是斜交，若斜交测夹角）并附图 | | | |
| 三切面多色性明显程度比较 | | | |
| 多色性公式 | | | |
| 吸收性公式 | | | |

# 实训三  突起及闪突起的观察

## 一、目的要求

(1) 认识贝克线，学会利用贝克线移动规律确定两相邻物质折射率的相对大小和突起的相对高低。

(2) 观察突起等级，认识不同突起等级的特征。

(3) 认识闪突起的特征。

## 二、实训内容

(1) 比较石榴石、辉石、角闪石、石英、长石的边缘、糙面特征及突起高低，确定它们的突起等级及突起正负。

(2) 观察方解石及白云母的闪突起现象。

## 三、实训指导

(1) 观察矿物的突起、糙面时，一定要用中—低倍镜，把要观察的矿物薄片置于视域中心，比较矿物薄片与相邻物质突起相对高低时应将其接触线置于视域中心。

(2) 观察贝克线时可适当缩小光圈。

(3) 确定突起的高低，主要依据矿物薄片的边缘、解理的粗细、糙面的显著程度等特征；判断矿物薄片的突起等级，最好与树胶比较（尤其是确定低突起矿物薄片的突起正负），如待测定的矿物薄片周围无明显的树胶，也可与相邻的已知突起等级的矿物比较。

(4) 观察闪突起时，应转动载物台一周，仔细观察矿物薄片边缘黑线粗细和糙面变化的明显程度。找一个具清晰解理缝的白云母，观察并描述白云母的解理缝与下偏光镜振动方向 $PP$ 平行时和垂直时，边缘和解理缝的粗细、糙面的明显程度以及突起等级的变化，确定白云母的突起类型。

## 四、实训报告要求

(1) 记录所观察矿物的边缘、糙面特征及突起高低。

(2) 根据贝克线移动方向，判断矿物突起正负和等级。

(3) 描述白云母和方解石的闪突起现象。

# 实验报告

| 组别 | | 姓名 | | 同组实验者 | |
|---|---|---|---|---|---|
| 实验项目名称 | 突起及闪突起的观察 | | | 实验日期 | |
| 教师评语 | | | | | |
| 实验成绩： | | | 指导教师(签名)： | | |

一、实验目的要求

1.认识贝克线,学会利用贝克线移动规律确定两相邻物质折射率的相对大小和突起的相对高低。

2.观察突起等级,认识不同突起等级的特征。

3.认识闪突起的特征。

二、实验内容

1.比较石榴石、辉石、角闪石、石英、长石的边缘、糙面特征及突起高低,确定它们的突起等级及突起正负。

2.观察方解石及白云母的闪突起现象。

三、实验报告要求

1.记录所观察矿物的边缘、糙面特征及突起高低。

2.根据贝克线移动方向,判断矿物突起正负和等级。

2.描述白云母和方解石的闪突起现象。

## 一、突起等级的观察

| 矿物薄片号 | 矿物名称 | 边缘特征 | 糙面特征 | 突起高低 | 与相邻物质比较折射率 | | 突起等级 |
| --- | --- | --- | --- | --- | --- | --- | --- |
| | | | | | 相邻物质 | 下降载物台时贝克线移动方向 | |
| | | | | | | | |
| | | | | | | | |
| | | | | | | | |
| | | | | | | | |
| | | | | | | | |

注：相邻物质可以是树胶，也可以是已知矿物。

## 二、白云母闪突起的观察描述

1. 在_____号矿物薄片中，选择一个具清晰解理缝的白云母矿物薄片，置于视域中心，转动载物台，当白云母的解理缝与下偏光镜振动方向平行时，矿物薄片的边缘和解理缝_____，糙面_____，突起_____，突起等级为_____；当白云母的解理缝与下偏光镜振动方向垂直时，矿物薄片的边缘和解理缝变_____，糙面变_____，突起变_____，突起等级为_____。

结论：_____。

2. 在_____号矿物薄片中，选择一个具清晰菱形解理的方解石矿物薄片，置于视域中心，转动载物台，当方解石的菱形解理长对角线平行下偏光镜振动方向时，矿物薄片的边缘和解理缝_____，糙面_____，突起_____，突起等级为_____；当方解石的菱形解理短对角线平行下偏光镜振动方向时，矿物薄片的边缘和解理缝_____，糙面_____，突起_____，突起等级为_____。

结论：_____。

# 实训四　光率体椭圆半径名称及干涉色级序的测定

## 一、目的要求

(1)认识Ⅰ～Ⅲ级干涉色及高级白干涉色的特征,学会区分Ⅰ级灰白与高级白干涉色。
(2)学会使用石膏试板、云母试板测定矿物薄片上光率体椭圆半径方向和名称的方法。
(3)学会使用石英楔测定矿物薄片干涉色级序的方法。
(4)学会利用所测干涉色级序,测定矿物薄片双折射率的方法。
(5)学会应用楔形边法判断矿物薄片干涉色级序的方法。

## 二、实训内容

(1)利用石英楔,观察Ⅰ～Ⅲ级干涉色级序及各级的特征。
(2)使用云母试板,测定具清晰解理缝的白云母矿物薄片上光率体椭圆半径的方向和名称。
(3)在具Ⅰ级灰干涉色的石英或钾长石矿物薄片(45°和135°位置)上,加入石膏试板,观察矿物薄片干涉色的升降变化。
(4)在矿物薄片中找一个干涉色最高的石英颗粒,根据石英的干涉色及双折射率为0.009,在干涉色色谱表上求出矿物薄片厚度。并在同一矿物薄片中找一个干涉色最高的白云母颗粒,应用石英楔测定白云母矿物薄片的干涉色级序,利用所测定的白云母干涉色(最高干涉色)及求得的矿物薄片厚度,在干涉色色谱表上查出(也可用公式计算)白云母的双折射率。
(5)观察方解石的高级白干涉色,并利用石膏试板、云母试板,区分Ⅰ级灰白与高级白干涉色。
(6)应用楔形边法判断橄榄石矿物薄片的干涉色级序。

## 三、实训指导

在观察测定正交偏光镜间矿物薄片的光学性质之前,必须检查上、下偏光镜振动方向是否正交,目镜十字丝是否与上、下偏光镜振动方向一致。

**1. Ⅰ～Ⅲ级干涉色的色序和级序的观察**

在正交偏光镜间,从试板孔缓缓插入石英楔,仔细观察Ⅰ～Ⅲ级干涉色的色序和级序变化特点。

**2. 非均质体矿物薄片上光率体椭圆半径方向及名称的测定**

偏光显微镜下研究矿物的光学性质,大多要在正交偏光镜间测定矿物薄片上光率体椭球半径的方向和名称。其测定方法如下:
(1)将待测矿物薄片置于视域中心,转动载物台使矿物薄片消光(消光位),此时矿物薄片的光率体椭圆长短半径方向必定平行上、下偏光镜振动方向 AA、PP(即目镜十字丝方向)。

(2)转动载物台 45°,矿物薄片干涉色最亮,此时矿物薄片上光率体椭圆半径与目镜十字丝呈 45°夹角。

(3)从试板孔(45°位置)插入试板,观察干涉色级序的升降变化。如果干涉色级序降低,说明试板与矿物薄片光率体椭圆切面异名半径平行;如果干涉色级序升高,表明试板与矿物薄片光率体椭圆切面同名半径平行。试板上光率体椭圆半径的名称是已知的,据此,即可确定矿物薄片上光率体椭圆半径名称。

测定光率体椭圆半径方向及名称时应注意以下几点:

A. 要根据矿物薄片的干涉色高低选择适当的试板。

B. 如果难以对干涉色的升降做出准确判断,可以用两种方法加以验证,一是旋转载物台 90°,观察另一个 45°位的干涉色变化情况,两者应升降相反;二是换用其他试板,不同的试板在同一位置应升降一致。

C. 当一个矿物薄片上干涉色分布不均匀时,应注意保证插入试板前后观察的部位一致。

D. 要注意干涉色色调的细微变化和两种色调间的过渡色调。

E. 该方法测出的是该切面光率体椭圆两个半径的相对长短,是不是光率体主轴,取决于切面方向。如果矿物薄片平行主轴面,则测出的光率体椭圆长短半径为 $N_e$ 和 $N_o$(一轴晶)或 $N_g$、$N_m$、$N_p$ 中的任意两个主轴(二轴晶)。如果矿物薄片不平行主轴面,则光率体椭圆半径为 $N'_e$ 和 $N_o$(一轴晶),或 $N'_g$ 和 $N'_p$(二轴晶)。

### 3. 干涉色级序的观察与测定

已知光程差 $R=d(N_1-N_2)$,在正常厚度(0.03mm)的岩石矿物薄片中,同一矿物不同方向切面的双折率值大小不同,则干涉色级序的高低亦不同。观察测定矿物的干涉色级序时,必须选择干涉色最高的切面(平行光轴成平行光轴面的切面)。一般鉴定时,采用统计方法,多测定几个颗粒,取其中的最高干涉色。精确测定时,必须选择平行光轴或平行光轴面的切面,这种切面需在锥光镜下检查确定。

1)干涉色级序的测定方法

(1)利用石英楔测定干涉色级序:①将选定的矿物薄片置于视域中心,转动载物台,使矿物薄片消光(消光位);②再转动载物台 45°,使矿物薄片至 45°位置,此时矿物薄片干涉色最亮;③从试板孔由薄至厚端插入石英楔,观察矿物薄片干涉色级序的变化。当随着石英楔的慢慢插入,矿物薄片上干涉色级序逐渐升高时,表明石英楔与矿物薄片上光率体椭圆切面的同名半径平行,不可能出现消色位,达不到测定干涉色级序的目的,此时必须转动载物台 90°,使两者异名半径平行,再进行测定。

当随着石英楔的慢慢插入,矿物薄片干涉色逐渐降低时,说明石英楔与矿物薄片上光率体椭圆切面异名半径平行。当插到石英楔的光程差与矿物薄片的光程差相等处时,矿物薄片消色而变黑暗(注意:不是全黑,而是灰黑或混有矿物本身颜色)。此时慢慢抽出石英楔,矿物薄片的干涉色又逐渐升高,至石英楔全部抽出时,矿物薄片显示原来的干涉色。仔细观察在抽出石英楔的过程中,矿物薄片干涉色的变化,如果其间经过一次红带,矿物薄片干涉色为Ⅱ级,经过 $n$ 次红带,矿物薄片干涉色为 $(n+1)$ 级。如果一次观察不清楚,可以反复操作。

2）楔形边法判断干涉色级序

利用矿物薄片楔形边缘的干涉色色圈，判断矿物的干涉色级序，是比较简单的方法。在岩石矿物薄片中，矿物切面往往具有楔形边缘，其边缘薄，向中部逐渐加厚，因而矿物薄片的干涉色级序边缘较低，中部干涉色逐渐升高而构成细小干涉色色圈或干涉色细条带。其中经过一条红带，则矿物薄片干涉色为Ⅱ级，经过 $n$ 条红带，矿物薄片干涉色为 $(n+1)$ 级。如果矿物薄片边缘最外圈不是从Ⅰ级灰白开始，则不能应用这种方法判断干涉色级序。

3）高级白干涉色的鉴别方法

放入方解石矿物薄片，在矿物薄片45°位观察方解石的高级白干涉色的色调特点，并分别插入云母试板和石膏试板，观察干涉色的变化情况。根据插入试板后，干涉色是否有明显变化可区分Ⅰ级灰白和高级白干涉色。

**4. 双折射率的测定**

同一矿物切面方向不同，双折射率大小不同，只有测定最大双折射率才有鉴定意义。因此，必须选择平行光轴（一轴晶）或平行光轴面（二轴面）的切面测定矿物的最大双折射率。这种切面的特征是：正交偏光镜下干涉色最高，如果有颜色，单偏光镜下多色性最明显，锥光镜下显示平行光轴或平行光轴面的干涉图（其图像特征在模块四中介绍）。

根据光程差公式及 $R=d(N_1-N_2)$，测出光程差及矿物薄片厚度后，即能确定双折射率值。

1）光程差的测定方法

利用石英楔测定干涉色级序（方法同上）后，在干涉色色谱表上求出相应的光程差。因色谱表上每一种干涉色都占有一定的宽度，所以求出的光程差误差在20~40nm之间。

2）矿物薄片厚度的测定方法

一般岩石矿物薄片的厚度约为0.03mm，如果对双折射率值精度要求不高，可直接利用0.03mm的矿物薄片厚度进行计算。如果精度要求较高，可利用已知矿物薄片厚度测定，最常用的已知矿物有长石和石英。

石英的最大双折射率为0.009，在岩石矿物薄片中选一个石英平行光轴切面（标准厚度矿物薄片干涉色为Ⅰ级灰白—黄白），根据其干涉色级序在色谱表上求光程差。利用所测的光程差及最大双折射率，可求出矿物薄片厚度。

3）根据所测光程差及矿物薄片厚度求双折射率

（1）根据所测光程差和矿物薄片厚度，在干涉色色谱表上查双折射率。

（2）根据 $R=(N_1-N_2)$ 计算双折射率。

## 四、实训报告要求

（1）观察并描述具Ⅰ级灰白干涉色的石英（或正长石）矿物薄片，加试板后干涉色的变化情况。

（2）观察并描述白云母（具一组清晰解理）光率体椭圆长、短半径情况和测定结果。

（3）观察并描述测定矿物薄片厚度和白云母双折射率的方法步骤。

# 实验报告

| 组别 | | 姓名 | | 同组实验者 | |
|---|---|---|---|---|---|
| 实验项目名称 | 光率体椭圆半径名称及干涉色级序的测定 | | | 实验日期 | |
| 教师评语 | | | | | |
| 实验成绩： | | | 指导教师（签名）： | | |

**一、实验目的要求**

1. 认识Ⅰ～Ⅲ级干涉色及高级白干涉色的特征，学会区分Ⅰ级灰白与高级白干涉色。
2. 学会使用石膏试板、云母试板测定矿物薄片上光率体椭圆半径方向和名称的方法。
3. 学会使用石英楔测定矿物薄片干涉色级序的方法。
4. 学会利用所测干涉色级序，测定矿物薄片双折射率的方法。
5. 学会应用楔形边法判断矿物薄片干涉色级序的方法。

**二、实验内容**

1. 用石英楔，观察Ⅰ～Ⅲ级干涉色级序的特征。
2. 用云母试板，测定白云母矿物薄片光率体椭圆半径的方向和名称。
3. 用石膏试板，观察正长石矿物薄片（45°和135°位置）干涉色的升降变化。
4. 用石英楔测定白云母矿物薄片的最高干涉色级序及最大双折射率。
5. 观察方解石的高级白干涉色，并利用试板区分Ⅰ级灰白与高级白干涉色。
6. 应用楔形边法判断橄榄石矿物薄片的干涉色级序。

**三、实验报告要求**

1. 观察并描述具Ⅰ级灰干涉色正长石矿物薄片，加试板后干涉色的变化情况。
2. 观察并描述白云母（具一组清晰解理）光率体椭圆半径情况和测定结果。
3. 观察并描述测定矿物薄片厚度和白云母双折射率的方法步骤。

# 一、光率体椭圆半径方向及名称的测定

| 矿物薄片编号 | | | | |
|---|---|---|---|---|
| 矿物名称 | 白云母 | | 正长石 | |
| 矿物薄片特征 | | | | |
| 消光时解理缝或双晶缝与目镜十字丝关系 | 解理缝平行_____ | | 双晶缝与 AA 夹角_____ | |
| 载物台转动方向 | 顺时针 | 逆时针 | 顺时针 | 逆时针 |
| 干涉色 45°位时 | | | | |
| 干涉色 插石膏试板后 | | | | |
| 干涉色 插云母试板后 | | | | |
| 干涉色 升降情况 | | | | |
| 延性符号 | | | | |
| 附图 | | | | |

注：正长石要选择双晶缝平直清晰，两单体消光时与 AA 夹角不太大且与 AA 对称的矿物薄片，只测双晶的一个单体。

# 二、白云母双折射率与矿物薄片厚度的测定

实验用石英平行光轴的定向切面，石英的最高干涉色为_____，已知石英的最大双折射率为 0.009，查干涉色色谱表可知该矿物薄片厚度约为_____；经观察测定该矿物薄片中白云母的最高干涉色为_____，白云母的最大双折射率约为_____。

注：白云母双折射率与矿物薄片厚度的测定，仅为实验描述的参考样式。

# 实训五 消光类型、消光角及延性符号的测定

## 一、目的要求

(1)认识和鉴别各种消光类型。
(2)学会测定消光角及延性符号的方法。

## 二、实训内容

(1)观察白云母或红柱石的平行消光,并测定其延性符号。
(2)观察普通角闪石垂直 $Z$ 轴切面的对称消光。
(3)观察普通角闪石平行 $Z$ 轴切面[平行(010)切面]的斜消光,并测定平行(010)切面上的消光角。

## 三、实训指导

**1. 白云母消光类型和延性测定**

(1)在单偏光镜下选择解理缝较清晰且密集平直的白云母切面。
(2)推入上偏光镜,转动载物台达到消光位,然后抽出上偏光镜并观察解理缝与十字丝的关系(是平行还是斜交),从而确定消光类型。
(3)在正交偏光下,将白云母从消光位转 45°(即光率体主轴与十字丝相交 45°),此时白云母干涉色最明亮,插入云母试板,根据补色法则,确定白云母的延性符号(解理缝平行 $N_g$ 为正延性,平行 $N_p$ 为负延性)。

**2. 观察普通角闪石垂直 $Z$ 轴切面上的对称消光**

在单偏光镜下,普通角闪石垂直 $Z$ 轴的切面具有(110)和(1̄10)两组清晰解理缝,提升镜筒解理缝不左右移动,然后推入上偏光镜,转动载物台,使矿物处于消光位,然后推出上偏光镜,明显可见十字丝正好与两组解理夹角平分线一致,此即对称消光。

**3. 测定普通角闪石平行(010)面上的倾斜消光及最大消光角**

(1)在单偏光镜下选择普通角闪石平行(010)面的颗粒。此切面的特点是呈长条状、具一组完全解理、多色性明显、干涉色最高(可达Ⅱ级蓝绿)。
(2)使解理缝目镜平行纵丝并记下载物台刻度读数 $a$。
(3)转动载物台至消光位,推出上偏光镜,明显可见十字丝正好与解理缝有一交角。此即倾斜消光,记下载物台刻度读数 $b$,$a$ 与 $b$ 读数之差即消光角 $α$。
(4)自消光位转动载物台 45°,加入试板,根据补色法则判断与解理缝夹角为 $α$ 的光率体的椭圆半径名称。
(5)根据结晶学知识,判断解理所代表的结晶轴名称。

(6)写出消光角公式,书写格式为:光率体半径名称∧结晶轴名称(或双晶结合面名称)=α。如:消光角为 $N_g \wedge C = \alpha$(注意正交镜下测出的光率体长半径不一定就是 $N_g$,也可能是 $N_g'$,甚至是 $N_m$,本次实训 $N_g$ 方向为已知)。

## 四、实训报告要求

(1)详细描述测定白云母延性符号的方法步骤。

(2)详细描述测定普通角闪石最大消光角($N_g \wedge C$)的方法步骤。

# 实验报告

| 组别 | | 姓名 | | 同组实验者 | |
|---|---|---|---|---|---|
| 实验项目名称 | 消光类型、消光角及延性符号的测定 | | | 实验日期 | |
| 教师评语 | | | | | |
| 实验成绩： | | | 指导教师（签名）： | | |

一、实验目的要求

1. 认识和鉴别各种消光类型。
2. 学会测定消光角及延性符号的方法。

二、实验内容

1. 观察白云母或红柱石的平行消光，并测定其延性符号。
2. 观察普通角闪石垂直 $Z$ 轴切面的对称消光。
3. 观察普通角闪石平行 $Z$ 轴切面、平行(010)切面的斜消光，并测定平行(010)切面上的消光角。

三、实验报告要求

1. 详细描述测定白云母延性符号的方法步骤。
2. 详细描述测定普通角闪石最大消光角（$N_g \wedge C$）的方法步骤。

# 普通角闪石消光角的测定

矿物薄片编号：

| 文字描述 | 附图 |
|---|---|
| 切片特点： | |
| | 解理缝与_____平行 |
| | 消光位时 |
| | 45°位 |

消光角公式：
延性符号：

# 实训六　锥光镜下干涉图的观察与测定

## 一、目的要求

(1)掌握锥光镜的装置和使用方法,并了解其光学特点。
(2)认识一轴晶主要切面类型干涉图的图像特点。
(3)学会应用垂直光轴切面或斜交光轴切面干涉图,测定一轴晶矿物的光性符号。
(4)认识二轴晶主要切面类型干涉图的图像特点。
(5)学会应用垂直 $Bxa$ 切面或垂直光轴切面干涉图测定光性符号的方法。

## 二、实训内容

(1)观察一轴晶垂直光轴(或斜交光轴)切面的干涉图特点,并使用石膏试板(或云母板、石英楔)测定光性符号。
(2)观察二轴晶垂直 $Bxa$ 切面干涉图的图像特点,并应用云母试板(或石膏试板、石英楔)测定其光性符号。

## 三、实训指导

### 1. 锥光镜下观察的操作程序

(1)用中倍或低倍物镜。在岩石矿物薄片中选择一个适于测定的矿物颗粒(尽可能找较大的颗粒),移至视域中心。如果用单矿物定向矿物薄片可省略这个步骤,直接把定向矿物薄片置于视域中心。
(2)加入聚光镜,并把聚光镜升到最高位置。注意:千万不要顶住矿物薄片。
(3)换用高倍物镜(46×或63×),仔细调好焦距。
(4)将待观察的矿物薄片置于视域中心,转动载物台一周确保矿物薄片不移出中心。
(5)加入上偏光镜及勃氏镜即能看到干涉图(如果显微镜中没有装置勃氏镜,去掉目镜亦能看到干涉图)。注意:由于高倍物镜工作距离近,不要把盖玻片朝下,否则无法准焦;要侧视物镜,在下降载物台中准焦,否则容易压碎矿物薄片,损坏镜头。在以后的实训中应注意,待测矿物薄片在高倍镜下要占据整个视域。

### 2. 测定矿物薄片切面类型、轴性和光性符号的方法

(1)根据干涉图的特点判断切面类型和轴性。
(2)根据加入试板前后干涉图的干涉色变化情况判断光性正负。
(3)一轴晶垂直光轴(或斜交光轴)切面干涉图的关键是光轴出露点和黑十字的四个象限,以此判断 $N_e$ 和 $N_o$ 的方向。
(4)二轴晶垂直 $Bxa$ 切面干涉图的关键是两个光轴出露点的连线,垂直该连线的方向

(也是弯曲黑带的平分线的方向)是 $N_m$ 的方向;该连线上两个光轴出露点之间是 $Bxo$ 投影线的方向,两个光轴出露点之外是 $Bxa$ 投影线的方向。

## 四、实训报告要求

(1)描述一轴晶垂直光轴(或斜交光轴)切面干涉图的图象特点,详细说明并以绘图的方式描述光性符号的测定方法和判断依据。

(2)描述二轴晶垂直 $Bxa$ 切面干涉图的特点,详细说明并以绘图的方式描述光性符号的测定方法和判断依据。

# 实验报告

| 组别 | | 姓名 | | 同组实验者 | |
|---|---|---|---|---|---|
| 实验项目名称 | 锥光镜下干涉图的观察与测定 | | | 实验日期 | |
| 教师评语 | | | | | |
| 实验成绩： | | | 指导教师(签名)： | | |

一、目的要求

1.掌握锥光镜的装置和使用方法,并了解其光学特点。

2.认识一轴晶主要切面类型干涉图的图像特点。

3.学会应用垂直光轴切面或斜交光轴切面干涉图,测定一轴晶矿物的光性符号。

4.认识二轴晶主要切面类型干涉图的图像特点。

5.学会应用垂直 $Bxa$ 切面或垂直光轴切面干涉图测定光性符号的方法。

二、实验内容

1.观察一轴晶垂直光轴(或斜交光轴)切面的干涉图特点,测定其光性符号。

2.观察二轴晶垂直 $Bxa$ 切面干涉图的图像特点,测定其光性符号。

三、实验报告要求

1.描述一轴晶垂直光轴(或斜交光轴)切面干涉图的图像特点,详细说明并以绘图的方式描述光性符号的测定方法和判断依据。

2.描述二轴晶垂直 $Bxa$ 切面干涉图的特点,详细说明并以绘图的方式描述光性符号的测定方法和判断依据。

# 实验报告

## 一、一轴晶干涉图的观察与测定

（矿物薄片编号：　　　）

## 二、二轴晶干涉图的观察与测定

（矿物薄片编号：　　　）

# 实训七 透明矿物(普通角闪石)的系统鉴定

## 一、目的要求

1. 全面总结、复习、观察、测定晶体光学性质的基本操作方法。
2. 学会系统鉴定透明矿物的程序。

## 二、实训内容

系统测定普通角闪石的光学性质。

## 三、实训指导

**1. 单偏光镜下的观察**

(1)晶形。观察晶体的完整程度、结晶习性。根据各方向切面形态,初步判定晶体形状及可能属于哪个晶系。

(2)解理。观察解理的完全程度,根据不同方向切面上的解理,判断解理的组数。若为两组解理,需要测定解理夹角,并尽可能确定解理与结晶轴之间的关系。

(3)突起。观察矿物薄片的边缘、糙面及突起的明显程度,结合贝克线移动规律确定其突起等级,估计矿物折射率的大致范围。

(4)颜色、多色性。观察矿物薄片有无颜色,如有颜色,则观察有无多色性及多色性变化情况,并在定向切面上测定多色性公式及吸收性公式。

此外,还应观察有无包裹体以及包裹体的排列与分布情况,有无次生变化以及变化情况、变化产物。

**2. 正交偏光镜下的观测**

(1)干涉色。观察矿物薄片的最高干涉色级序,在平行光轴或平行光轴面的切面上详细测定干涉色级序。

(2)测定双折射率。根据矿物薄片的最高干涉色级序(光程差)、矿物薄片厚度,确定双折射率值。

(3)消光类型。根据不同方向切面上的消光情况,确定矿物的消光类型。

(4)测定消光角。对斜消光的矿物,在定向切面上测定消光角。

(5)测定延性符号。对一向延伸型的矿物,测定其延长方向的光率体椭圆半径名称,确定延性符号。

(6)双晶。观察矿物有无双晶,确定双晶类型。

## 3. 锥光镜下的观察

根据有无干涉图区分均质体与非均质体。根据干涉图特征确定轴性(一轴晶或二轴晶)、切面方向,测定光性符号、光轴角大小。

## 四、实训报告要求

全面系统地描述普通角闪石的光性特征并写出该矿物的详细鉴定报告。

# 实验报告

| 组别 | | 姓名 | | 同组实验者 | |
|---|---|---|---|---|---|
| 实验项目名称 | | | | 实验日期 | |
| 教师评语 | | | | | |
| 实验成绩： | | | 指导教师（签名）： | | |

一、目的要求

1. 全面总结、复习测定晶体光学性质的基本操作方法。
2. 学会系统鉴定透明矿物的程序。

二、实验内容

系统测定普通角闪石的光学性质。

三、实验报告要求

全面系统地描述普通角闪石的光性特征并写出该矿物的详细鉴定报告。

## 普通角闪石的系统鉴定

| | | |
|---|---|---|
| 矿物薄片编号 | | |
| 形态 | 矿物形态 | |
| | 横切面 | |
| | 纵切面 | |
| 颜色 | 颜色 | |
| | 多色性公式 | |
| | 吸收性 | |
| 解理 | 横切面 | |
| | 纵切面 | |
| 突起等级 | | |
| 最高干涉色 | | |
| 消光类型 | 横切面 | |
| | 纵切面 | |
| 消光角公式 | | |
| 延性符号 | | |
| 双晶类型 | | |
| 轴　性 | | |
| 光性符号 | | |
| 其他现象 | | |

## 实训八　未知矿物系统鉴定

### 一、目的要求

(1)考核学生对矿物光学性质测定方法的掌握程度。
(2)考核学生对系统鉴定透明矿物方法的掌握程度。

### 二、实训内容

在辉长岩、花岗岩、花岗闪长岩、片岩、片麻岩、砂岩或宝石矿物中随机确定一种矿物,按照平时实训要求展开系统鉴定,描述并确定该矿物的种属名称。

### 三、实训报告

写出所鉴定矿物的详细光学性质,并定出种属名称。
详细说明该矿物某一光学性质(由实训指导教师临时指定)的测定方法。

# 实验报告

| 组别 | | 姓名 | | 同组实验者 | |
|---|---|---|---|---|---|
| 实验项目名称 | | | | 实验日期 | |
| 教师评语 | | | | | |
| 实验成绩： | | | 指导教师(签名)： | | |

一、目的要求

1. 考核学生对矿物光学性质测定方法的掌握程度。
2. 考核学生对系统鉴定透明矿物方法的掌握程度。

二、实验内容

在辉长岩、花岗岩、花岗闪长岩、片岩、片麻岩、砂岩或宝石矿物中随机确定一种矿物，按照平时实验要求展开系统鉴定，描述并确定该矿物的种属名称。

三、实验报告要求

写出所鉴定矿物的详细光学性质，并定出种属名称。
详细说明该矿物某一光学性质（由实训指导教师临时指定）的测定方法。

# 实验报告

## 一、未知矿物系统鉴定

矿物薄片编号：_____

## 二、未知矿物系统鉴定

矿物薄片编号：_____

# 参考文献

李德惠.2006.晶体光学(第二版)[M].北京:地质出版社.
林培英.2005.晶体光学与造岩矿物[M].北京:地质出版社.
北京大学地质学系岩矿教研室.1979.光性矿物学[M].北京:地质出版社.
罗刚,彭真万,赵展,等.2009.晶体光学及光性矿物学[M].北京:地质出版社.

图书在版编目(CIP)数据

宝石矿物肉眼与偏光显微镜鉴定.下/李继红主编. —武汉:中国地质大学出版社,2021.9

互联网＋珠宝系列教材

ISBN 978-7-5625-3915-5

Ⅰ.①宝…

Ⅱ.①李…

Ⅲ.①宝石-鉴定-教材

Ⅳ.①TS933.21

中国版本图书馆 CIP 数据核字(2020)第 222864 号

| 宝石矿物肉眼与偏光显微镜鉴定(下) | | | 李继红 主编 |
|---|---|---|---|
| 责任编辑:彭 琳 | 选题策划:张 琰 张旻玥 | | 责任校对:张咏梅 |
| 出版发行:中国地质大学出版社(武汉市洪山区鲁磨路 388 号) | | | 邮政编码:430074 |
| 电 话:(027)67883511 | 传 真:(027)67883580 | | E-mail:cbb@cug.edu.cn |
| 经 销:全国新华书店 | | | http://cugp.cug.edu.cn |
| 开本:787 毫米×1092 毫米 1/16 | | 字数:460 千字 | 印张:21 |
| 版次:2021 年 9 月第 1 版 | | 印次:2021 年 9 月第 1 次印刷 | |
| 印刷:武汉中远印务有限公司 | | | |
| ISBN 978-7-5625-3915-5 | | | 定价:72.00 元 |

如有印装质量问题请与印刷厂联系调换